21 世纪高等职业教育规划教材

高职高专机械类专业通用技术平台精品课程教材

机 械 制 图

（第八版）

主　编　张丽萍　　李业农

副主编　邹建荣　　张瑞华

　　　　王益民

上海交通大学出版社
SHANGHAI JIAO TONG UNIVERSITY PRESS

内容提要

本书内容包括制图的基本知识和基本技能,点、直线、平面的投影,基本立体的投影,立体表面的交线,组合体视图,轴测投影图,机件的常用表达方法,零件图,标准件和常用件,装配图,计算机绘图,立体表面的展开,附表。全书采用了国家最新颁布的《机械制图》《技术制图》国家标准及有关的其他标准,编写内容力求少而精。各章所列出的学习要点和思考题,是为了帮助学生掌握该章的学习要求以及总结所学的内容。

本书可作为高等职业教育类院校、高等专科学校及成人教育学院的机械类和非机械类专业的教材,也可供有关的工程技术人员参考。与本书配套的《机械制图习题集》也做了较大的修改,由上海交通大学出版社同时出版,可供选用。

图书在版编目(CIP)数据

机械制图/张丽萍,李业农主编. —8 版. —上海:
上海交通大学出版社,2021.8
ISBN 978 - 7 - 313 - 22187 - 2

Ⅰ. ①机… Ⅱ. ①张… ②李… Ⅲ. ①机械制图—高
等职业教育—教材 Ⅳ. ①TH126

中国版本图书馆 CIP 数据核字(2019)第 255805 号

机械制图(第八版)
JIXIE ZHITU(DIBABAN)

主 编:张丽萍 李业农				
出版发行	上海交通大学出版社	地 址	上海市番禺路 951 号	
邮政编码	200030	电 话	021 - 64071208	
印 制	常熟市大宏印刷有限公司	经 销	全国新华书店	
开 本	787 mm×1092 mm 1/16	印 张	18	
字 数	433 千字			
版 次	1993 年 11 月第 1 版 2021 年 8 月第 8 版	印 次	2021 年 8 月第 16 次印刷	
书 号	ISBN 978 - 7 - 313 - 22187 - 2			
定 价	59.00 元			

再 版 前 言

　　本书为高等职业技术教育类院校的机械制图规划教材,是在 2016 年第七版的基础上,参照高职高专院校机械类、非机械类的"机械制图"课程的教学基本要求,总结作者多年的教学经验修订而成的。

　　按照培养技术应用型人才的要求,本书内容力求少而精,重在加强实践性教学环节,突出培养学生绘制和阅读工程图样的能力;编写上注重保证基本内容,分量适中,难易适当,以符合高职高专类院校学生的学习状况。本书的基本特色反映在以下几个方面:

　　(1) 根据高等职业教育的特点,理论部分以必需、够用为度,教材所有内容的选择力求有针对性和实用性。要求读者在掌握基本概念、基本方法的基础上,强化基本技能的训练。

　　(2) 在基本体、组合体、零件图和装配图等章节中,内容注重由浅入深、循序渐进,不断让学生做由物画图、由图想物的练习,培养学生的空间想象力。

　　(3) 各章列出学习要点,帮助学生了解该章的学习目标和要求,通过各章思考题的练习,帮助学生总结所学内容。

　　(4) 第 2 章、第 5 章和第 7 章增加了综合应用举例,帮助学生提高机械图样的识读和绘制能力。

　　(5) 采用了国家最新颁布的《技术制图》《机械制图》国家标准及与制图有关的其他标准。

　　(6) 考虑到部分院校计算机绘图内容单独设课,第 11 章仅介绍计算机绘图的一些基本内容。

　　与本书配套编写的《机械制图习题集(第八版)》供学生练习使用。

　　本书由张丽萍、李业农任主编,邹建荣、张瑞华、王益民任副主编。编者有南通职业大学的张丽萍(绪论,第 1 章、第 5 章、第 7 章、第 9 章、附录),李业农(第 2 章、第 6 章、第 12 章),邹建荣(第 8 章、第 10 章),张瑞华(第 11 章),淮南联合大学的王益民(第 3 章),孙晓东(第 4 章)。

　　欢迎选用本教材的师生和广大读者提出宝贵意见,以便修订时调整与改进。

目　　录

绪论 ……………………………………………………………………………………… （1）

第1章　制图的基本知识与基本技能 …………………………………………………… （3）

1.1　有关制图的国家标准简介 ……………………………………………………… （3）

1.2　绘图工具和仪器的使用 ………………………………………………………… （14）

1.3　几何作图 ………………………………………………………………………… （17）

1.4　平面图形的尺寸标注及线段分析 ……………………………………………… （23）

1.5　画图的方法和步骤 ……………………………………………………………… （25）

第2章　点、直线和平面的投影 ………………………………………………………… （28）

2.1　投影的基本知识 ………………………………………………………………… （28）

2.2　点的投影 ………………………………………………………………………… （29）

2.3　直线的投影 ……………………………………………………………………… （33）

2.4　平面的投影 ……………………………………………………………………… （41）

2.5　用换面法作直线的实长和平面的实形 ………………………………………… （50）

2.6　综合应用举例 …………………………………………………………………… （53）

第3章　基本立体的投影 ………………………………………………………………… （56）

3.1　平面立体及其表面上点和线的投影 …………………………………………… （56）

3.2　曲面立体及其表面上点和线的投影 …………………………………………… （59）

第4章　立体表面的交线 ………………………………………………………………… （67）

4.1　平面与立体相交 ………………………………………………………………… （67）

4.2　两曲面立体相交 ………………………………………………………………… （77）

第5章　组合体视图 ……………………………………………………………………… （85）

5.1　三视图的形成与投影规律 ……………………………………………………… （85）

5.2　画组合体视图 …………………………………………………………………… （86）

5.3　组合体的尺寸标注 ……………………………………………………………… （91）

5.4　读组合体视图 …………………………………………………………………… （94）

5.5　综合应用举例 …………………………………………………………………… （100）

第6章　轴测投影图 ……………………………………………………………………… （104）

6.1　轴测投影的基本知识 …………………………………………………………… （104）

6.2　正等测 …………………………………………………………………………… （105）

6.3　斜二测 …………………………………………………………………………… （110）

6.4　轴测剖视图 ……………………………………………………………………… （112）

第7章　机件的常用表达方法 …………………………………………………………… （114）

7.1　视图 ……………………………………………………………………………… （114）

7.2　剖视图 …………………………………………………………………………… （117）

7.3　断面图 ·· (126)
7.4　局部放大图、简化画法及其他规定画法 ················· (128)
7.5　综合应用举例 ·· (132)
7.6　第三角投影法简介 ·· (137)
第8章　零件图 ··· (140)
8.1　概述 ··· (140)
8.2　零件的视图 ·· (142)
8.3　零件的尺寸标注 ·· (147)
8.4　零件图上的技术要求 ·· (153)
8.5　零件上的常见工艺结构 ··· (167)
8.6　读零件图的方法 ·· (170)
8.7　画零件图 ··· (172)
第9章　标准件和常用件 ··· (176)
9.1　螺纹和螺纹紧固件 ·· (176)
9.2　键连接、销连接 ·· (185)
9.3　滚动轴承 ··· (187)
9.4　齿轮 ··· (190)
9.5　弹簧 ··· (196)
第10章　装配图 ··· (201)
10.1　装配图的作用和内容 ·· (201)
10.2　装配图的表达方法 ··· (202)
10.3　装配图的尺寸和技术要求 ······································ (207)
10.4　装配结构的合理性 ··· (208)
10.5　画装配图 ··· (210)
10.6　读装配图与拆画零件图 ··· (212)
第11章　计算机绘图 ·· (221)
11.1　AutoCAD 2016 的启动和用户操作界面 ················· (221)
11.2　AutoCAD 2016 的基本操作 ································· (223)
11.3　部分绘图命令 ··· (228)
11.4　部分编辑命令 ··· (232)
11.5　AutoCAD 的其他常用命令及作用简介 ··················· (236)
11.6　平面图形绘制示例 ··· (237)
第12章　立体表面的展开 ··· (240)
12.1　旋转法求一般位置直线的实长 ······························· (240)
12.2　平面立体的表面展开 ·· (240)
12.3　可展曲面的表面展开 ·· (242)
12.4　球面的近似展开 ·· (245)
附表 ·· (247)
参考文献 ·· (279)

绪　　论

学习要点：
（1）了解本课程所研究的主要内容及学习任务。
（2）熟悉本课程的学习方法。

机械图样是用来表达物体的形状、大小和技术要求的文件。在现代工业生产中，机器设备最初都是由设计人员将其设计思想表达在图样上的。制造人员根据图样来进行生产，制造出机器；使用维修人员则通过阅读图样了解机器的操作性能，并对其进行维修与保养，他们的工作都离不开图样。所以图样是工业生产中的重要技术资料，是进行技术交流的重要工具，是工程界的技术语言。从事工程技术的人员都必须学习和掌握它。

本课程的主要内容及任务

本课程是研究绘制和阅读机械图样的原理和方法的一门技术基础课。主要内容有：
（1）画法几何学，是用投影法来研究图示和图解空间几何问题的一门学科，是机械制图的理论基础。
（2）机械制图，是应用画法几何的投影理论、制图的国家标准和一些机械制造知识，解决有关部门机械图样问题的学科。
（3）计算机绘图，是通过将有关图形的数据以一定形式输入计算机，计算机对其进行各种处理，最后生成图形，并在显示器上显示出来，或由绘图机、打印机输出。它能及时、精确、高速、优质地绘制出许多手工难以绘制的图样。

本课程的特点是既有系统理论，又有较强的实践性。学习本课程的主要任务有：
（1）学习正投影的基本理论及其应用，学习贯彻《技术制图》《机械制图》国家标准及有关部门的规定。
（2）培养绘制和阅读机械图样的基本能力。
（3）培养空间想象能力和空间分析能力。
（4）培养计算机绘图的初步能力。
（5）培养认真负责的工作态度和严谨细致的工作作风。

本课程的学习方法

学习本课程应坚持理论联系实际的学风，既要注重学好基本理论、基本知识和基本方法，又要练好自己的基本功，要多画、多读、多想。开始学习投影理论时，可以借助模型增加感性认识,但不可长期依赖模型,要逐步提高自己的空间想象能力。

做习题时,应在掌握有关基本概念的基础上,按照正确的方法和步骤解题。要逐步熟悉并严格遵守《技术制图》《机械制图》国家标准及有关部门规定,通过作业来提高自己的画图和读图能力。制图作业应做到:投影正确,线型粗细分明,视图选择与配置恰当,标注尺寸齐全,字体工整,图面整洁。

应注重了解计算机绘图的基本知识,了解其画图的基本方法,加强上机实践,只有这样才能不断地提高应用计算机绘图的能力。

鉴于图样在工程技术中的重要作用,绘图和读图的差错都会给生产带来损失,因此在学习中要养成认真负责、耐心细致的工作作风,决不能急躁和马虎。

本课程只能为学生的画图和读图能力打下初步的基础。随着后继课程的学习以及实践经验的积累,才能逐步地具备绘制合理的机械图样的能力。

我国的机械制图的发展概况

机械制图也与其他学科一样,是在长期的社会生产劳动中不断总结的基础上发展起来的,是伴随着机械制造业的成长、壮大而发展的。我国是世界文明古国之一,在机械制图方面也积累了很多经验,留下了丰富的历史遗产。

新中国成立后,随着生产的恢复和科学技术的发展,我国十分重视机械制图的发展。1959 年我国颁布实施了国家标准《机械制图》,并于 1970 年、1974 年、1984 年重新修订。在其他工程应用领域也分别制定了有关制图方面的国家标准和部颁标准。这些标准每隔几年或稍长一些时间,都要随着科学技术的进步和工农业生产的发展而不断修订。进入 20 世纪90 年代之后,为了与国际接轨,我国先后发布了《技术制图》与《机械制图》国家标准。尤其是最近 5 年,我国的科学技术和工农业生产迅速发展,标准的修订和增颁频繁,因而我们要时刻关注、了解和严格遵守执行现行的国家标准。

20 世纪 40 年代发明了电子计算机,50 年代出现了平台式电算绘图机。随着科学技术突飞猛进的发展,计算机得到了广泛的应用,特别是以计算机图形学为基础的计算机辅助设计技术推动了所有工业领域的设计革命。计算机绘图将逐步以其高精度、高效率、智能化取代传统仪器的手工绘图,随着科学技术的进一步提高,工程图学在图学理论、图学应用、图学教育、计算机图学、制图技术和制图标准等方面必将得到更快的发展。

第1章 制图的基本知识与基本技能

学习要点：

（1）建立"标准"的概念，掌握技术制图中常用的国标，在绘制工程图样时能自觉遵守国家标准。

（2）掌握常用的基本几何作图（任意正多边形、椭圆、锥度、斜度、弧线连接等）方法。

（3）学会正确使用绘图工具绘制平面图形；学会徒手绘图。

（4）掌握平面图形绘制方法及尺寸标注。

机械图样是设计和制造机械过程中的重要技术资料，是工程界的技术语言。为了便于指导生产和进行技术交流，国家标准《机械制图》与《技术制图》对图样的内容、格式、尺寸标注及绘图的方法都做了统一的规定，设计和生产部门都必须严格执行。本章首先摘要介绍关于机械制图国家标准的一些基本规定，然后介绍绘图工具和仪器的使用方法、几何作图、平面图形的尺寸标注及分析、圆弧连接及画图步骤等内容。

1.1 有关制图的国家标准简介

国家标准简称为"国标"，代号为 GB，在 GB 后加"/T"的为推荐性国家标准，在 GB 后不加"/T"的为强制性国家标准。国标编号的一般形式为 GB/T×××××—××××，前五个"×"为该标准的序号，后四个"×"为该标准颁布的年份。国家标准对机械图样的画法、尺寸标注等均做了统一的规定。

1.1.1 图纸幅面（GB/T14689—2008）和标题栏（GB/T10609.1—2008）

1. 图纸幅面

绘制图样时，应优先采用如表 1.1 所规定的基本幅面。必要时按国标规定将幅面加长或加宽。

表 1.1 基本幅面及图框尺寸

幅面代号	A0	A1	A2	A3	A4
$B \times L$	841×1189	594×841	420×594	297×420	210×297
e	20			10	
c	10			5	
a	25				

2. 图框格式

在图纸上必须用粗实线画出图框,其格式分为留装订边和不留有装订边两种,但同一产品的图样只能采用一种格式。

需要装订的图纸,其图框格式如图 1.1 所示,一般采用 A4 幅面竖装或 A3 幅面横装;不留装订边的图纸,其图框格式如图 1.2 所示;尺寸按表 1.1 的规定。

3. 标题栏

每张图纸上都必须画出标题栏。标题栏的格式和尺寸按 GB10609.1—2008 的规定,如图 1.3 所示。标题栏的位置应位于图纸的右下角,如图 1.1 和图 1.2 所示。学校的制图作业可采用图 8.1 所示的标题栏。

1.1.2　比例(GB/T14690—1993)

比例是指图中图形与实物相应要素的线性尺寸之比。比例一般应从表 1.2 规定的系列中选用。必要时也允许选取表 1.3 中的比例。

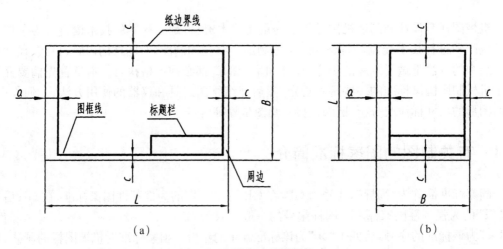

图 1.1　留装订边的图框格式

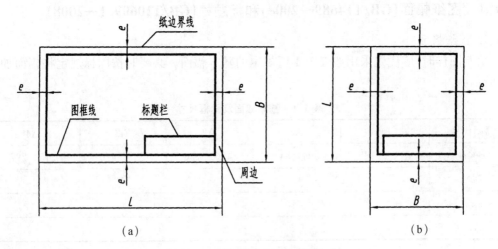

图 1.2　不留有装订边的图框格式

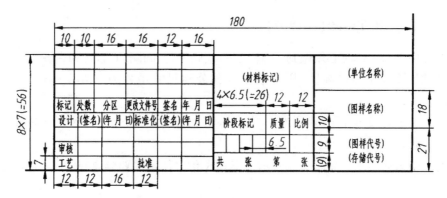

图 1.3 标题栏的格式

表 1.2 绘图的比例(一)

种 类	比		例
原值比例	1:1		
放大比例	5:1	2:1	
	$5 \times 10^n:1$	$2 \times 10^n:1$	$1 \times 10^n:1$
缩小比例	1:2	1:5	1:10
	$1:2 \times 10^n$	$1:5 \times 10^n$	$1:1 \times 10^n$

注:n 为正整数。

表 1.3 绘图的比例(二)

种 类	比		例		
放大比例	4:1	2.5:1			
	$4 \times 10^n:1$	$2.5 \times 10^n:1$			
缩小比例	1:1.5	1:2.5	1:3	1:4	1:6
	$1:1.5 \times 10^n$	$1:2.5 \times 10^n$	$1:3 \times 10^n$	$1:4 \times 10^n$	$1:6 \times 10^n$

注:n 为正整数。

绘制同一机件的各个视图应采用相同的比例,并在标题栏中填写,例如 1:1。为了能从图样中得到实物大小的真实概念,应尽量采用 1:1 的比例画图。当机件不宜用 1:1 的比例画图时,也可以采用放大或缩小的比例画图,如图 1.4 所示。

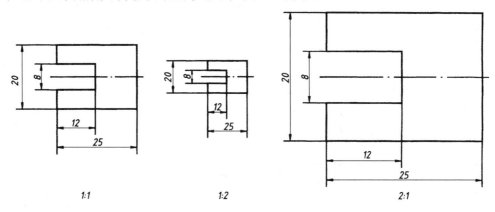

图 1.4 用不同的比例画图

1.1.3　字体(GB/T14691—1993)

在图样中书写字体时必须做到:字体工整,笔画清楚,间隔均匀,排列整齐。

字体的号数即字体的高度(用 h 表示),其公称尺寸系列为:1.8,2.5,3.5,5,7,10,14,20 mm。

汉字应写成长仿宋体字,并应采用国家正式公布推行的简化字。汉字的高度不应小于3.5 mm,其宽度一般为 $h/\sqrt{2}$。

书写长仿宋体字示例如图1.5所示。书写长仿宋体字的要领是:横平竖直,注意起落,结构匀称。

10号字

字体工整　笔画清楚　间隔均匀　排列整齐

7号字

横平竖直　　注意起落　　结构均匀　　填满方格

5号字

技术制图机械电子汽车航空船舶土木建筑矿山井坑港口纺织服装

图1.5　字体的示例

为了保证字体的大小一致和整齐,书写时可先画格子或横线,然后写字。

汉字的基本笔画为横、竖、撇、捺、点、挑、折、勾。其笔法可参阅表1.4。

表1.4　汉字的基本笔法

名称	横	竖	点	挑	撇	捺	折	勾
基本笔画及笔法		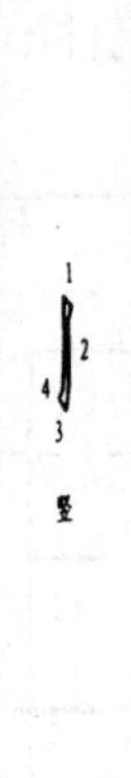	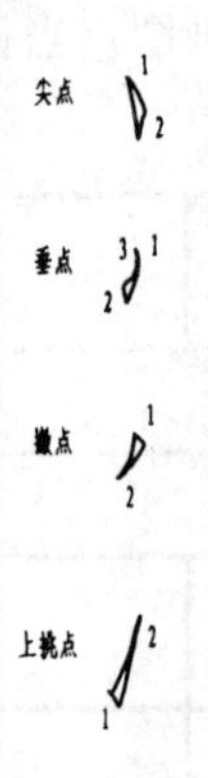			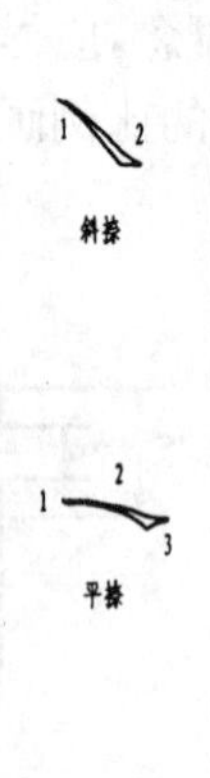	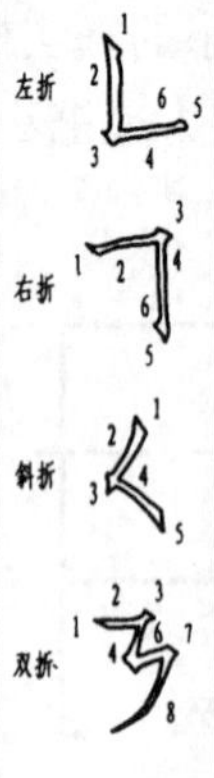	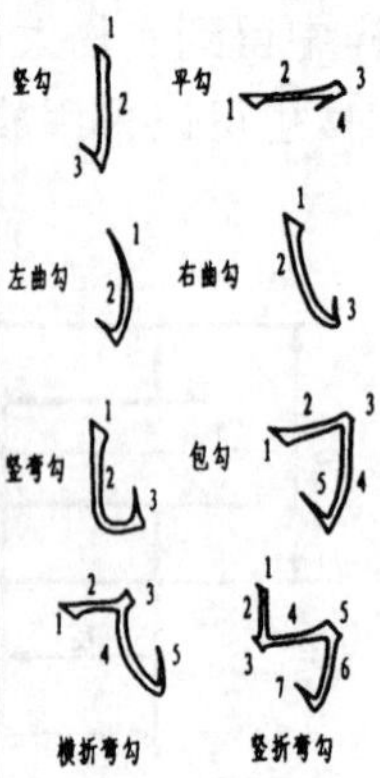
示例	百 七 下 代	斗 门	心 消 方 光	沟 找 公 线	余 顺 千 月	水 泛 术 分	图 安 凹 及	牙 买 孔 礼 力 气

汉字通常由几部分组成,为了使所写的汉字结构匀称,书写时应恰当地分配各组成部分的比例,如图 1.6 所示。

图 1.6　汉字的结构分析

A 型字体的笔画宽度(d)为字高(h)的 1/14,B 型字体的笔画宽度(d)为字高(h)的 1/10。在同一图样上,只允许选用一种形式的字体。字母和数字可写成斜体和直体,斜体字字头向右倾斜,与水平基准线成 75°,示例如图 1.7 所示。用作指数、分数、极限偏差、注脚等的数字和字母,一般应采用小一号的字体。

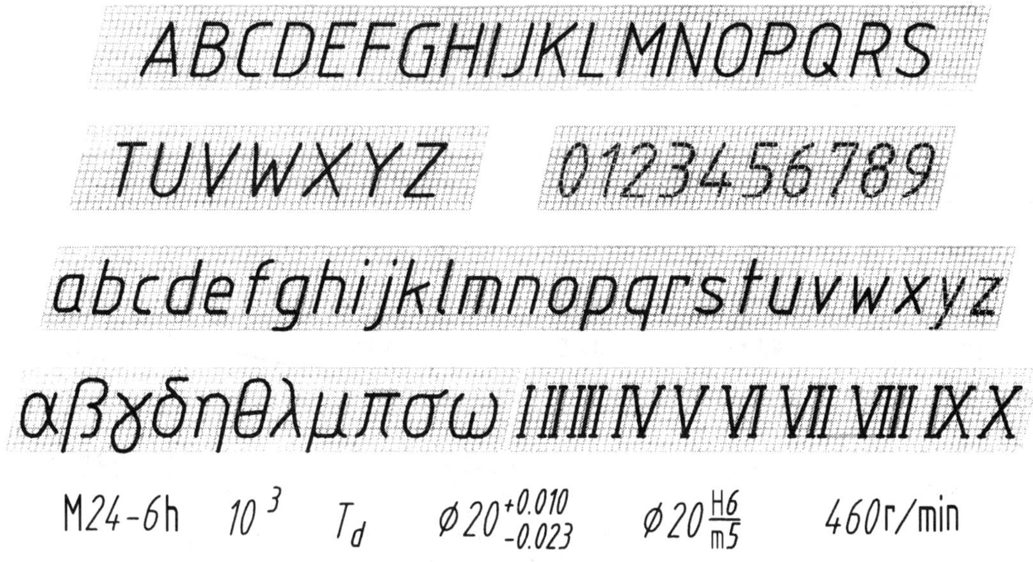

图 1.7　字 体 示 例

1.1.4　图线(GB/T17450—1998 和 GB/T4457.4—2002)

在机械图样中采用粗细两种线宽,它们之间的比例为 2:1。设粗线的线宽为 d,d 应在 0.25 mm、0.35 mm、0.5 mm、0.7 mm、1 mm、1.4 mm、2 mm 中根据图样的类型、尺寸、比例和缩微复制的要求确定,优先采用 $d=0.5$ mm 或 0.7 mm。

机械图样中图线的名称、代码、线型、一般应用以及应用示例,可查阅 GB/T4457.4—2002,表 1.5 列出了一些图线的主要用途。绘制图样时,应采用表 1.5 中规定的图线。图 1.8 是各种图线的应用示例。

表 1.5　图线的形式及应用

图线名称	图 线 型 式	图线宽度	图线应用举例(见图 1.8)
粗实线	——————————	d	(1) 可见轮廓线 (2) 可见的棱边线
细实线	——————————	约 $d/2$	(1) 过渡线 (2) 尺寸线和尺寸界线 (3) 剖面线 (4) 重合断面的轮廓线
波浪线	～～～～～～	约 $d/2$	(1) 断裂处的边界线 (2) 视图与剖视的分界线
细虚线	– – – – – – –	约 $d/2$	(1) 不可见轮廓线 (2) 不可见棱边线
细点画线	—·—·—·—	约 $d/2$	(1) 轴线 (2) 对称中心线 (3) 分度圆(线)
双点画线	—··—··—··	约 $d/2$	(1) 相邻辅助零件的轮廓线 (2) 可动零件的极限位置轮廓线 (3) 成型前轮廓线 (4) 剖切面前的结构轮廓线
双折线	—∿—∿—	约 $d/2$	断裂处的边界线
粗虚线	▬ ▬ ▬ ▬	d	允许表面处理的表示线
粗点画线	▬·▬·▬·	d	限定范围表示线

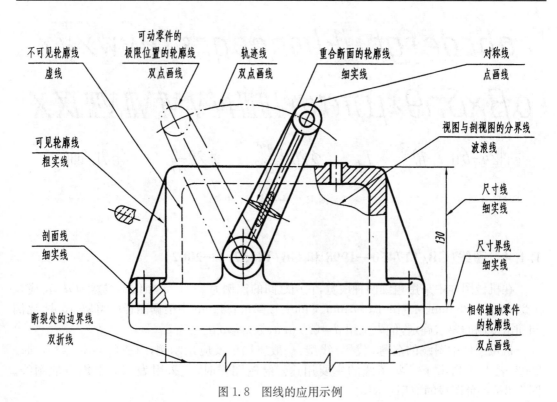

图 1.8　图线的应用示例

　　绘制图样时,应遵循以下几点,如图 1.9 所示:

　　(1) 同一图样中同类图线的宽度应基本一致。虚线、点画线和双点画线的短画、长画的长度和间隔应各自大小相等。

　　(2) 绘制圆的对称中心线(简称中心线)时,圆心应为长画的交点。点画线和双点画线的首末两端应是长画,不应是短画。

　　(3) 在较小的图形上绘制点画线和双点画线有困难时,可用细实线代替。

　　(4) 轴线、对称线、中心线、双折线和作为中断线的双点画线,应超出轮廓线 2～5 mm。

　　(5) 当虚线处于粗实线的延长线上时,粗实线画到分界点,而虚线应留有间隙。当虚线圆弧与虚线直线相切时,虚线圆弧的短画应画到切点,而虚线直线需留有间隙。

　　(6) 点画线、虚线和其他图线相交时,都应在长画、短画处相交,不应在间隙或点处相交。

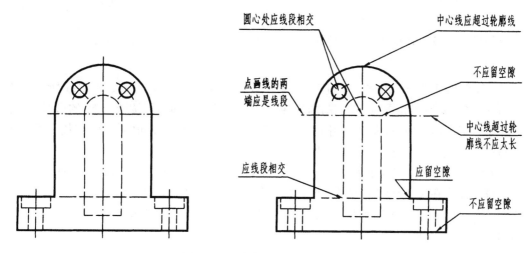

图 1.9　图线在相交、相切处的画法

1.1.5　尺寸注法(GB4458.4—2003,GB/T16675.2—1996)

　　图形只能表达机件的形状,而机件的大小由标注的尺寸确定。在画图时应严格遵守国家标准中的有关规定。

　　1. 基本规则

　　(1) 机件的真实大小应以图样上所注的尺寸数值为依据,与图形的大小及绘图的精确度无关。

　　(2) 图样中(包括技术要求和其他说明)的尺寸,以 mm 为单位时,不需标注计量单位的代号(或名称)。如采用其他单位时,则应注明相应的单位符号。

　　(3) 图样中所标注的尺寸,为该图样所示机件的最后完工尺寸,否则应另加说明。

　　(4) 机件的每一尺寸,一般只标注一次,并应标注在反映该结构最清晰的图形上。

　　2. 尺寸的组成

　　尺寸一般应包括尺寸数字、尺寸线、箭头、尺寸界线。

　　1) 尺寸数字

　　(1) 线性尺寸的数字一般应注写在尺寸线的上方,也允许写在尺寸线的中断处,如

图 1.10所示。

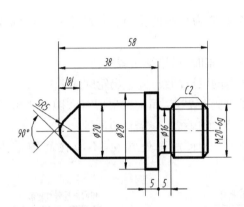

图 1.10　尺寸数字在尺寸线上的位置

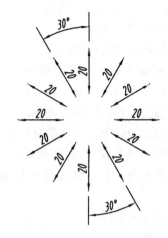

图 1.11　线性尺寸数字的注写方向

（2）线性尺寸数字的方向，一般应采用第一种方法注写。即数字应按图 1.11 所示的方向注写，并尽可能避免在图示 30°范围内标注尺寸，当无法避免时，可按图 1.12 的形式标注。

在不致引起误解时，也允许采用第二种方法。即对于非水平方向的尺寸，其数字可水平地注写在尺寸线的中断处，如图 1.13 所示。

（3）角度的数字一律写成水平方向，一般注写在尺寸线的中断处，如图 1.14（a）所示。必要时也可注写在尺寸线的上方或外面，也可引出标注，如图 1.14（b）所示。

（4）尺寸数字不可被任何图线所通过，不得已时要将图线断开，如图 1.15 尺寸 14 处所示。

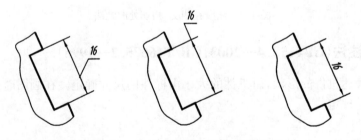

图 1.12　在 30°范围内的尺寸标注形式

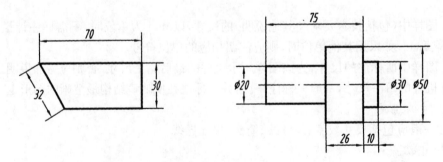

图 1.13　线性尺寸数字的第二种注写方法

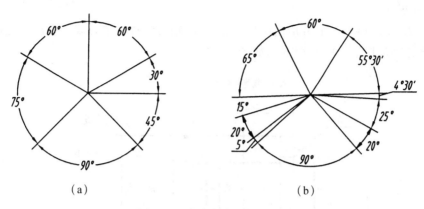

图 1.14　角度数字的注写方法

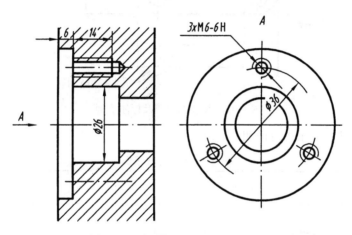

图 1.15　尺寸数字不能被图线通过

2）尺寸线

（1）尺寸线用细实线绘制,其终端有下列两种形式:即箭头和斜线,如图 1.16 所示。

机械图样中一般采用箭头作为尺寸线的终端。箭头适用于各种类型的图样。当尺寸线的终端采用斜线形式时,尺寸线与尺寸界线必须相互垂直;当尺寸线与尺寸界线垂直时,同一张图样中只能采用一种尺寸线终端的形式。

（2）标注线性尺寸时,尺寸线应与所标注的线段平行。尺寸线不能用其他图线代替,一般也不得与其他图线重合或画在其延长线上。

（3）圆的直径和圆弧半径的尺寸终端应画成箭头。

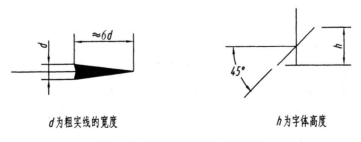

图 1.16　尺寸线终端的两种形式

3) 尺寸界线

尺寸界线用细实线绘制,并应由图形的轮廓线、轴线或对称中心线处引出。也可利用轮廓线、轴线或对称中心线做尺寸界线,如图 1.17 所示。

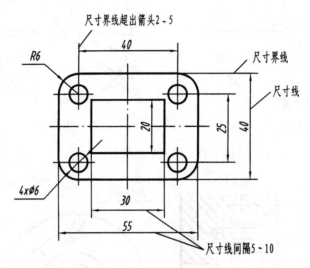

图 1.17　尺寸的组成及标注示例

表 1.6 为尺寸注法示例及说明。

表 1.6　尺寸注法示例

标注内容	示　　例	说　　明
圆		标注圆或大于半圆的直径时,尺寸线通过圆心,以圆周为尺寸界线,尺寸数字前加注直径符号"ϕ"
圆弧		标注小于或等于半圆的圆弧半径时,尺寸线自圆心引向圆弧,只画一个箭头,数字前加注半径符号"R"
大圆弧		当圆弧的半径过大或在图纸范围内无法标注其圆心位置时,可采用折线形式,若圆心位置不需注明,则尺寸线可只画靠近箭头的一段

（续表）

标注内容	示　例	说　明
小尺寸		没有足够位置时,可把箭头放在外面,指向尺寸界线;尺寸数字可引出写在外面。连续尺寸无法画箭头时,可用小圆点或斜线代替两个箭头
球面		标注球面的直径或半径时,应在符号"ϕ"或"R"前面加注符号"S"
角度、弦长和弧长		标注角度的尺寸界线应沿径向引出。标注弦长或弧长的尺寸界线应平行于该弦的垂直平分线,当弧度较大时,可沿径向引出
光滑过渡处		尺寸界线一般应与尺寸线垂直,必要时才允许倾斜
板状零件		标注板状零件的厚度时可在尺寸数字前加符号"t"

标注内容	示　　　例	说　　　明
正方形结构	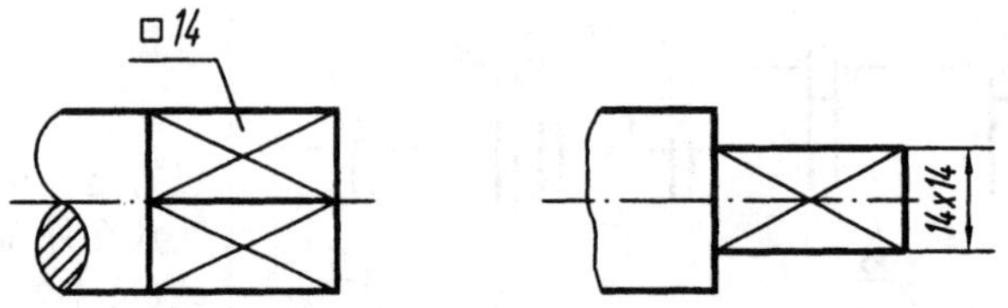 □14	标注机件的断面为正方形结构的尺寸时,可在边长尺寸数字前加注符号"□",或用 14×14 代替"□14"。图中相交的两条细实线是平面符号(当图形不能充分表达平面时,可用这个符号表示平面)
通用尺寸法（GB/T 16675.2—1996）	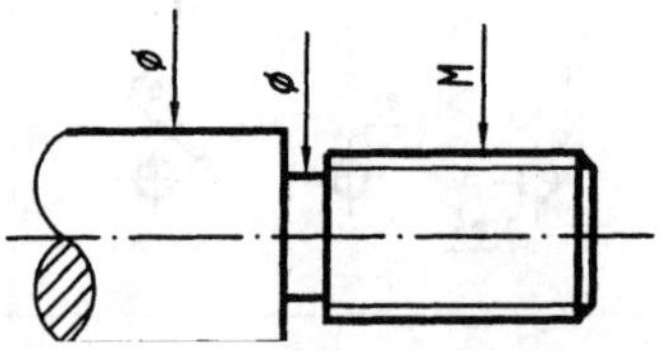	标注尺寸时,可采用带箭头的指引线
	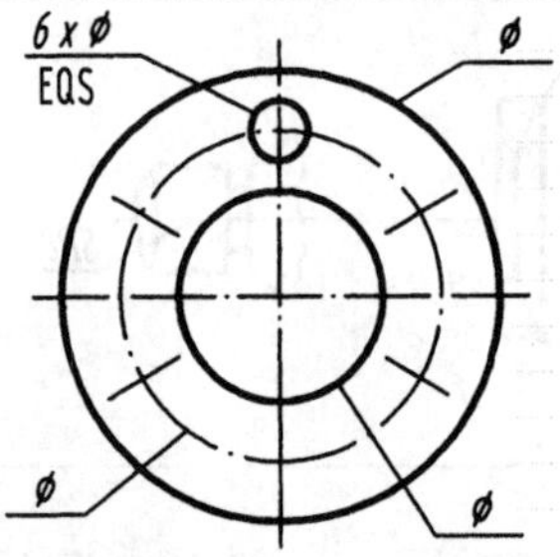 6×∅　EQS	标注尺寸时,也可采用不带箭头的指引线 EQS 为均匀分布,表示圆周上均布 6 个尺寸相同的孔。图中仅画出一个孔,其余的孔可用中心线表示
	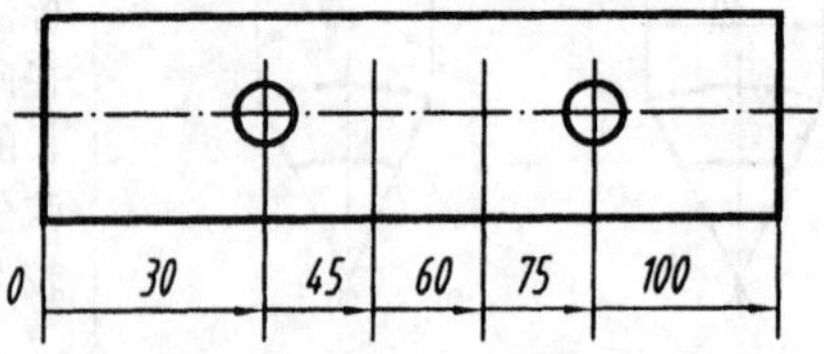 0　30　45　60　75　100	从同一基准出发的尺寸标注可按左图(简化后)的形式标注

1.2　绘图工具和仪器的使用

正确使用绘图工具和仪器,对保证绘图质量和加快绘图速度是非常重要的。因此,应该养成正确使用和维护绘图工具和仪器的良好习惯。常用的绘图工具有图板、丁字尺、比例尺、三角板、曲线板、铅笔、橡皮、小刀等。绘图仪器主要有圆规、分规、直线笔等。本节介绍这些常用工具和仪器的使用方法。

1.2.1　图板、丁字尺及三角板

常用的图板规格有 0 号、1 号、2 号,要求表面平坦光洁,四边应该平直。丁字尺是用来画水平线的。在画水平线时,必须将尺头紧靠图板的左边,做上下移动,丁字尺定位后自左向右画水平线,如图 1.18(a)所示。

三角板与丁字尺配合使用,可画出竖直线,如图 1.18(b)所示。此外,还可画出与水平线成 30°、45°、60°、15°、75°的倾斜线,如图 1.18(c)所示。

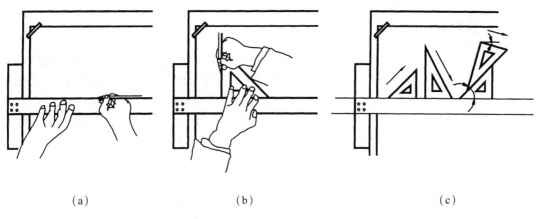

（a）　　　　　　　　（b）　　　　　　　　（c）

图 1.18　用丁字尺、三角板画线

1.2.2　比例尺

比例尺形状为三棱柱，如图 1.19 所示，比例尺又叫三棱尺。在尺的三个棱面上分别刻有六种不同比例的刻度尺寸。按照这六种比例作图时，尺寸数值可直接从相应的图形上量取。

图 1.19　比　例　尺

1.2.3　圆规和分规

圆规的一条腿上装有钢针，钢针的一端带着台阶，画圆或画圆弧时，常用带台阶的针尖。另一条腿上可装入软硬适度的铅芯，或者装入直线笔插腿。圆规在使用前应先调整针脚，使针尖略长于铅芯，如图 1.20（a）所示。

画图时应使圆规向前进方向稍微倾斜，画较大的圆时，应使圆规两脚都与纸面垂直，如图 1.20（b）所示。

分规是用来量取线段和分割线段的。分规两脚的针尖并拢后应能对齐。分割线段时，将分规的两针尖调整到所需的距离，然后用右手拇指、食指捏住分规手柄，使分规两针尖沿线段交替作为圆心并旋转前进。

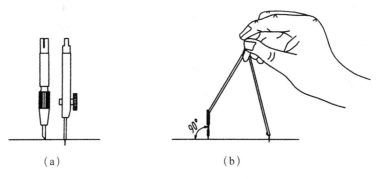

（a）　　　　　　　　（b）

图 1.20　圆规的画法

1.2.4　曲线板

曲线板是用来画非圆曲线的。曲线板上的轮廓线由多段不同曲率半径的曲线组成。画图时,先徒手用铅笔轻轻地把所求曲线上的各点依次连成曲线,如图1.21(a)所示,然后选择曲线板上曲率与之相吻合的线段将刚才徒手连成的曲线光滑地画出。当用曲线板将各点逐段连成曲线时,每段至少要有三点与曲线板的轮廓相符,并注意每画一段线,都要比曲线板轮廓与曲线相吻合的部分稍短一些,这样才能使所画的曲线光滑过渡。

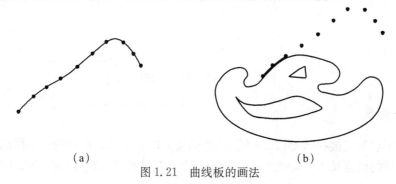

(a)　　　　　　　　　　　　　　　　　(b)

图1.21　曲线板的画法

1.2.5　绘图铅笔

一般采用木质绘图铅笔,其末端刻印了铅芯硬度的标记(H表示硬,B表示软)。绘图时应同时准备2H、H、HB、B铅芯的铅笔数支。绘制粗实线一般用HB或B的铅笔。铅芯磨成扁长方体状,宽度和粗实线一样。圆规的铅芯可比铅笔软一级。画底稿及绘制各种细线可用稍硬的铅笔(如H或2H);写字可用H或HB的铅笔,铅芯应磨成圆锥头。

1.2.6　直线笔

直线笔是用来上墨水描绘直线的。上墨时,把直线笔的两片笔舌调到所需线型的宽度,可用墨水瓶内专用的加墨管或蘸水笔将墨水加入两片舌片间,笔内所需墨水高度一般为5~6 mm。如果直线笔舌片的外表面上沾有墨水,须及时用软布拭净,以免描图时玷污图纸。

正确的执笔方法应当使直线笔的两片笔舌同时接触纸面,并使笔杆稍向右倾斜,如图1.22所示。

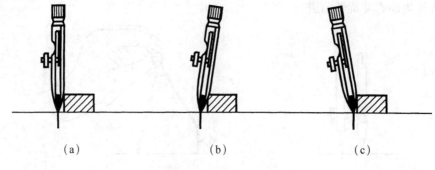

(a)　　　　　　　　　　　(b)　　　　　　　　　　　(c)

图1.22　直线笔的用法
(a)正确;(b)错误;(c)错误

1.2.7　其他绘图工具

除上述绘图工具和仪器外,还有一字尺、多孔板、绘图机、量角器等,现在还出现了新的绘图工具,如绘图专用高级活动铅笔、绘图墨水笔等。

绘图机是一种综合的绘图设备,如图 1.23 所示,绘图机上装有一对相互垂直的直角尺,它可以移动或转动。用它来完成丁字尺、三角板、量角器等工具的工作,从而使绘图效率大为提高。

图 1.23　绘　图　仪

1.3　几何作图

在制图过程中,所画的几何图形基本上都是由直线、圆弧和其他一些曲线组合而成的。

1.3.1　正多边形

1. 正六边形

如图 1.24(a)所示,以正六边形的一边长作圆,再用 60°三角板配合丁字尺作平行线,画出四条边,再用丁字尺作上下水平边,即得圆的内接正六边形。也可以用分规以圆的半径来等分圆周,连接各等分点即得正六边形,如图 1.24(b)所示。

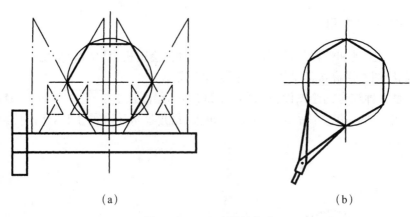

(a)　　　　　　　　　　　　　(b)

图 1.24　正六边形的作法

2. 正五边形

如图 1.25 所示,欲在已知半径为 R 的圆周上进行五等分,可先作 ON 的中点 M,以 M 点为圆心,MA 为半径作弧,交 NO 的延长线于 H。再以 AH 为边长等分圆周,顺次用线段连接各等分点,即可作出圆内接正五边形。

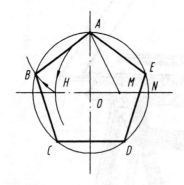

图 1.25　正五边形的作法

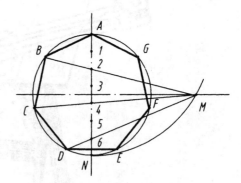

图 1.26　正 n 边形的作法

3. 正多边形

如图 1.26 所示,欲在半径为 R 的圆周上做任意等分(现以七等分为例),先 n 等分($n=7$)铅垂线 AN,以点 A 为圆心,AN 为半径作弧,交水平线于点 M,延长连接线 $M2$、$M4$、$M6$,与圆周交得点 B、C、D,以 AB 为半径,点 A、D 为圆心截圆弧得点 G、E,再以点 E(或 G)为圆心,AB 为半径交圆弧于点 F,顺次用线段连接各分点,即可作出圆内接正 n 边形。

1.3.2　斜度和锥度

1. 斜度

斜度是指一直线或平面对另一直线或平面的倾斜度。在图样中一般用 $1:x$(x 为常数)表示斜度的大小。

已知斜度为 $1:5$,其作图方法如图 1.27 所示:

(1)画基准线 AC,从末端 C 点作垂线并取 BC 为一个单位长度,在基准线上取 AC 为 5 个单位长度,连 AB。

(2)过 D 点作 $DE \parallel AB$,即为所求 $1:5$ 的倾斜线。

斜度的图形符号画法及标注形式如图 1.27 所示,图中 h 为字体高度,符号的线宽为 $h/10$。斜度符号的方向应与倾斜线的方向一致。

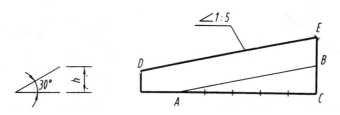

图 1.27　斜度的符号、作法及标注

2. 锥度

锥度是指正圆锥的底圆直径与圆锥高度之比。在制图中一般用 $1:x$(x 为常数)表示锥度的大小。

已知正圆锥体的锥度为 1∶5,其作图方法如图 1.28 所示:

(1) 画正圆锥的轴线,过轴上一点作轴线的垂线,截取 $AO=BO=1/2$ 单位长度,在轴上截取 $OC=5$ 单位长度,连 AC 和 BC。

(2) 分别作 $DF/\!/BC$、$EG/\!/AC$,DF、EG 即为该圆锥体的锥度。

锥度的图形符号画法及标注形式如图 1.28 所示,图中 h 为字体高度,符号的线宽为 $h/10$。锥度符号的方向应与圆锥的方向一致。

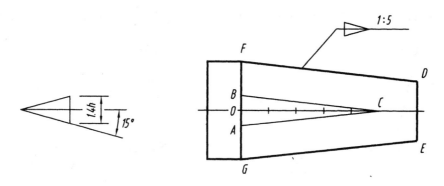

图 1.28　锥度的符号、作法及标注

1.3.3　圆弧连接

一条直线(或圆弧)经圆弧光滑地过渡到另一条线(或圆弧)的情况称为圆弧连接。圆弧连接实质上是使直线与圆弧或圆弧与圆弧相切。画图时必须准确作出连接圆弧的圆心和切点。

1. 直线与直线间的圆弧连接

如图 1.29(a)所示,用半径为 R 的圆弧来连接相交两直线,作图步骤如下,如图 1.29(b)所示:

(1) 作直线Ⅰ的平行线Ⅲ,并使Ⅰ、Ⅲ两平行线间的距离等于 R;同样作Ⅱ的平行线Ⅳ,并使Ⅱ和Ⅳ线间的距离等于 R,如图 1.29(b)所示。

(2) Ⅲ和Ⅳ相交于 O 点,自 O 点分别作Ⅰ和Ⅱ的垂线,相交于 A、B,即为所作圆弧与两直线的切点。

（3）以 O 点为圆心，R 为半径作圆弧，连接两直线Ⅰ、Ⅱ于 A、B 两点，即完成作图。

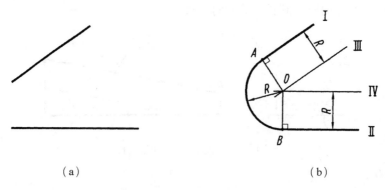

（a） （b）

图 1.29 两直线间的圆弧连接

2. 直线和圆弧间的圆弧连接

如图 1.30(a)所示，现已知Ⅰ直线和半径为 R_1 的已知圆弧，欲用半径为 R 的圆弧将直线Ⅰ和已知圆弧连接。作图步骤如下，如图 1.30(b)所示：

（1）作直线Ⅱ平行于直线Ⅰ，其间距离为 R，再作已知圆弧的同心圆，其半径为 R_1+R，与直线Ⅱ相交于 O。

（2）作 OA 垂直于直线Ⅰ，连 O_1O 交已知圆弧于 B，A、B 即为所作圆弧与已知直线和圆弧的切点。

（3）以 O 点为圆心，R 为半径作圆弧，连接直线Ⅰ和已知圆弧于 A、B 两点，即完成作图。

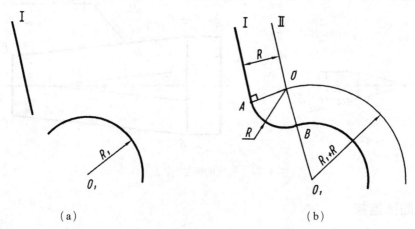

（a） （b）

图 1.30 直线和圆弧间的圆弧连接

3. 两圆弧间的圆弧连接

两圆弧间的圆弧连接可分外切和内切两种。

1）外切圆弧连接

如图 1.31(a)所示，两已知圆弧的半径分别为 R_1 和 R_2，欲用半径为 R 的圆弧外切两已知圆弧，其作图步骤如下，如图 1.31(b)所示：

（1）分别以 (R_1+R) 和 (R_2+R) 为半径，O_1 和 O_2 为圆心，作圆弧交于 O。

（2）连 OO_1 交已知圆弧于 A，连 OO_2 交已知圆弧于 B，A、B 即为所作圆弧与两已知圆弧外切的切点。

（3）以 O 为圆心，R 为半径作圆弧，连接两已知圆弧于 A、B 两点，即完成作图。

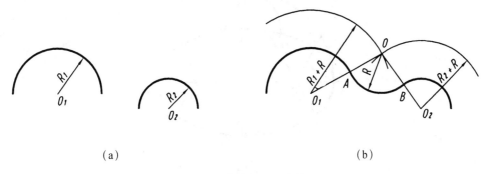

图 1.31　外切圆弧连接

2）内切圆弧连接

如图 1.32(a)所示，两已知圆弧的半径分别为 R_1 和 R_2，欲用半径为 R 的圆弧内切两已知圆弧，其作图步骤如下，如图 1.32(b)所示：

（1）分别以 $(R-R_1)$ 和 $(R-R_2)$ 为半径，O_1 和 O_2 为圆心，作圆弧交于 O。

（2）连 OO_1 交已知圆弧于 A，连 OO_2 交已知圆弧于 B，A、B 即为所作圆弧与两已知圆弧内切的切点。

（3）以 O 为圆心，R 为半径作圆弧，连接两已知圆弧于 A、B 两点，即完成作图。

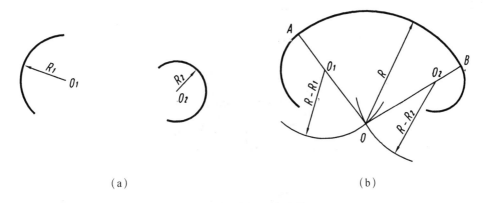

图 1.32　内切圆弧连接

1.3.4　平面曲线

绘图时，除了直线和圆弧外，经常会遇到一些非圆曲线，如椭圆等。下面介绍椭圆的三种画法。

1. 用四心圆法作近似椭圆

图 1.33 所示的是在制图中用得较多的由长短轴作椭圆的一种近似画法，即用四心圆法作近似椭圆。在该图中，长轴为 AB，短轴为 CD。先连 A 和 C，取 $CE_1=OA-OC$。作 AE_1 的垂直平分线，与两轴交于点 O_1、O_2，再取对称点 O_3、O_4，然后分别以 O_1、O_2、O_3、O_4 为圆心，O_1A、O_2C、O_3B、O_4D 为半径作圆弧（各圆弧的切点分别为 K、N、N_1、K_1），画成图示近似椭圆。

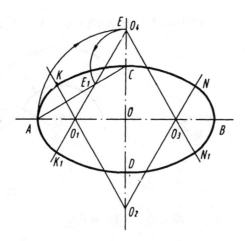

图 1.33　用四心圆法作近似椭圆

2. 用同心圆作椭圆

图 1.34 所示的是用同心圆作椭圆的画法。在该图中,以 O 为圆心,以长半轴 OA 和短半轴 OC 为半径作圆,由 O 作若干射线与两圆相交(图中作 12 等分),交大圆于 Ⅰ、Ⅱ、Ⅲ… 各点,交小圆于 1、2、3…各点,过 Ⅰ、Ⅱ、Ⅲ…各点作短轴的平行线,过 1、2、3…各点作长轴的平行线,分别相交于 M_1、M_2、M_3…各点,用曲线板顺次连接 C、M_1、M_2、B、M_3…,即完成椭圆的作图。

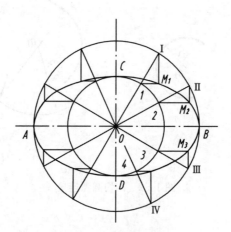

图 1.34　用同心圆作椭圆

3. 用八点法作椭圆

如图 1.35 所示的是用八点法作椭圆的画法。已知 KL 和 MN,过 K、L、M、N 点,分别作 MN 和 KL 的平行线,得平行四边形 $EFGH$,连对角线 EG 和 FH;过 E、K 作 EK 的 45° 斜线交于 E_1,$KH_1=KH_2=KE_1$,分别由 H_1、H_2 作 KL 的平行线,交对角线于 1、2、3、4 点。用曲线板顺次连接 M、2、L、3、N、4、K、1 各点,即得所求椭圆。

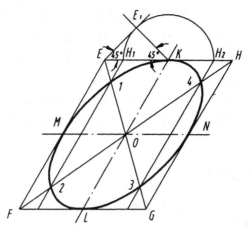

图 1.35   用八点法作椭圆

1.4   平面图形的尺寸标注及线段分析

1.4.1   平面图形的尺寸标注

平面图形的尺寸标注,要求正确、完整、清晰。

正确——平面图形的尺寸必须按照国家标准的规定进行标注,尺寸数值不能注错。

完整——尺寸要标注齐全,不能遗漏,也不可重复。如图 1.36(b)所示,18、8、26 三个尺寸中的尺寸 8 不应标注(可由另两个尺寸算出),就可避免重复标注尺寸。

清晰——尺寸要标注在图形最明显处,布局要整齐。如图 1.36(a)所示,尺寸一般应注在图形外,如 18、26、48 等;如图形内有空,有时也可注在图形内。当图形中同一方向有几个线性尺寸要标注时,则将小尺寸注在里,大尺寸注在外,以免尺寸线和尺寸界线相交。

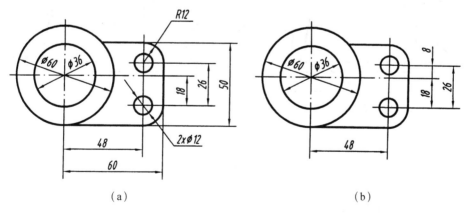

图 1.36   尺 寸 注 法
(a) 正确;(b) 不正确

对平面图形的尺寸进行标注时,首先要确定长度方向和高度方向的基准,也就是确定这两个方向标注尺寸的起点。平面图形常用的基准有:对称图形的对称线,较大圆的中心线,较长的直线等。图 1.36(a)是以圆的中心线为基准线。

尺寸按其在平面图形中所起的作用分为定形尺寸和定位尺寸两类。定形尺寸是确定各部分形状大小的尺寸,如直线的长度、圆及圆弧的直径或半径、角度的大小等(如图1.36中的尺寸 $\phi60$、$\phi36$、$R12$、$2\times\phi12$)。定位尺寸是确定图形各部分之间相对位置的尺寸(如图1.36(a)中的尺寸48、18、26)。

标注尺寸的步骤是:首先要分清楚图形各部分的构成,确定尺寸基准,然后标注定形尺寸,再标注定位尺寸,最后仔细校核所注尺寸,若发现有遗漏、重复或不够清晰、不合规定的注法都应及时改正。

1.4.2　平面图形的线段分析

平面图形常由很多线段连接而成,要画平面图形,就应对这些线段加以分析。

平面图形的线段可以分为三类:

(1)已知线段(圆弧)——有足够的定形尺寸和定位尺寸,不需依靠与其他线段(圆弧)相切的作图,就能按所注尺寸画出的线段(圆弧)。如图1.37(a)所示,$R20$ 的圆弧即为已知圆弧。

(2)中间线段(圆弧)——缺少一个定位尺寸,必须依靠一端与另一段线段(圆弧)相切而画出的线段(圆弧)。图1.37(a)中的 $R120$ 的圆弧即为中间圆弧。

(3)连接线段(圆弧)——缺少两个定位尺寸,因而需要依靠两端与另两线段(圆弧)相切,才能画出的线段(圆弧)。图1.37(a)中的 $R30$ 的圆弧是连接圆弧。

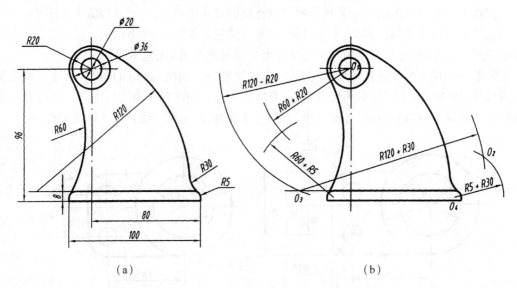

(a)　　　　　　　　　　　　(b)

图1.37　线段分析与作图步骤

1.4.3　平面图形的作图步骤

画平面图形的步骤是:先画基准线,根据各个封闭图形的定位尺寸画出定位线;画出已知线段(圆弧);画出中间线段(圆弧);最后画出连接线段(圆弧)。

如图1.37(b)所示,作图步骤如下:

(1)画基准线。高度方向以底线为基准线,长度方向以竖直中心线为基准线。

（2）画已知线段（圆弧）。先画出距底线为 96 的水平中心线，与竖直中心线相交于 O_1 点，然后以 O_1 为圆心，画出 $R20$ 的已知圆弧，再找出圆心 O_4，画出 $R5$ 的圆角。

（3）画中间线段（圆弧）。以 O_1 为圆心，$R(120-20)$ 为半径画圆弧，与距底线为 8 的横线相交于 O_3，再以 O_3 为圆心，画出 $R120$ 的中间圆弧。

（4）画连接线段（圆弧）。以 O_3 为圆心，$R(120+30)$ 为半径画圆弧，再以 O_4 为圆心，$R(30+5)$ 为半径画圆弧，两圆弧相交于 O_2 点，再以 O_2 为圆心，画出 $R30$ 的连接圆弧。

按照上述步骤，画出 $R60$ 的圆弧。经过图面清理，按线形要求完成全图。

1.5　画图的方法和步骤

要使图样绘制得既快又好，除了正确使用工具外，还必须掌握正确的绘图方法和步骤。

1.5.1　画仪器图的方法、步骤

1. 画图前的准备工作

准备好所用的绘图工具和仪器，并将其擦拭干净。安排好工作地点，使光线从图板的左前方射入，将所需工具放置在绘图方便之处。为使图纸平整地固定在图板上，一般按对角线方向顺次固定。当图纸较小时，应将图纸固定在图板的左下方。为使丁字尺移动和画图方便，图纸底边应与图板下边的距离稍大于丁字尺宽度。

2. 画底稿的方法和步骤

用铅笔画底稿图时，要用较硬的铅笔（如 2H 或 H）仔细轻轻地画出，做到图线大致分明。画底稿步骤是：先画图框、标题栏，后画图形。

画图形时，应注意选择适当的比例，做好整体布置。先画作图基准线（如轴线、对称线、较长的直线等），再画主要轮廓线，然后画细部。画好底稿后，经校核，擦去多余的线条。

3. 图线加深的方法和步骤

用铅笔加深时常选用 HB 或 B 的铅笔，圆规的铅芯要比铅笔软一级（用 B 或 2B）。加深粗实线，可分以下几个阶段：

（1）加深所有的圆及圆弧。

（2）用丁字尺由上到下加深所有的水平线。

（3）用丁字尺配合三角板从左到右加深所有的垂直线。

（4）加深斜线。

再按上述顺序加深所有虚线。然后加深所有的点划线和剖面线。最后绘制尺寸界线、尺寸线及箭头，注写尺寸数字及其他文字说明，填写标题栏。

加深完毕后再仔细检查一遍，如确认无错误，在标题栏中签上绘图者的姓名和绘图日期。

1.5.2　画徒手图的方法

对于工程技术人员来讲，除了要学会用仪器画图外，还必须具备徒手绘制草图的能力。在设计中，为了表明自己的初步设想，常常采用徒手画图的方法绘出设计方案，以供讨论和进一步修改。为维修需要，有时要在现场进行测绘，因现场条件有限，只能用徒手来画出

草图。

画徒手图仍应做到：图形正确，线型分明，比例基本匀称，字体工整，注意图面整洁。

画徒手图的铅笔一般选用 HB 或 B 型，削成圆锥状。常用印有浅色方格的纸画图。

要画好徒手图，必须掌握徒手绘制各种线条的基本方法。

1. 握笔的方法

握笔时手的位置要比用仪器画图时较高些，以利运笔和观察目标；笔杆与纸面成 45°～60°角，使执笔较稳。

2. 直线的画法

画直线时，特别是画较长的直线时，肘部不宜接触纸面，否则线不易画直。如果已知两点用一直线连接起来，眼睛要注意终点，以保证直线的方向，在作较长直线时可以分段进行。如图 1.38 所示，画垂直线时自上向下运笔；画水平线时，为了方便，可将纸放得略为倾斜一些。

画斜线时，为了运笔方便，可以将图纸旋转一适当角度，使它转变成水平线来画。

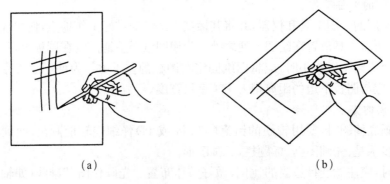

(a)   (b)

图 1.38　徒手画直线的方法

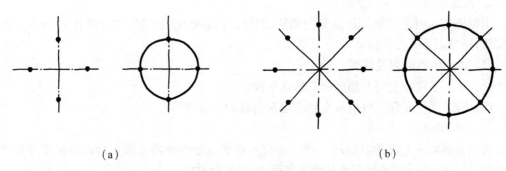

(a)   (b)

图 1.39　徒手画圆的方法

3. 圆和圆弧连接

徒手画小圆时，应先定圆心及画中心线，再根据半径大小用目测法在中心线上定出四点，然后过这四点画圆，如图 1.39(a) 所示。当圆的直径较大时，可过圆心作两条 45° 的斜线，在线上再定四个点，然后通过这八点画圆，如图 1.39(b) 所示。

对于圆弧连接，先按目测比例作出已知圆弧，然后再徒手作出各连接圆弧，与已知圆弧光滑连接，如图 1.40 所示。

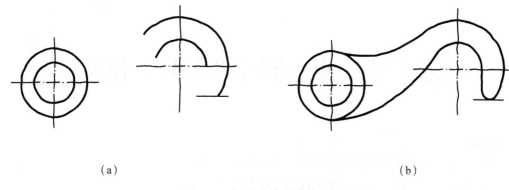

（a）　　　　　　　　　　　　　　　　（b）

图 1.40　圆弧连接的徒手画法

4. 角度线

画 30°、45°、60°的斜线，可根据两直角边的近似比例关系，定出两端点后，连成直线，即为所画角度线，如图 1.41 所示。如画 10°、15°等角度线，可先画出 30°角后再等分求得（见图 1.41）。

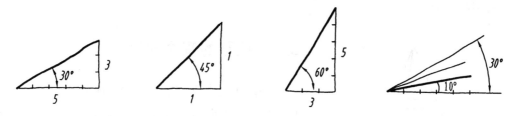

图 1.41　角度线的徒手画法

思 考 题

1. 绘制机械图样时，为什么一定要遵守有关的国家标准？

2. 在机械制图的国家标准中，对图幅、比例、字体、图线画法及尺寸注法有哪些基本规定？

3. 机械图样中图线的宽度分几种？设粗线的线宽为 d，虚线、点画线、波浪线、双点画线的线宽是多少？在图样上画这些图线时，通常应注意哪几点？

4. 画图时应做好哪些准备工作？如何正确使用绘图工具？

5. 标注平面图形的尺寸应达到哪三个要求？这三个要求主要体现哪些具体内容？

6. 什么是平面图形的尺寸基准、定形尺寸、定位尺寸？通常按哪几个步骤标注平面图形的尺寸？

7. 平面图形的线段可分哪三类？在作图时应按什么顺序画这三类线段？

8. 简述画图的一般步骤，怎样才能画出高质量的图样？

第2章 点、直线和平面的投影

学习要点：

（1）掌握正投影法的基本投影特征，了解投影法的分类。

（2）掌握点在三投影面体系中的投影及投影特性。

（3）掌握直线的投影及各种位置直线的投影特性，熟悉直线上点的投影、两直线的相对位置及直角投影，能用换面法求一般位置直线的实长及对投影面的倾角。

（4）掌握平面的投影及各种位置平面的投影特性，熟悉点、直线在平面上的几何条件，了解直线与平面及两平面间的相对位置（其中一个几何元素处于特殊位置），能用换面法求平面图形的实形。

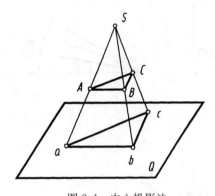

图 2.1 中心投影法

2.1 投影的基本知识

物体在光线的照射下，就会在地面上产生影子，人们对这一现象加以分析，得出了投影的基本方法。如图 2.1所示，平面 Q 称为投影面，点 S 称为投射中心，直线 SA、SB、SC 称为投射线，SA、SB、SC 分别与投影面 Q 的交点 a、b、c 称为三角形顶点 A、B、C 在投影面 Q 上的投影。这种投射线通过物体后向选定的投影面投射，并在该平面上得到图形的方法，称为投影法。

常见的投影法有中心投影法和平行投影法。

2.1.1 中心投影法

投射线由一点出发，使空间形体在投影面上产生投影的方法称为中心投影法。用中心投影法所画出的投影称为中心投影。如图 2.1 所示，通过投射中心 S 作出了△ABC 在投影面 Q 上的投影，投射线 SA、SB、SC 分别与投影面 Q 的交点 a、b、c，就是空间点 A、B、C 在 Q 面上的投影。直线 ab、bc、ca 分别是空间直线 AB、BC、CA 的投影，所以△abc 就是△ABC 的投影。

由于中心投影不能反映空间形体的实形，且度量性差，作图也比较麻烦，它主要用于绘制建筑物或富有逼真感的建筑图。

2.1.2 平行投影法

如图 2.2 所示，当投射中心移到无穷远的地方时，这时的投射线相互平行，这种在投影面上得到物体的投影的方法称为平行投影法。用平行投影法画出的投影称为平行投影。

平行投影法又分为正投影法和斜投影法两种,在图2.2(a)中,投射线垂直于投影面,称为正投影法,所得的投影称为正投影。机械图样主要用正投影法绘制,今后为了叙述简便,将"正投影"简称为"投影"。

在图2.2(b)中,投射线倾斜于投影面,称为斜投影法,所得的投影称为斜投影。该种方法常用来绘制轴测图。

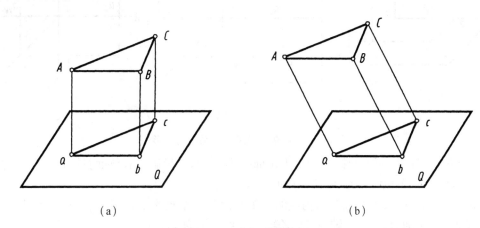

(a)   (b)

图2.2 平行投影法

(a) 正投影法;(b) 斜投影法

2.2 点的投影

如图2.3所示,过空间点A向投影面Q作投射线,交点a就是A点在Q面上的投影。反之,若仅知点A的投影a,空间点A的位置不能唯一确定,因为在投射线Aa上还有很多的点,如A_0的投影与A的投影重合。

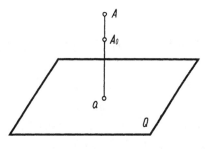

图2.3 点的投影

2.2.1 点在三面体系中的投影

如图2.4所示,设立三个相互垂直的投影面:正立投影面(简称正面或V面)、水平投影面(简称水平面或H面)、侧立投影面(简称侧面或W面),三个投影面的交线OX、OY、OZ称为投影轴,分别简称为X轴、Y轴、Z轴,O为坐标原点。

过空间点A向三个投影面分别作投射线,得到的交点就是A点在三个投影面上的投影。如图2.4(a)所示。

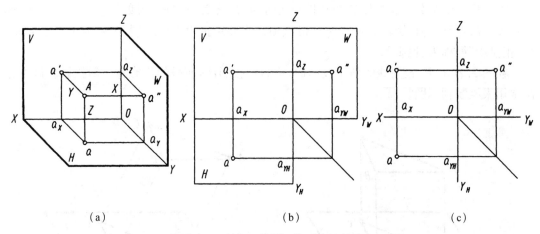

（a） （b） （c）

图 2.4 点在三投影面体系中的投影

A 点在 V、H、W 面上的投影分别为正面投影 a'、水平投影 a 和侧面投影 a''[①]。反之，由 A 点的三面投影，可以唯一地确定 A 点的空间位置。

Aa'、Aa、Aa'' 三条投射线两两构成的三个平面与三个投影面形成一长方体，其中 $a'Aa$、aAa''、$a''Aa'$ 三平面分别与 X 轴、Y 轴、Z 轴的交点分别为 a_X、a_Y、a_Z。

沿 Y 轴分开 H 面和 W 面，V 面保持不动，H 面向下转，W 面向右转，使 H 面和 W 面旋转到与 V 面成一个平面，如图 2.4(b) 所示。这时，Y 轴成为 H 面上的 Y_H 和 W 面上的 Y_W，点 a_Y 成为 H 面上的 a_{YH} 和 W 面上的 a_{YW}。由于在同一平面上，过 X 轴上的点 a_X 只能作 X 轴的一条垂线，所以 a'、a_X、a 共线，亦即 $a'a \perp X$ 轴；同理 $a'a'' \perp Z$ 轴，$a\,a_{YH} \perp Y_H$ 轴，$a''a_{YW} \perp Y_W$ 轴。由此可见，点在相互垂直的投影面上的两个投影，当投影面展成一个平面后，其投影连线垂直于相应的投影轴。

为了作图方便，可由点 O 出发作与 Y 轴成 45° 角的斜线，aa_{YH}、$a''a_{YW}$ 的延长线必与该辅助线相交于一点。投影面的边界可不必画出，如图 2.4(c) 所示。

2.2.2　点的坐标

如把三投影面体系看作空间直角坐标体系，则 V、H、W 面即为坐标面，X、Y、Z 轴即为坐标轴，O 点为坐标原点。由图 2.4 可知：A 点的三个直角坐标 X_A、Y_A、Z_A 即为点 A 到三个坐标面的距离，它与 A 点的投影 a、a'、a'' 的关系如下：

X_A（即 Oa_X）$= a_Z a' = a_{YH} a =$ 点 A 到 W 面的距离 $a''A$；

Y_A（即 $Oa_{YH} = O\,a_{YW}$）$= a_X a = a_Z a'' =$ 点 A 到 V 面的距离 $a'A$；

Z_A（即 Oa_Z）$= a_X a' = a_{YW} a'' =$ 点 A 到 H 面的距离 $a\,A$。

点 $A(X_A, Y_A, Z_A)$ 在三面体系中的一组投影为 a、a'、a''，反之，如果已知 A 点的一组投影 a、a'、a''，便可确定该点在空间的位置。

2.2.3　点的投影规律

空间点在三投影面体系中，具有如下投影规律，如图 2.4 所示：

---

① 空间点用大写字母表示，如 A、B、C …；相应的水平投影用小写字母表示，如 a、b、c …；正面投影在小写字母上加一撇表示，如 a'、b'、c' …；侧面投影在小写字母上加两撇表示，如 a''、b''、c'' …。

(1) 点的投影连线垂直于投影轴。

(2) 点的投影到投影轴的距离,等于点的坐标,即该空间点到对应投影面的距离。

根据点的投影规律,可由点的三个坐标值画出其三面投影,也可根据点的两个投影作出第三投影。

如图 2.5(a)所示,A 点在 V 面上,B 点在 H 面上,C 点在 OX 轴上。A 点是 V 面上的点,故它的正面投影与之重合,其水平投影在 X 轴上,侧面投影在 Z 轴上。同理可求出 B 点的三面投影。C 点在 X 轴上,故其正面投影、水平投影与之重合,侧面投影在 O 点,如图 2.5(b)所示。

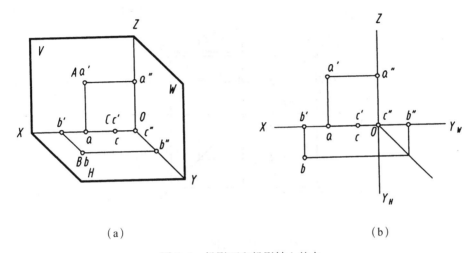

(a) 　　　　　　　　　　　　　　(b)

图 2.5　投影面和投影轴上的点

例 2.1　已知 C 点的正面投影 c' 及水平投影 c,试求其侧面投影 c'',如图 2.6 所示(简称二求三)。

作图:由于 c'、c'' 的连线垂直于 Z 轴,c'' 一定在过 c' 且垂直于 Z 轴的直线上。又由于 c'' 至 Z 轴的距离必等于 c 至 X 轴的距离,使 $c''c_Z$ 等于 cc_X,便可定出 c'' 的位置,如图 2.6(b)所示。作图时,可以通过 $45°$ 辅助线作出(也可用以 O 为圆心,Oc_{YH} 为半径交 OY_W 于 c_{YW})。

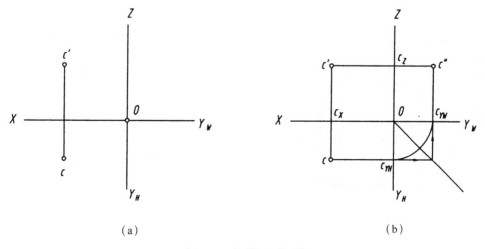

(a) 　　　　　　　　　　　　　　(b)

图 2.6　求第二投影

2.2.4　两点间的相对位置

空间两点的相对位置可根据它们在同一投影面上的投影(简称同面投影)的相对位置加以判别。如图 2.7 所示,两点的正面投影反映其高低、左右的关系;两点的水平投影反映其左右、前后的关系;两点的侧面投影反映其高低、前后的关系。可见在同一投影面上的投影能反映出两点在两个方向上的相对位置。

如图 2.7 所示,$X_A > X_B$,即 a 在 b 的左方(或 a' 在 b' 的左方);$Y_A > Y_B$,即 a 在 b 的前方(或 a'' 在 b'' 的前方);$Z_A > Z_B$,即 a' 在 b' 的上方(或 a'' 在 b'' 的上方)。可见:A 点在 B 点的左、前、上方。

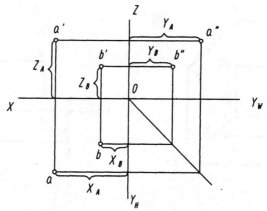

图 2.7　两点的相对位置

2.2.5　重影

如图 2.8 所示,D 点在 C 点的正后方,所以 $Y_C > Y_D$,D 点与 C 点无左右距离差,也无上下距离差。这两点的正面投影相互重合,点 C 和点 D 在正投影面上重影。同理,若一点在另一点的正下方或正上方,该两点在水平投影面上重影;若一点在另一点的正右方或正左方,则该两点在侧投影面上重影。

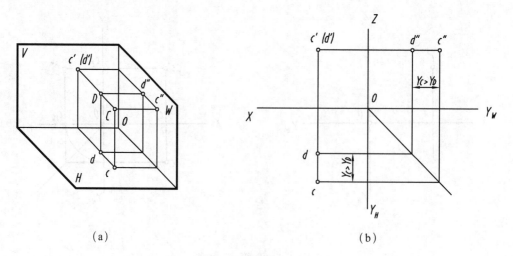

(a)　　　　　　　　　　　　　(b)

图 2.8　重 影 点

在图 2.8 中，由于 $Y_C > Y_D$，向 V 面投影时 C 点可见，D 点不可见，故对正投影面重影时点的可见性是前遮后；而对水平投影面、侧投影面重影点的可见性则分别是上遮下、左遮右。重影点可以不表明可见性，如需表明时，则在不可见投影的符号上加括号，如图 2.8 所示。

2.3　直线的投影

2.3.1　直线在三投影面体系中的投影

直线的投影仍是直线，它的投影可由直线上任意两点的投影来确定。求直线 AB 的投影，只要作出 A、B 两点的三面投影，如图 2.9(a) 所示，然后将两点的同面投影相连，即可求得直线 AB 的三面投影 ab、$a'b'$、$a''b''$，如图 2.9(b) 所示。

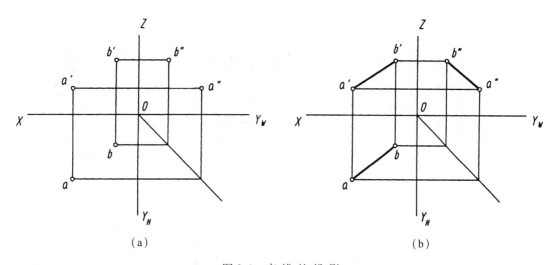

(a) (b)

图 2.9　直线的投影

2.3.2　各种位置直线的投影

直线对投影面的相对位置可以分为投影面平行线、投影面垂直线和一般位置直线。其中投影面平行线和投影面垂直线称为特殊位置直线。

1. 特殊位置直线

1) 投影面平行线

平行于一个投影面而与另两个投影面倾斜的直线称为投影面平行线。平行于 V 面的直线称为正平线；平行于 H 面的直线称为水平线；平行于 W 面的直线称为侧平线。

表 2.1 介绍了投影面平行线及其投影特性。

表 2.1 投影面平行线

名称	正平线（∥V）	水平线（∥H）	侧平线（∥W）
立体图			
投影图			
投影特性	(1) $a'b'$ 反映实长。$a'b'$ 与 X、Z 轴的夹角分别反映 α、γ 角 (2) $ab \parallel X$ 轴，$a''b'' \parallel Z$ 轴。ab、$a''b''$ 均小于实长	(1) ab 反映实长。ab 与 X、Y_H 轴的夹角分别反映 β、γ 角 (2) $a'b' \parallel X$ 轴，$a''b'' \parallel Y_w$ 轴。$a'b'$、$a''b''$ 均小于实长	(1) $a''b''$ 反映实长。$a''b''$ 与 Y_w、Z 轴的夹角分别反映 α、β (2) $a'b' \parallel Z$ 轴，$ab \parallel Y_H$ 轴。$a'b'$、ab 均小于实长

投影面平行线的投影特性归纳如下：

(1) 直线在与其平行的投影面上的投影反映实长，它与两条投影轴的夹角分别反映直线与另外两个投影面的真实倾角。

(2) 其余两个投影小于实长，且分别平行于相应的投影轴。

2) 投影面垂直线

当空间一直线垂直于一个投影面时，必与另外两个投影面平行，该直线称为投影面垂直线。垂直于 V 面的直线称为正垂线；垂直于 H 面的直线称为铅垂线；垂直于 W 面的直线称为侧垂线。

表 2.2 介绍了投影面垂直线及其投影特性。

表 2.2　投影面垂直线

名称	正垂线($\perp V$)	铅垂线($\perp H$)	侧垂线($\perp W$)
立体图			
投影图			
投影特性	(1) $a'(b')$ 重影为一点 (2) $ab \perp X$ 轴，$a''b'' \perp Z$ 轴。ab、$a''b''$ 均反映实长	(1) $a(b)$ 重影为一点 (2) $a'b' \perp X$ 轴，$a''b'' \perp Y_W$ 轴。$a'b'$、$a''b''$ 均反映实长	(1) $a''(b'')$ 重影为一点 (2) $a'b' \perp Z$ 轴，$ab \perp Y_H$ 轴。$a'b'$、ab 均反映实长

投影面垂直线的投影特性归纳如下：

(1) 直线在所垂直的投影面上的投影积聚为一点。

(2) 其他两投影均反映实长，且垂直于相应的投影轴线。

2. 一般位置直线

对三个投影面都处于倾斜位置的直线，称为一般位置直线。如图 2.10 所示，直线 AB 对 H、V、W 面的倾角分别为 α、β、γ。由于直线 AB 倾斜于三个投影面，故它的三个投影都小于实长，且 $ab = AB\cos\alpha$、$a'b' = AB\cos\beta$、$a''b'' = AB\cos\gamma$。

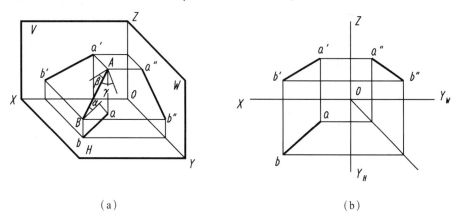

(a)　　　　　　　　　　　　　(b)

图 2.10　一般位置直线的投影

2.3.3 直线上的点

1. 直线上点的投影

点在直线上,则点的各个投影必定在该直线的同面投影上。如图 2.11 所示,当 C 点在直线 AB 上,则 C 点的三面投影 c、c'、c'' 分别在直线 AB 的同面投影 ab、$a'b'$、$a''b''$ 上。

2. 点分割线段成定比

直线上的点分割线段成定比,则点的投影也分割线段的同面投影成相同的比例。仍如图 2.11 所示,C 点在直线 AB 上,则 $AC:CB=ac:cb=a'c':c'b'=a''c'':c''b''$。

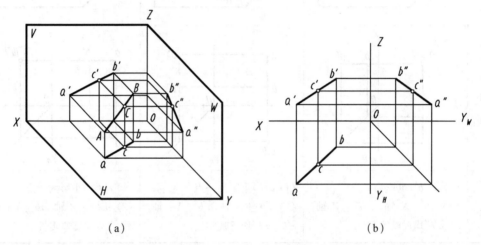

图 2.11　点在直线上的投影

例 2.2　如图 2.12(a)所示,作出分线段 AB 为 3:2 的点 C 的两面投影 c'、c。

作图(见图 2.12(b)):

(1) 由 a 作任一直线,在其上量取 5 个单位长度得 b_0,在 ab_0 上取 c_0,使 $ac_0:c_0b_0=3:2$;

(2) 连 b_0b,作 $c_0c/\!/b_0b$,与 ab 交于 c;

(3) 由 c 作投影连线,与 $a'b'$ 交于 c'。

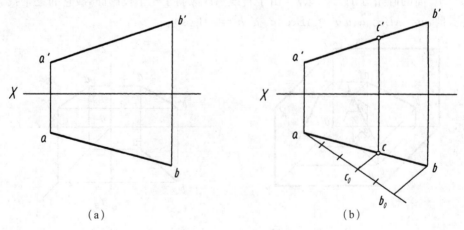

图 2.12　求作直线上 C 点

(a) 已知条件;(b) 作图过程

例 2.3　如图 2.13(a)所示,已知侧平线 DE 的两面投影 $d'e'$、de,以及 F 点的两面投影 $f'f$,判断 F 点是否在 DE 直线上?

作图:方法一。由于 DE 是侧平线,所以不能从 H、V 面上两个投影直接判断 F 点是否在 DE 直线上。如图 2.13(b)所示,先作出 DE 的侧面投影 $d''e''$ 和 F 点的侧面投影 f'',由于 f'' 不在 $d''e''$ 上,所以 F 点不在 DE 直线上。

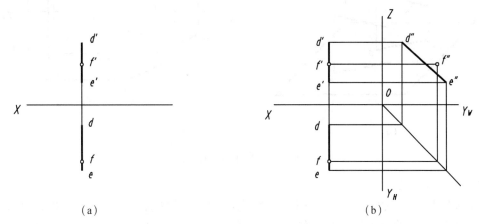

(a)　　　　　　　　　　　　　　　　　(b)

图 2.13　判断点是否在直线上(一)

方法二。根据点分割线段成定比的关系,如图 2.14 所示,过 e 任作一直线,量取 $ef_0=e'f'$、$f_0d_0=f'd'$,连 d_0d,并由 f_0 作直线与 d_0d 平行。若该平行线不与 de 相交于 f 点,说明 F 点不在直线 DE 上。

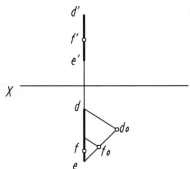

图 2.14　判断点是否在直线上(二)

2.3.4　两直线的相对位置

两直线的相对位置可分为三种情况:平行、相交和交叉。其中前两者在同一平面内称同面直线,交叉两直线是既不平行也不相交的两直线,或者称为异面直线。

1. 两直线互相平行

如图 2.15(a)所示,空间两直线 AB 和 CD 相互平行,AB、CD 上各点向 H 面投影,直线与其投射线所成的两个平面相互平行,它们与 H 面的交线也相互平行,即 $ab/\!/cd$,同理,$a'b'/\!/c'd'$,$a''b''/\!/c''d''$。

由此可知,平行两直线的同面投影相互平行。反之,若两直线在同一投影面上的投影都互相平行,则该两直线平行,如图 2.15(b)所示。

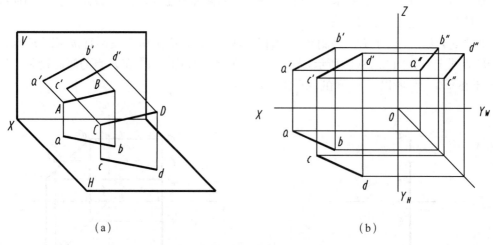

（a）　　　　　　　　　　　　　　　（b）

图 2.15　平 行 两 直 线

2. 两直线相交

如图 2.16(a)所示，AB 与 CD 相交于 K 点，则 K 点是两直线的公有点。根据直线上点的投影规律，K 点的水平投影 k 应在 ab 上，也在 cd 上，所以 ab 与 cd 交于 k，即交点的水平投影。同理，k' 和 k'' 分别是两直线交点的正面投影和侧面投影。由于 k'、k、k'' 是 K 点的三面投影，所以 $k'k \perp X$ 轴，$k'k'' \perp Z$ 轴，如图 2.16(b)所示。

由此可知，相交两直线的同面投影必然相交，且交点符合点的投影规律。反之，若两直线的同面投影都相交，且交点符合点的投影规律，则此两直线一定相交。

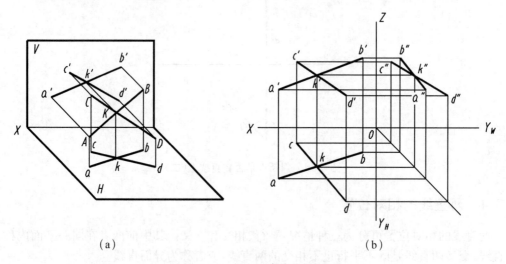

（a）　　　　　　　　　　　　　　　（b）

图 2.16　相交两直线的投影

3. 两直线交叉

若两直线既不平行又不相交则为交叉两直线，如图 2.17 所示。交叉两直线的某同面投影也可能相交，但其"交点"(实为重影点)不符合点的投影规律。

直线 AB 与 CD 的水平投影在 1(2)点重合投影(简称重影)，Ⅰ、Ⅱ 两点称为对 H 面的一对重影点，由于 $Z_Ⅰ > Z_Ⅱ$，故 Ⅰ 点的水平投影可见，而 Ⅱ 点的水平投影不可见。

同理，Ⅲ、Ⅳ两点为对 V 面的一对重影点，由于 $Y_{\text{Ⅲ}} > Y_{\text{Ⅳ}}$，故Ⅲ点的正面投影可见，Ⅳ点的正面投影不可见。

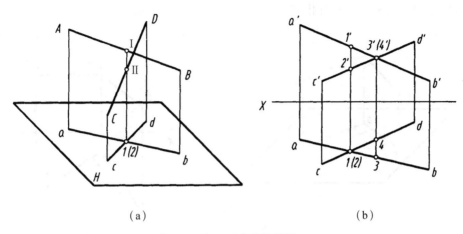

（a）　　　　　　　　　　　　　　　　（b）

图 2.17　交叉两直线的投影（一）

交叉两直线的同面投影，也可能有一组或两组同面投影相互平行，但它们的第三组同面投影不可能相互平行（这种情况只有当两直线均是投影面平行线时才会发生），如图 2.18 所示。

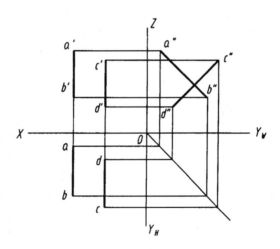

图 2.18　交叉两直线的投影（二）

2.3.5　垂直两直线的投影

垂直相交的两直线同时平行于某一投影面时，在该投影面上的投影反映为直角；如都不平行于投影面时，其投影不反映直角。

如果垂直相交的两直线中有一条直线平行于一投影面，则两直线在该投影面上的投影反映直角。

如图 2.19(a)所示，AB 与 BC 垂直相交，且 $AB /\!/ H$ 面。

因为 $AB /\!/ H$ 面，则 $ab /\!/ AB$。

因为 $AB \perp BC$、$AB \perp Bb$，所以 $AB \perp$ 平面 $BCcb$。

由于 $ab \mathbin{/\!/} AB$、则 $ab \perp$ 平面 $BCcb$，于是 $ab \perp bc$，故 $\angle abc$ 是直角，如图 2.19(b)所示。

反之，如果相交两直线在某一投影面上的投影成直角，且其中有一条直线为该投影面的平行线，则这两直线在空间垂直相交。

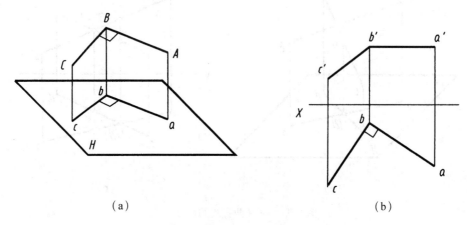

| (a) | (b) |

图 2.19　垂直相交两直线的投影

例 2.4　如图 2.20 所示，已知垂直相交两直线中 AB 的两面投影及 CD 的水平投影，求 CD 的正面投影。

分析：由于 $ab \mathbin{/\!/} X$ 轴，所以 AB 是正平线，且 CD 与 AB 垂直相交，D 为交点。

作图：由 d 找出 d'，过 d' 作 $c'd' \perp a'b'$，$c'd'$ 即为 CD 的正面投影，如图 2.20(b)所示。

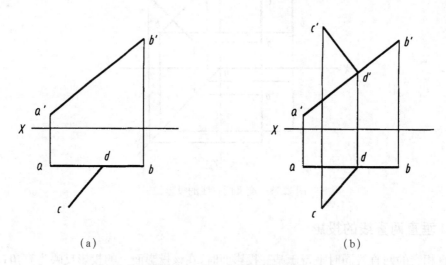

| (a) | (b) |

图 2.20　求作 CD 的正面投影

例 2.5　求 AB、CD 两直线的公垂线。如图 2.21 所示。

分析：直线 AB 是铅垂线，CD 是一般位置直线，所以它们的公垂线必垂直铅垂线 AB，因此，它应是一条水平线。

作图，如图 2.21(b)所示：

(1) 由直线 AB 的水平投影 $a(b)$ 作垂线交 cd 于 k，并求出 k'。

（2）由 k' 点作 X 轴的平行线 $k'e'$，交 $a'b'$ 于 e' 点。ke、$k'e'$ 即为公垂线 KE 的两面投影，且 ke 反映实长。

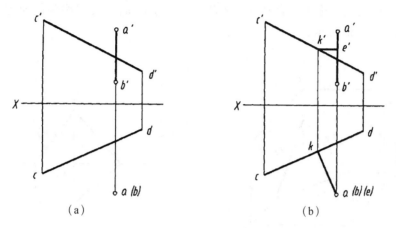

图 2.21　求 AB、CD 的公垂线

2.4　平面的投影

2.4.1　平面表示法

1. 几何元素表示法

平面的投影可分别用下列各组元素的投影来表示，如图 2.22 所示：

（1）不在同一直线上的三点，如图 2.22(a)所示。

（2）一直线和直线外的一点，如图 2.22(b)所示。

（3）相交两直线，如图 2.22(c)所示。

（4）平行两直线，如图 2.22(d)所示。

（5）任何平面图形（如三角形、圆及其他平面图形），如图 2.22(e)所示。

上述各组几何元素之间是密切联系的，可以相互转换。在投影图中经常用平面图形的投影表示空间平面。

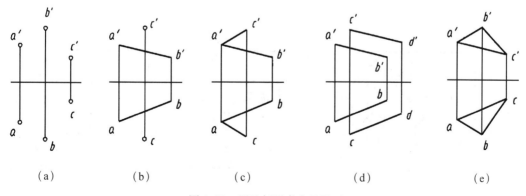

图 2.22　用几何元素表示平面

2. 迹线表示法

空间平面与投影面的交线,称为平面的迹线。平面 P 与 H 面的交线称为水平迹线,用 P_H 表示;与 V 面的交线称为正面迹线,用 P_V 表示;与 W 面的交线称为侧面迹线,用 P_W 表示,如图 2.23(a)、(b)所示。

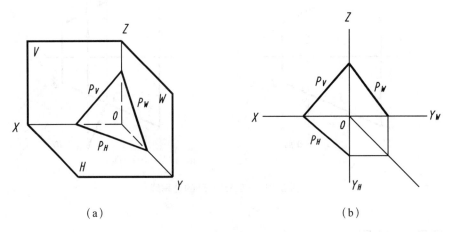

图 2.23　用迹线表示平面

2.4.2　各种位置平面的投影

在三投影面体系中,按平面与投影面的相对位置可分为投影面垂直面、投影面平行面、一般位置平面。前两者称为特殊位置平面。

1. 投影面垂直面

垂直于一个投影面而与另两个投影面都倾斜的平面称为投影面垂直面。垂直于 V 面的平面称为正垂面,垂直于 H 面的平面称为铅垂面,垂直于 W 面的平面称为侧垂面。

平面对 H 面、V 面、W 面的倾角分别用 α、β、γ 表示。

现将投影面垂直面的投影及投影特性列于表 2.3 中。

表 2.3　投影面垂直面的投影及投影特性

名称	正垂面($\perp V$)	铅垂面($\perp H$)	侧垂面($\perp W$)
立体图			

名称	正垂面(⊥V)	铅垂面(⊥H)	侧垂面(⊥W)
投影图			
投影特性	(1) 正面投影积聚成一直线，与 X、Z 轴的夹角分别反映 α、γ (2) 水平投影和侧面投影都为原形缩小的类似形	(1) 水平投影积聚成一直线，与 X、Y_H 轴的夹角分别反映 β、γ (2) 正面投影和侧面投影都为原形缩小的类似形	(1) 侧面投影积聚成一直线，与 Z、Y_w 轴的夹角分别反映 β、α (2) 正面投影和水平投影都为原形缩小的类似形

投影面垂直面的投影特性归纳如下：

（1）在平面垂直的投影面上的投影积聚成直线，与投影轴的夹角分别反映平面对另两个投影面的真实倾角。

（2）平面在另两个投影面上的投影均为小于原平面图形的类似形（即类似的多边形）。

图 2.24 表示一正垂面 P，其正面迹线 P_V 有积聚性。一般情况下用 P_V 表示（P_H、P_W 可以省略不画）。

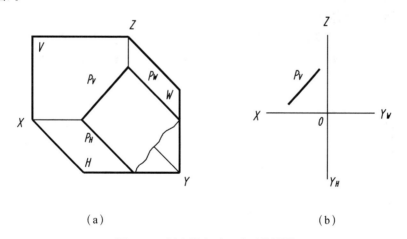

(a)　　　　　　　　　　　　　　　　(b)

图 2.24　用迹线表示正垂面的投影

2. 投影面平行面

平行于一个投影面必同时垂直于另两投影面的平面称为投影面平行面。平行于 V 面的平面为正平面，平行于 H 面的平面为水平面，平行于 W 面的平面为侧平面。

表 2.4 列出了投影面平行面的投影及投影特性。

表 2.4　投影面平行面的投影及投影特性

名称	正平面（∥V）	水平面（∥H）	侧平面（∥W）
立体图			
投影图			
投影特性	（1）正面投影反映实形 （2）水平投影∥X轴,侧面投影∥Z轴,分别积聚成直线	（1）水平投影反映实形 （2）正面投影∥X轴,侧面投影∥Y_W轴,分别积聚成直线	（1）侧面投影反映实形 （2）正面投影∥Z轴,水平投影∥Y_H轴,分别积聚成直线

投影面平行面的投影特性归纳如下：

（1）在平面平行的投影面上的投影反映实形。

（2）平面在另两个投影面上的投影分别积聚成直线,平行于相应的投影轴。

图 2.25 表示一水平面 P,其正面迹线 P_V 有积聚性。一般情况下用 P_V 表示（P_H、P_W 可以省略不画）。

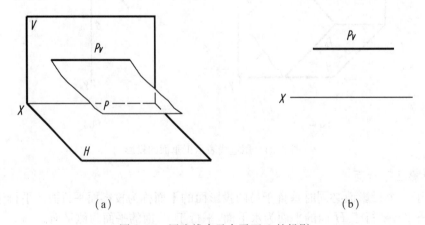

（a）　　　　　　　　　　　　　　　　（b）

图 2.25　用迹线表示水平面 Q 的投影

3. 一般位置平面

如图 2.26 所示，△ABC 平面对 V 面、H 面、W 面都倾斜，被称为一般位置平面。它的三个投影△abc、△a′b′c′、△a″b″c″均为类似形，不反映实形，也不反映该平面对三个投影面的倾角 α、β、γ。

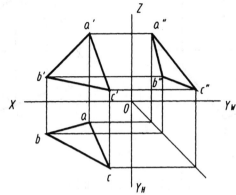

图 2.26　一般位置平面的投影

2.4.3　平面上的点和直线

直线在平面上的几何条件如下：

一直线经过平面上两个点，则该直线必定在该平面上；或一直线经过平面上一个点且平行于平面上的另一直线，则直线也必在该平面上。

如图 2.27(a)所示，由两相交直线 AB 和 BC 确定一平面，由于 E、F 两点分别在 AB、BC 上，所以 EF 连线必在该平面上，如图 2.27(b)所示。

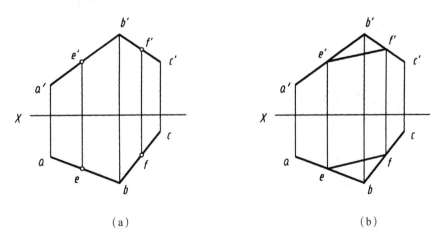

(a)　　　　　　　　　　　　　　　　　(b)

图 2.27　直线在平面上(一)

如图 2.28(a)所示，相交两直线 CD、DE 确定一平面，M 是 CD 上一点，如过点 M 作直线 MN∥DE，则直线 MN 一定在该平面，如图 2.28(b)所示。

点在平面上的几何条件如下：

如点在平面内的任一直线上，则此点在该平面上。

如图 2.28(b)所示，点 N 在直线 MN 上，而直线 MN 又在平面 CDE 上，则点 N 必在平

面 CDE 上。

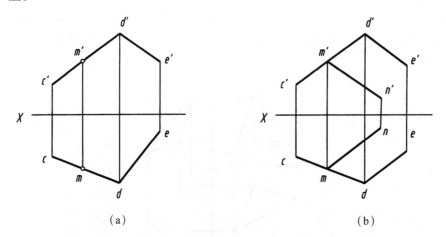

(a)　　　　　　　　　　　　　　　　(b)

图 2.28　直线在平面上(二)

例 **2.6**　已知△ABC 的两面投影:① 判别 K 点是否在△ABC 平面上;② 已知该平面上 D 点的水平投影 d,作出其正面投影 d',如图 2.29(a)所示。

分析:判别一点是否在平面上以及求平面上点的投影,可利用点在平面上的几何条件来确定。

作图步骤如图 2.29(b)所示:

(1) 连 b'、k' 并延长之与 $a'c'$ 交于 f',由 $b'f'$ 求出其水平投影 bf,则 BF 是平面上的一条线,如 K 在 BF 上,则 k、k' 应分别在 bf、$b'f'$ 上,从图中可知 k 不在 bf 上,所以 K 点不在平面上。

(2) 连 b、d 与 ac 交于 g,由 bg 求出正面投影 $b'g'$,则 BG 是平面上的一条直线,如 D 点在平面上,则 D 应在 BG 上,所以 d' 应在 $b'g'$ 上,因此过 d 作投影连线与 $b'g'$ 的延长线交于点 d',即为所求 D 点的正面投影。

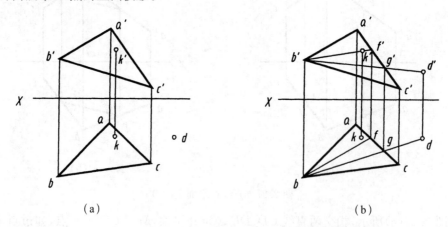

(a)　　　　　　　　　　　　　　　　(b)

图 2.29　平 面 上 的 点

例 **2.7**　在△ABC 上,过 A 点作 H 面的平行线,如图 2.30(a)所示。

分析:在一个平面上过 A 点可以作无数条直线,其中必有 H 面的平行线,这是平面上的特殊位置直线。该直线应符合直线在平面上的几何条件,同时具有投影面平行线的投影特征。

作图如图 2.30(b)所示：

(1) 过 a' 作 $a'd'$ // X 轴，与 $b'c'$ 交于 d'；

(2) 由 d' 作投影连线，与 bc 交于 d，连 ad，由此便作出△ABC 上水平线 AD 的两面投影 ad、$a'd'$。

同理，可在该平面上作出 V 面和 W 面的平行线。

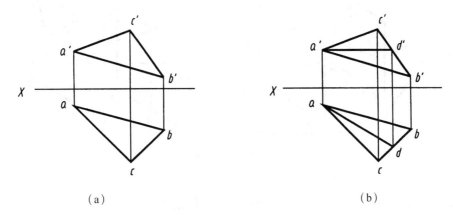

(a)   (b)

图 2.30 平面上的水平线

2.4.4 直线与平面的相对位置及两平面的相对位置

直线与平面和两平面之间的相对位置可分为平行、相交及垂直三种情况。本书仅讨论直线或平面处在特殊位置时的三种情况。

1. 直线与特殊位置平面平行

由初等几何知道，一直线与平面上任一直线平行，则此直线与该平面平行。

对于特殊位置平面，因为它必有一个投影积聚为直线，平面上与空间直线平行的直线的投影一定重合在这个有积聚性的投影上，所以，若直线与特殊位置平面平行，则该平面有积聚性的投影必平行于直线的同面投影。如图 2.31 所示，平面△ABC 为铅垂面，其水平投影 abc 积聚为直线，直线 DE 的水平投影 de // abc，所以直线 DE 与平面△ABC 必平行。

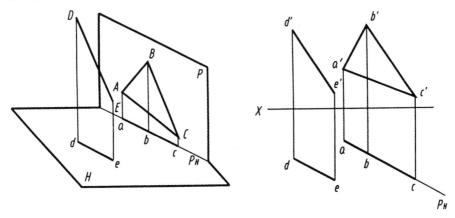

图 2.31 直线与铅垂面平行

2. 两特殊位置平面平行

若两个投影面的垂直面互相平行,则它们具有积聚性的两个投影必互相平行。

如图 2.32 所示,两铅垂面△ABC 和△DEF 互相平行,它们的有积聚性的水平投影 abc 和 def 或它们的水平迹线 P_H 和 Q_H 必互相平行。

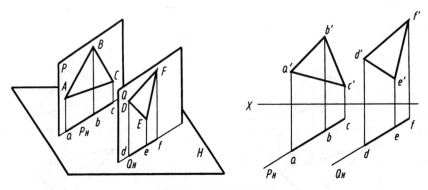

图 2.32　两铅垂面平行

3. 直线与特殊位置平面相交

直线与平面不平行时即相交,交点是直线与平面的公有点。

当平面处于特殊位置时,它的某一个投影有积聚性,故交点的投影可从投影图中直接求出。

如图 2.33 所示,直线 EF 与铅垂面△ABC 相交。△ABC 的水平投影积聚为一直线 acb,交点 K 既是平面上一点,则它的水平投影一定在△ABC 的水平投影上。但交点 K 又是直线 EF 上的一点,它的水平投影必在 EF 的水平投影上。因此 ef 与 acb 的交点 k 便是交点 K 的水平投影,然后在 $e'f'$ 上找出对应于 K 点的正面投影 k'。点 $K(k、k')$ 即为直线 EF 与△ABC 的交点。

直线 EF 上有一部分被△ABC 遮挡住而不可见,可用虚线表示。交点 K 是直线 EF 上可见部分和不可见部分的分界点。在图 2.33 中,取一对对正面的重影点 Ⅰ 和 Ⅱ,点 Ⅰ$(1,1')$ 在 EF 上,点 Ⅱ$(2,2')$ 在 AB 上,由水平投影做比较,点 Ⅰ 比点 Ⅱ 离 X 轴远,因此 EK 在△ABC 的前面,所以正面投影 $e'k'$ 可见,画成实线,另一端被遮住部分画成虚线。

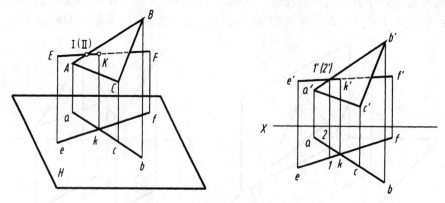

图 2.33　直线与铅垂面相交

4. 平面与平面相交

两平面不平行必相交,其交线是一条直线,这条直线为两平面的公有线。欲求其交线的位置,只需求出该直线上的两点即可。若两平面中有一个是投影面垂直面时,其交线的一个投影一定在此投影面垂直面的有积聚性的投影上。

图 2.34 表示铅垂面 DEF 与一般位置平面△ABC 相交。为了求得两平面的交线,可先分别求出△ABC 上 AB 边和 AC 边与铅垂面 DEF 的交点 K、L,连线 KL 即为两平面的交线。

作图步骤如图 2.34(b)所示:

(1) 利用直线与投影面垂直面相交求交点的方法,分别求出 K、L 点的水平投影 k、l 和正面投影 k′、l′。

(2) 连接 kl、k′l′,即为所求交线 KL 的水平投影和正面投影。

(3) 判别可见性。对于两相交平面来说,交线本身是可见的,并且是平面的可见部分与不可见部分的分界线。可利用 AC 和 ED 正面投影的重影点来判别,从图 2.34(b)中可见,水平投影 ed 上 1 点比 ac 上 2 点距 X 轴远,故 ED 的正面投影可见,亦即 e′d′l′k′部分可见,该平面的另一部分被遮住为不可见。同理,a′k′l′部分被遮住为不可见,该平面的另一部分可见。可见部分画成实线,不可见部分画成虚线。

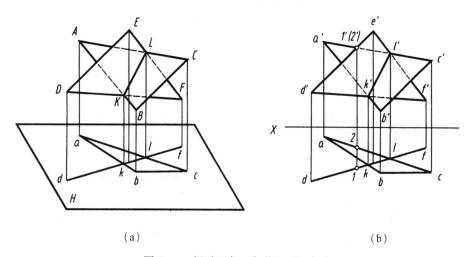

(a)   (b)

图 2.34 铅垂面与一般位置平面相交

5. 直线与平面垂直

若直线与垂直于投影面的平面相垂直时,直线一定平行于该平面所垂直的投影面,而且该平面有积聚性的投影一定垂直于该直线的同面投影,直线的另一投影平行于相应的投影轴。例如在图 2.35 中,直线 AB 垂直于铅垂面 CDEF,则 AB 为水平线,即 $ab \perp cdef$,$a'b' \parallel X$ 轴。

例 2.8 已知点 A 和正垂面 BCDE 的两面投影,过点 A 向平面 BCDE 作垂线 AF,求出垂足 F 及点 A 到平面 BCDF 的真实距离,如图 2.36 所示。

分析:过一点向一个平面只能作一条垂线。由上述投影特性可知:AF 是正平线,故有 $a'f' \perp b'c'$ $d'e'$,$a'f'$ 与 $b'c'd'e'$ 的交点 f' 即为垂足 F 的正面

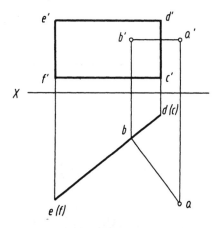

图 2.35 直线与垂直于投影面的平面相垂直

投影,$a'f'$反映 AF 的实长。

作图步骤如图 2.36 所示:

(1) 过 a' 作 $a'f' \perp b'c'd'e'$,得交点 f'。

(2) 过 a 作 $af /\!/ X$ 轴,由 f' 作投影连线与 af 相交于 f。

所作的垂线 AF 的两面投影为 $a'f'$、af,$a'f'$ 反映点 A 到平面 $BCDF$ 的真实距离。

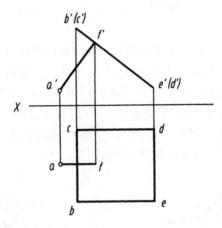

图 2.36　过点 A 作正垂面 $BCDE$ 的垂线

6. 平面与平面垂直

如图 2.37 所示,当垂直于同一投影面的两平面相互垂直时,它们的有积聚性的同面投影也相互垂直。

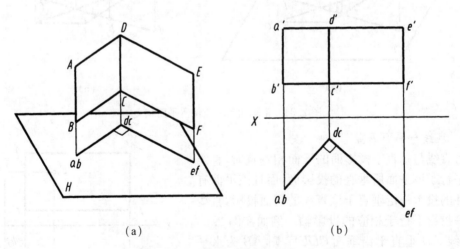

(a)	(b)

图 2.37　垂直于同一投影面的两平面相垂直

2.5　用换面法作直线的实长和平面的实形

2.5.1　求作直线的实长及其对投影面的倾角

如图 2.38(a)所示,一般位置直线 AB 在 V、H 上的投影均不反映实长,也不反映直线对投影面的倾角。如果用一个平行于直线 AB 且垂直于 H 面的新投影面 V_1 代替原来的投影面 V，则 AB 在 V_1 面上就能反映实长以及对 H 面的倾角 α。这种变换投影面使空间的直线或平面在新投影面上处于有利于解题（反映实长、实形）的位置的方法称为换面法。

新投影面必须垂直于被保留的投影面 H，X_1 为新投影轴。这样原来的投影 a、b 与 V_1 面上的新投影 a_1'、b_1' 的投影连线 $aa_1' \perp X_1$，$bb_1' \perp X_1$。并且 a_1'、b_1' 到 X_1 的距离等于被替代的投影 a'、b' 到被替代的投影轴 X 的距离，即 $a_1'a_{X1} = a'a_X = Aa$，$b_1'b_{X1} = b'b_X = Bb$。

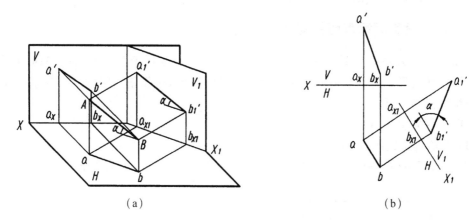

(a)　　　　　　　　　　　　　　　(b)

图 2.38　换　面　法

用换面法求作一般位置直线的实长和对 H 面的倾角 α，作图步骤如图 2.38(b)所示：

(1) 在适当位置作新投影轴 $X_1 \parallel ab$。

(2) 分别过 a、b 两点作新投影轴 X_1 的垂线 aa_{X1}、bb_{X1}，并在其延长线上分别量取 $a_1'a_{X1} = a'a_X$，$b_1'b_{X1} = b'b_X$。

(3) 连接 $a_1'b_1'$，即为直线在 V_1 面上的新投影。

根据投影面平行线的投影特性可知，AB 的新投影 $a_1'b_1'$ 反映直线 AB 的实长，其与 X_1 轴的夹角反映 AB 对 H 面的倾角 α。

例 2.9　已知直线 CD 的两面投影 cd 和 $c'd'$，求作 CD 的实长及其对 V 面的倾角 β。如图 2.39 所示。

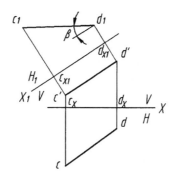

图 2.39　求作直线的实长与倾角 β

分析：求作直线的实长及其对 V 面的倾角 β，可用变换 H 面的方法，即以 H_1 代替 H 面，使 H_1 垂直于 V 面且平行于 CD，则 CD 成为 H_1 面的平行线，其实长和倾角 β 可在 CD 的新投影中反映。

作图步骤如图 2.39 所示：

(1) 在适当位置作新投影轴 $X_1 // c'd'$。

(2) 分别过 $c'、d'$ 两点作 X_1 轴的垂线，并量取 $c_1c_{X_1} = cc_X$，$d_1d_{X1} = dd_X$。

(3) 连接 c_1d_1，则 $c_1d_1=CD$，c_1d_1 与 X_1 轴的夹角即为所求倾角 β。

2.5.2　求作投影面垂直面的实形

如图 2.40(a)所示，$\triangle ABC$ 为铅垂面，作新投影面 V_1 平行于 $\triangle ABC$，则$\triangle ABC$ 在 V_1 面上的投影反映实形。由于$\triangle ABC$ 平面垂直于 H 面，因此，所作新投影轴 X_1 必与$\triangle ABC$ 平面的积聚性投影平行。

作图步骤如图 2.40(b)所示：

(1) 在适当位置作新投影轴 $X_1 // abc$。

(2) 作出$\triangle ABC$ 各顶点的新投影 $a'_1、b'_1、c'_1$，并连成$\triangle a'_1b'_1c'_1$ 即为所求。

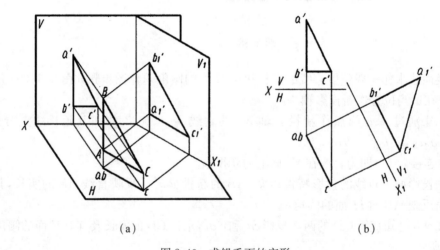

(a)　　　　　　　　　　　　　　　(b)

图 2.40　求铅垂面的实形

例 2.10　四边形 $ABCD$ 为正垂面，已知它的两面投影，求四边形 $ABCD$ 实形，如图 2.41 所示。

分析：四边形 $ABCD$ 为正垂面，要求作它的实形，必须更换水平投影面 H，并使新投影面 H_1 与正垂面 $ABCD$ 平行，也就是作一新投影轴 X_1 与平面 $ABCD$ 有积聚性的投影 $a'b'c'd'$ 平行，则平面 $ABCD$ 在新投影面 H_1 上的投影反映实形。

作图步骤如图 2.41 所示：

(1) 在适当位置作新投影轴 $X_1 // a'b'c'd'$。

(2) 作出 $ABCD$ 各顶点的新投影 $a_1、b_1、c_1、d_1$，并连成 $a_1b_1c_1d_1$ 即为所求。

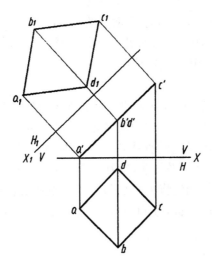

图 2.41 求作正垂面的实形

2.6 综合应用举例

解答综合问题,首先是分析清楚已知条件和所求的结果应满足的约束条件的数量和性质。对涉及的几何元素的相对位置进行综合空间想象,确定解题方法。在这过程中要以正投影理论为基础,进行必要的逻辑推理、空间思维和空间分析。

例 2.11 过点 M 作直线 MK 与直线 AB 正交,如图 2.42 所示。

分析:根据直角投影定理,当一直线为投影面的平行线时,则垂直相交的两直线在该投影面上的投影反映直角。在本题中,直线 AB 是一般位置直线,只有运用换面法将直线 AB 变换成投影面的平行线才能求解。

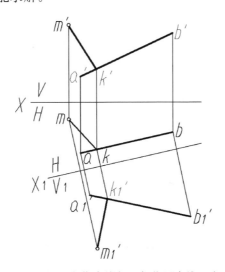

图 2.42 过点作直线与一般位置直线正交

作图步骤:

(1)将一般位置直线 AB 变换成新投影面的平行线,如图 2.42 所示,作 $X_1 \parallel ab$,由

$a'b'$、ab 作出 $a_1'b_1'$。直线(ab、$a_1'b_1'$)即为 V_1 面上的平行线。

（2）将点 M 同时作变换，由 m'、m 作出 V_1 面上的新投影 m_1'。

（3）过 m_1' 向 $a_1'b_1'$ 作垂线相交于点 k_1'，则点 k_1' 即为所求两直线正交的交点 K 在 V_1 面上的投影。

（4）由 k_1' 作出 k'、k，连接 mk 和 $m'k'$ 即为所求直线 MK 的投影。

例 2.12 求点 D 到平面 $\triangle ABC$ 的距离，如图 2.43 所示。

分析：点到平面的距离即是它的垂线长。当平面为一投影面垂直面时，反映点到该平面距离的垂线就成为该投影面的平行线，它在该投影面上的投影反映实长。本题中，平面 $\triangle ABC$ 处在一般位置，通过换面法将平面 $\triangle ABC$ 变换成投影面的垂直面才能求解。运用换面法将 $\triangle ABC$ 变成投影面垂直面，便可利用直线与平面垂直的定理求出点到该平面的距离。

作图步骤如图 2.43(a)所示：

（1）将一般位置平面 $\triangle ABC$ 变成投影面的垂直面。因 AB 为水平线，将 AB 变为 V_1 面的垂直线，则 $\triangle ABC$ 变成 V_1 面的垂直面。为此，作 $X_1 \perp ab$，由 $a'b'c'$、abc 作出 $a_1'b_1'c_1'$。平面 $\triangle ABC$ 在 V_1 面上的投影 $a_1'b_1'c_1'$ 积聚为一直线。

（2）将点 D 同时作变换，由 d'、d 作出 V_1 面上的新投影 d_1'。

（3）过 d_1' 作直线 $d_1'k_1' \perp a_1'b_1'c_1'$，$k_1'$ 为垂足的投影，$d_1'k_1'$ 即为点 D 到定平面 $\triangle ABC$ 的距离。

此题若要求作出点到平面的垂线的投影，可按图 2.43(b)所示完成。因 DK 为 V_1 面的平行线，故过点 d 作 X_1 轴的平行线即可求得 dk，而点 k' 则借助 $k'kx = k_1'kx_1$ 求出，连接 $d'k'$，直线 DK(dk、$d'k'$)即为所求垂线。

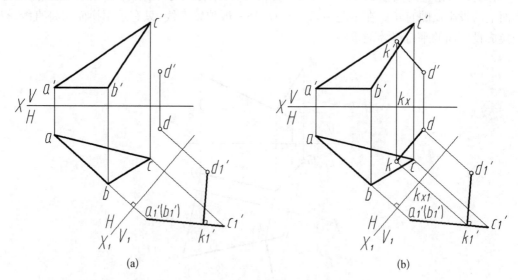

(a)   (b)

图 2-43　求点到平面的距离及垂线的投影

例 2.13 用换面法求立体上倾斜表面 A 的实形（见图 2.44）。

分析：立体上的倾斜表面 A 为正垂面，通过换面法将平面 A 变换成投影面的平行面，即可得到平面 A 的实形。

作图步骤：

(1) 作 X_1 平行于 A 面的正面投影（其正面投影有积聚性）。

(2) 作倾斜表面上圆心点 M 的新投影 m_1。

(3) 在正面投影上量取半圆柱的半径和中心孔的直径，然后过 m_1 作半圆和整圆。

(4) 在正面投影上量取倾斜板的长度并投影到新投影面上，则得到 A 面的实形。

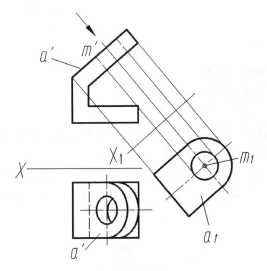

图 2.44　立体上的倾斜表面

思 考 题

1. 什么是投影？中心投影、正投影、斜投影三者有哪些区别？

2. 试述点的三面投影特性。

3. 投影面平行线、投影面垂直线、一般位置直线分别有哪些投影特性？

4. 试述直线上点的投影特性。

5. 两直线的相对位置有哪几种？分别叙述它们的投影特性。

6. 试述一边平行于投影面的直角的投影特性。

7. 分别叙述投影面垂直面、投影面平行面、一般位置平面的投影特性。

8. 在投影图上如何判断一点或一直线是否在一已知平面上？

9. 在直线或平面垂直于投影面的特殊情况下，直线与平面以及两平面之间的相交、平行、垂直，在投影图上能显示哪些投影特征？

10. 如何求一般位置直线的实长？

11. 如何将投影面垂直面变换成投影面平行面？

第3章 基本立体的投影

学习要点：

    （1）掌握基本立体的投影特征。

    （2）掌握基本立体表面上取点、取线的作图方法。

    基本立体按其表面性质可分为两类：表面都是平面的立体叫作平面立体，如棱柱、棱锥。表面是曲面或曲面与平面结合的立体，称为曲面立体，如圆柱、圆锥、球、环等。在机械制图中，通常把上述六种立体统称为基本立体（简称为基本体）。实际生产中种类繁多、形状各异的机件，从几何形体的角度看，都是由这些基本立体组合而成的，如图3.1所示管道上的球阀。

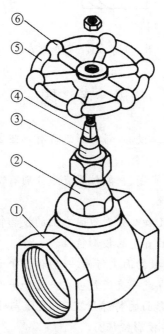

① 六棱柱；② 圆锥台；③ 圆柱；④ 四棱锥台；⑤ 圆环；⑥ 球。

图3.1　阀体立体图

3.1　平面立体及其表面上点和线的投影

    工程上常用的平面立体是棱柱（主要是直棱柱）和棱锥（包括棱台）。平面立体由若干个多边形平面组成，因此，绘制平面立体的投影，可归结为绘制它的所有多边形表面的投影，也就是绘制这些多边形的边和顶点的投影。作平面立体表面上点和线的投影,就是作它的多边形表面上点和线的投影。

3.1.1　棱柱

1. 棱柱的投影

图 3.2 是一个置于三投影面体系中的正五棱柱及其投影图。当采用正投影法时,物体相对于投影面的距离大小并不影响投影结果,因此,从本章开始,在投影图中都不再画投影轴,但其投影规律保持不变,三个投影仍保持上下、左右、前后的对应关系。

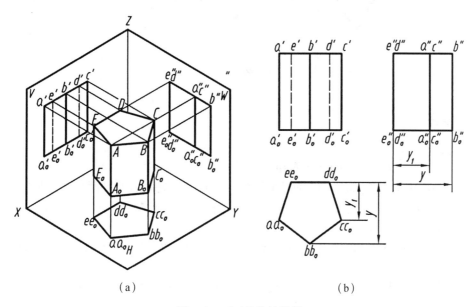

图 3.2　正五棱柱的投影

如图 3.2 所示,该五棱柱顶面和底面均为水平面,顶面和底面的水平投影反映实形且互相重合,其中底面的投影不可见,正面和侧面投影积聚成水平线。棱柱的五个侧面中有四个是铅垂面,一个是正平面,五条棱线均为铅垂线。其中铅垂面的水平投影均积聚成直线,正面投影和侧面投影都仍是矩形,但面积缩小。正平面的正面投影反映实形,但不可见,故棱线 EE_0、DD_0 的正面投影画成虚线,该正平面的其余两面投影均积聚成直线。

2. 棱柱表面上点和线的投影

如图 3.3(a)所示,已知三棱柱表面上 M 点的正面投影 m' 和 N 点的水平投影 (n),求另外两面投影。

三棱柱的顶面和底面为水平面,左侧棱面和右侧棱面为铅垂面,后棱面为正平面。其投影如图 3.3(b)所示。

由于 m' 为可见投影,M 点必属于三棱柱的右侧棱面,该面的水平投影积聚成直线,M 点的水平投影 m 必在该直线上。过 m' 作投影连线与右侧棱面的水平投影相交于 m,再由 m' 和 m 求出 (m'')。

由于 (n) 为不可见投影,判断 N 点属于三棱柱的底面,而底面为水平面,利用底面的另外两个投影有积聚性的特性,可求出 n' 和 n'',作图过程如图 3.3(b)所示。

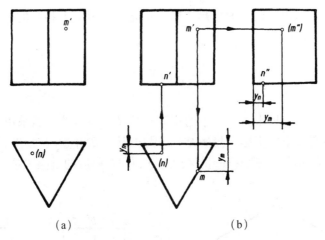

(a)   (b)

图 3.3　在三棱柱体表面上取点

3.1.2　棱锥

1. 棱锥的投影

图 3.4 是一个正三棱锥的立体图和投影图。

如图 3.4(a)所示,这个棱锥的底面是水平面;一个棱面是侧垂面,另外两个是一般位置平面。

如图 3.4(b)所示,画出三棱锥的三面投影。底面的水平投影不可见,底面的正面投影和侧面投影积聚成水平线。

由于锥顶在上,所以在 H 面上,三个棱面的投影都可见,都不反映实形。后棱面的侧面投影 $s''c''(b'')$ 积聚成直线,正面投影为类似的多边形。另两个棱面的正面投影 $s'a'c'$、$s'b'a'$ 可见。在侧面投影中,棱面 $s''c''a''$ 可见,棱面 $s''a''(b'')$ 不可见,它们相互重合。

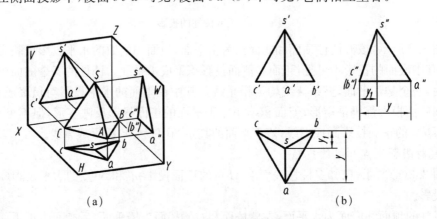

(a)   (b)

图 3.4　正三棱锥的投影

2. 棱锥表面上点和线的投影

由于棱锥的表面有特殊位置平面,也有一般位置平面,所以特殊位置平面上点的投影可利用积聚性作图求得,一般位置上点的投影可作适当的辅助直线求得。

在图 3.5 中,已知 M 点的正面投影 m' 和 N 点的水平投影 n,求出 M、N 的其他两面投影。

不难判断,M 点在棱面 SAB 上,N 点在棱面 SAC 上。棱面 SAB 是一般位置平面,过顶点 S 及 M 点作辅助直线 SⅡ,然后利用直线上找点的方法求出水平投影 m,再由 m' 和 m 求出 m''。

也可过 M 点在 SAB 面上作 AB 的平行线 IM,即作 $l'm'$ 平行 $a'b'$,再作 lm 平行 ab,求出 m,再求出 m''。

棱面 SAC 为侧垂面,它的侧面投影有积聚性,因此 n'' 必在 $s''a''(c'')$ 上,由 n 根据宽相等先求出 n'',再求出 (n')。

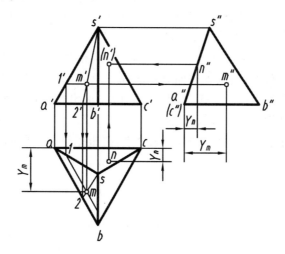

图 3.5　正三棱表面上点的投影

从以上的讨论中可以看出,绘制平面立体的投影,就是绘制组成平面立体的多边形表面的边和顶点的投影。多边形的边是平面立体上的轮廓线,是平面立体的每两个相邻多边形表面的交线。

在平面立体表面上取点取线,其作图方法与在平面内取点取线的方法完全相同。但首先必须明确所取的点或线位于平面立体的哪一个表面上,待求出点或线的投影之后再根据表面的可见性判断该点、线投影的可见性。

3.2　曲面立体及其表面上点和线的投影

工程上常用的曲面立体有圆柱、圆锥、球、圆环等,它们都是回转体。回转体由回转面或回转面与平面所围成,回转面可以认为是由一条线(直线或曲线)绕另一条轴线(直线)旋转而形成的,如图 3.6 所示。把形成回转面的直线或曲线称为母线,母线上任意一点绕轴线旋转,形成一个垂直于轴线的圆,被称为纬圆,母线在形成回转面的过程中处于任意位置时的线称为素线。这样,回转面就是无数条素线的集合,也是无数纬圆的集合。

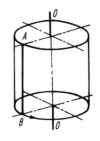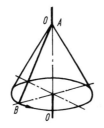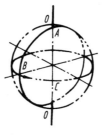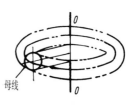

图 3.6　圆柱、圆锥、球、环面的形成

以上所提到的四种基本曲面立体,有的有轮廓线,即表面之间的交线(如圆柱的顶面与圆柱面的交线圆),有的有尖点(如圆锥的锥顶),有的全部由光滑曲面所围成(如球)。在画它们的投影时,除了应画出轮廓线和尖点外,还要画出曲面投影的转向轮廓线。所谓转向轮廓线是切于曲面的诸投射线与投影面交点的集合,也就是由这些投射线所组成的平面或柱面与曲面相切的切线(直线或曲线)的投影。在投影图中,转向轮廓线常常是曲面的可见投影与不可见投影的分界线,它也是曲面立体上不同位置的素线或纬圆的投影。

曲面立体表面上取点,其作图原理与在平面上取点相类似。除了圆柱面上的点可利用其投影的积聚性直接求解外,其余各曲面立体表面上点的求解可以利用"点在曲面上,点必然属于曲面上的某一条素线或某一个纬圆"的原理,先求出点所在的素线或纬圆,再求出该点的投影。这种方法称为素线法或纬圆法。

至于曲面立体表面上取线,可以先取有限个点,再根据空间线段的性质,连点成线,并判断可见性。

3.2.1　圆柱

圆柱体由圆柱面、顶面、底面所围成,圆柱面可看作直线绕与它平行的轴线旋转而成。

1. 圆柱的投影

如图 3.7 所示,圆柱面处于铅垂位置,圆柱面上所有的素线都是铅垂线。因此,它的水平投影积聚成一个圆,圆柱面上所有点和线的水平投影都积聚在这个圆上。圆柱的顶面和底面是水平面,它们的水平投影反映实形,仍旧与该圆重合,而且顶面投影可见,底面不可见。用点画线画出圆的对称中心线,对称中心线的交点就是轴线的水平投影。

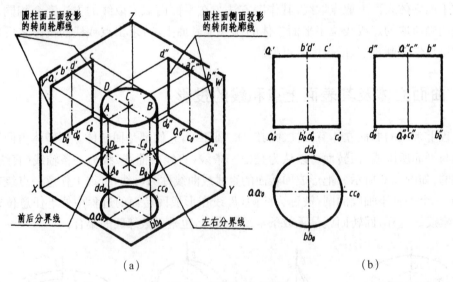

图 3.7　圆 柱 的 投 影

(a) 立体图;(b) 投影图

圆柱的顶面、底面的正面投影、侧面投影都积聚成直线,其长度为圆柱的直径。用点画线画出轴线的正面投影、侧面投影。圆柱体正面投影的左右两轮廓线是圆柱面正面投影的转向轮廓线 $a'a_0'$ 和 $c'c_0'$,它们分别是圆柱面上最左、最右素线 AA_0、CC_0 的正面投影,也是正面投影可见的前半圆柱面和不可见的后半圆柱面的分界线。AA_0 和 CC_0 的侧面投影 $a''a_0''$ 和 $c''c_0''$ 与轴线的侧面投影相重合。圆柱体侧面投影的前后两条轮廓线是圆柱面侧面投影的转向轮廓线 $b''b_0''$ 和 $d''d_0''$，它们分别是圆柱面上最前、最后素线 BB_0、DD_0 的侧面投影，也是侧面投影可见的左半圆柱面和不可见的右半圆柱面的分界线。BB_0、DD_0 的正面投影 $b'b_0'$、$d'd_0'$ 与轴线的正面投影重合。

2. 圆柱表面上点的投影

如图 3.8 所示，已知圆柱面上 M 和 N 两点的正面投影 m' 和 n'，求作它们的水平投影和侧面投影。

由于圆柱面处于铅垂位置，故它的水平投影积聚为一圆，圆柱面上所有点和线的水平投影一定与它重合。

由于 m' 可见，故点 M 在前半个柱面上；由 n' 位于圆柱的正面投影的转向轮廓线上可知，点 N 位于圆柱的最右一条素线上。作图步骤如图 3.8 所示：

（1）分别过 m'、n' 向下引投影连线与圆柱面的水平投影圆相交、相切得 m、n。

（2）由 m'、m，n'、n 按投影规律作出 m''、n''。由于 M 位于左半圆柱面上，N 位于右半圆柱面上，因此 m'' 可见，n'' 不可见。

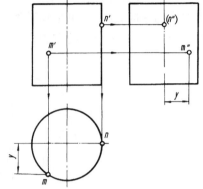

图 3.8　圆柱面上点的投影

例 3.1　如图 3.9 所示，已知圆柱表面上线段 AE 的 V 面投影 $a'e'$，求该线段的另外两面投影。

分析：圆柱面上的线段，除了与轴线平行者为直线（素线）外，其余方向上均为平面曲线。求曲线的投影，实质上是求曲线上有限个点的投影，然后将这些点光滑连接，并判断可见性。上述"有限个点"包括一些特殊点，如线段的端点、转向轮廓线上的点等。

作图过程如图 3.9 所示。

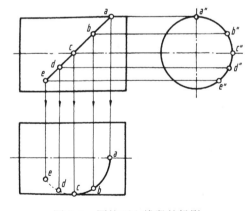

图 3.9　圆柱面上线段的投影

3.2.2　圆锥

圆锥体是由圆锥面及一底面所围成，由于圆锥面是由直母线绕与它相交的轴线旋转而成，所以，圆锥面上所有素线都相交于锥顶。

1. 圆锥的投影

图 3.10 是圆锥体的立体图和投影图,该圆锥体的轴线为铅垂线,底面为水平圆,它的水平面投影反映实形,这个圆同时也是圆锥面的水平投影。底面的正面投影和侧面投影有积聚性,长度为圆的直径。

圆锥体的正面投影是等腰三角形,其两腰 $s'a'$、$s'b'$ 是圆锥体正面投影的转向轮廓线,也是圆锥体上最左、最右两条素线的投影,该素线均平行于正面,所以正面投影反映实长。SA、SB 的侧面投影与轴线重合,水平投影与圆的中心线重合。

圆锥体的侧面投影与正面投影情况类似,只是等腰三角形的两腰 $s''c''$、$s''d''$ 是圆锥体侧面投影的转向轮廓线,也是圆锥体上最前、最后两条侧平素线的投影,它们的正面投影与轴线重合,水平投影与圆的中心线重合。

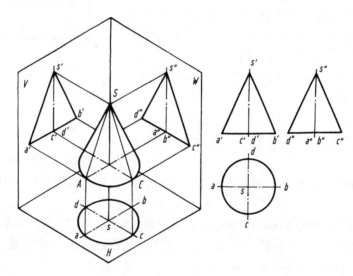

图 3.10　圆锥的投影

2. 圆锥体表面上点的投影

如图 3.11、图 3.12 所示,已知圆锥面上的点 A 的正面投影 a',求作它的水平投影和侧面投影。由于圆锥面的三面投影都没有积聚性,所以必须在圆锥面上通过 A 点作一条辅助线,先求出辅助线的投影,再求出点的投影。这就要求所选的辅助线简单易求。为了作图方便,可选取素线或纬圆作为辅助线,现分述如下:

方法一是素线法。作图及分析(见图 3.11):

(1) 连 s' 和 a',延长 $s'a'$ 与底圆的正面投影相交于 b'。这样,点 A 就在素线 SB 上。因为 a' 可见,所以 SB 位于前半圆锥面上。由 b' 在前半底圆的水平投影上作出 b,再由 b 在底面的侧面投影上作出 b''。分别连接 sb 和 $s''b''$。

(2) 由 a' 分别在 sb 和 $s''b''$ 上作出 a、a''。由于圆锥面的水平投影是可见的,所以 a 可见;又因点 A 在左半圆锥面上,所以 a'' 也可见。

方法二是纬圆法。作图及分析(见图 3.12):

(1) 在圆锥面上过 a' 作垂直于轴线的水平圆的正面投影——水平线,其长度就是该圆直径实长,此圆即为点 A 绕轴线旋转所形成的纬圆。纬圆圆心的正面投影为圆的同面投影与轴线的交点,水平投影重合于 s。于是就可以很方便地画出该圆的水平投影(反映实形)。

（2）由 a' 在纬圆的前半圆的水平投影上作出 a,由 a'、a 按点的投影规律作出 a''。可见性判断同方法一。

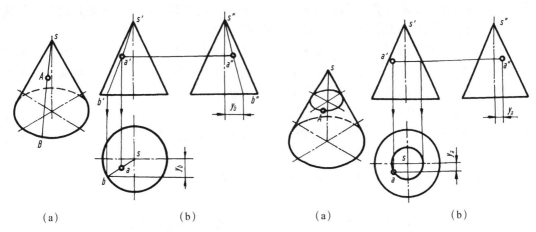

（a）　　　　　　　　　　　（b）　　　　　　　　（a）　　　　　　　　　　（b）

图 3.11　用素线法求作圆锥面上点的投影　　　图 3.12　用纬圆法求作圆锥面上点的投影

3.2.3　球

球体由球面围成,球面可以看作一母线圆以其直径为轴线旋转而成。过球心可以有无数条直径,因此球体是可以任选轴线的回转曲面体。

1. 球的投影

如图 3.13 所示,球的三面投影都是与球直径相等的圆,它们分别是球面对三个投影面的转向轮廓线,也是球面上平行于三个投影面的最大纬圆 A、B、C 的投影,同时还是前后、上下及左右两半球可见与不可见的分界线。纬圆 A 的水平投影和侧面投影分别与圆的对称中心线重合,均不必单独画出,余者类推。

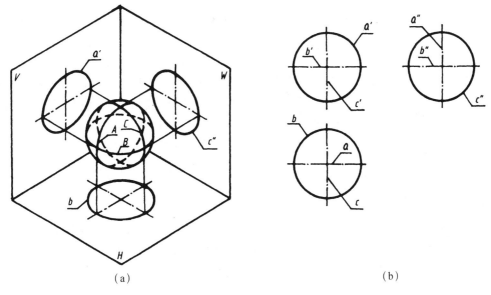

（a）　　　　　　　　　　　　　　　　　　（b）

图 3.13　球　的　投影

2. 球面上点和线的投影

如图 3.14 所示,已知球面上一点 A 的正面投影 a',求作它的水平投影 a 和侧面投影 a''。球面的三个投影都没有积聚性,且球面上也不存在直线,为在其表面上取点,只有选择投影为圆的辅助线作图才最简单。又因为球是可以任选轴线的回转体,因此,所要选的辅助线就是过 A 点作的纬圆(为作图方便,纬圆应处于特殊位置)。

如图 3.14(a)所示,过点 A 作一水平纬圆,其正面投影为 $1'2'$ 所代表的水平直线段,水平投影为直径等于 $1'2'$ 的圆,a 必定在该圆上,由 a' 向下作投影连线,由于 a' 可见,故投影连线与前半圆的交点即为 a;由 a 和 a' 可求得 a''。

又如图 3.14(b)所示,过点 A 作一正平纬圆,其正面投影为以直线段 $o'a'$ 为半径画出的圆,水平投影积聚为直线段 12,其长度等于该纬圆直径,a 必定在该直线段上,由 a' 可求得 a,由 a 和 a' 可求得 a''。

显然,所选的纬圆虽不同,但结果是一样的。点 A 在前、上、左半球面上,故 a 和 a'' 都可见。

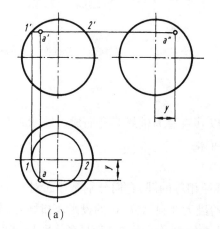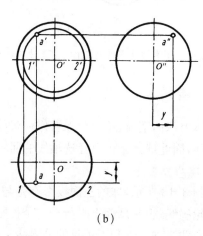

(a)　　　　　　　　　　　　　　　　(b)

图 3.14　球面上点的投影

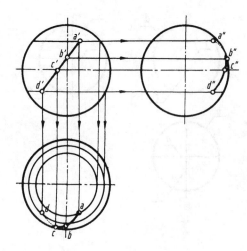

图 3.15　球面上线段的投影

例 3.2　如图 3.15 所示,已知球表面上线段 AD 的 V 面投影 $a'd'$,求该线段的另外两面投影。

分析:球面上的所有线段均为曲线。在曲线 AD 上,选若干点 A、B、C、D,其中 B 点、C 点为转向轮廓线上的点,其另外两面投影可直接求出。曲线两端点 A 和 D 为球面上的一般位置点,其另外两面投影只能用纬圆法求出。

作图过程如图 3.15 所示。

3.2.4　环

环面是由一个母线圆绕圆平面上但不通过圆心的固定轴线回转形成的,轴线与母线圆的圆心保持等距离。远离轴线的半个母线圆绕轴线回转后得到外环面,靠近轴线的半个母线圆绕轴线回转后得到内环面,如图3.16 所示。

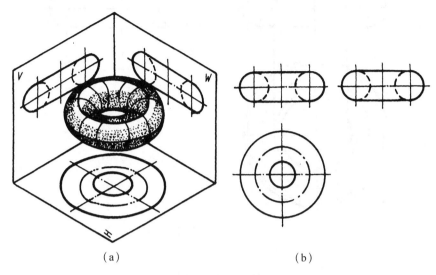

（a） （b）

图 3.16 环 的 投 影

1. 环的投影

图 3.16 是轴线为铅垂线的环的立体图及其三面投影图。环的正面投影中的两个圆是环表面上两个正平的最左、最右素线圆的投影(可见的一半画粗实线,不可见的一半画虚线),也是前半环面与后半环面的分界线的投影。两个粗实线半圆及上、下两条公切线为外环面正面投影的转向轮廓线,其中上、下两条公切线还是内、外环面的分界线的投影,两个虚半圆及上、下两条公切线为内环面正面投影的转向轮廓线。

环的侧面投影与正面投影完全类似。

水平投影的两个粗实线圆是环水平投影的转向轮廓线,同时也是环面上最大、最小纬圆的投影,点画线圆是母线圆的圆心轨迹的投影。

对正面投影来说,外环面的前半部可见,外环面的后半部及内环面均不可见;对侧面投影来说,外环面的左半部可见,其余表面均不可见;对水平投影来说,内、外环面的上半部可见,下半部不可见。

2. 环面上点的投影

如图 3.17 所示,已知环面上一点 K 的正面投影 k',求 k、k''。

环面的各个投影均没有积聚性,若要在环表面上取点,除了位于环面上特殊位置的素线圆(正平圆或侧平圆)上的点可直接求解以外,环面上其他各点的投影必须利用纬圆法求解。

如图 3.17 所示,过 k' 作一条垂直于轴线的水平线(即纬圆的正面投影),这时可得到两个纬圆,一个是以两个粗实线半圆在该水平线上的间距为直径的外环面上的纬圆,另一个是以两个虚线半圆在该水平线上的间距为直径的内环面上的纬圆(见水平投影)。因为 k' 可见,所以 K 点应该在外环面的前半部上,且在前半纬圆周上。过 k' 作投影连线与外环面纬圆的交点即为 k,根据 k' 和 k,可以求出 k''。

K 点在环的上半部及左半部,因此 k、k'' 均可见。

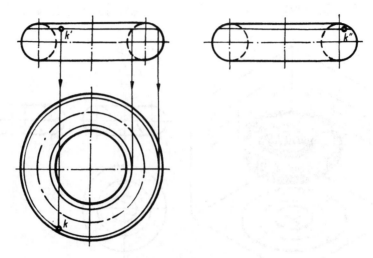

图 3.17　环 面 上 取 点

思　考　题

1. 常见的基本立体有哪些？其投影特点是什么？
2. 已知平面立体表面上的点（线）的一面投影，求其余两面投影的方法有哪两种？
3. 曲面立体的转向轮廓线是怎样形成的？它通常对曲面投影的可见性有什么意义？
4. 如何在曲面立体表面上取点取线？

第4章 立体表面的交线

学习要点：

（1）掌握平面立体、曲面立体截交线投影的求作方法。

（2）能利用积聚性取点和辅助平面法求作常见的两回转体的相贯线的投影。

平面与立体表面的交线称为截交线，如图 4.1 所示。两立体表面的交线称为相贯线，如图 4.2 所示。掌握截交线和相贯线的投影特征及画法，将有助于我们正确地分析和表达机件的结构形状。

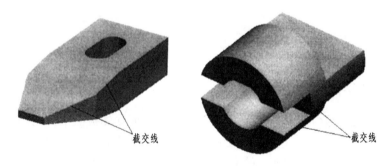

图 4.1 截交线实例

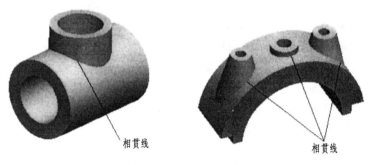

图 4.2 相贯线实例

4.1 平面与立体相交

基本体被平面截切后的部分称为截断体，截切基本体的平面称为截平面，截平面与基本体表面的交线称为截交线，基本体被截切后的断面称为截断面，如图 4.3 所示。

基本体有平面立体和回转体两类，用一个平面去截两种不同的基本体，其截交线的形状是不同的。但任何截交线都具有下列两个基本性质:一是任何基本体的截交线都是一个封闭的平面图形;二是截交线是截平面与基本体表面的共有线。

由于截交线是截平面与基本体表面的共有线,因此,求作截交线可归结为求出截平面与基本体表面一系列共有点、线的集合。

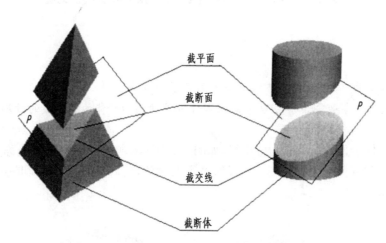

图 4.3　平面与立体相交

4.1.1　平面与平面立体相交

平面立体的表面是由若干个平面所组成的,所以平面立体被截平面切割所得的截交线,是由直线围成的平面多边形,其中多边形的各个顶点是立体的棱线与截平面的交点,多边形的每一条边都是立体表面与截平面的交线。如图 4.4(a)所示,四棱锥被平面 P 截切后的截交线形状为四边形,它是平面 P 与四棱锥四个侧棱面的交线,而四边形的四个顶点,即是平面 P 与四条棱线的交点。因此,作平面立体的截交线可归结为:

求出截平面与平面立体上各被截棱线的交点,然后依次连接即得截交线(或者分别求出截平面与平面立体上各被截表面的交线)。

例 4.1　求作斜切四棱锥的截交线,如图 4.4(b)所示。

分析:四棱锥被正垂面 P 斜切,截交线为四边形,四边形的四个顶点分别是四棱锥的四条棱线与截平面 P 的交点。由于截平面 P 是正垂面,故截交线在 V 面的投影积聚为一条直线段,在 H 面和 W 面的投影应为类似形。

作图步骤:

(1)因截断面的正面投影积聚成直线,可求出截平面与各棱线交点的正面投影(1′)、2′、3′、(4′)。

(2)根据直线上点的投影规律,在四棱锥各条棱线的 H 面、W 面投影上,求出交点的相应投影 1、2、3、4 和 1″、2″、3″、4″。

(3)依次连接各交点的同名投影,即得截交线的投影。由于被截平面切去的是左上部分,则截交线的 H 面和 W 面投影均可见。

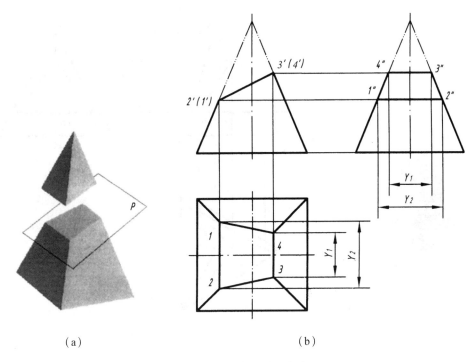

（a）　　　　　　　　　　　　　　　　　（b）

图 4.4　平面与四棱锥相交

例 4.2　求 P、Q 二平面与三棱锥 $SABC$ 截交线的投影。

分析：由图 4.5(a)可见，水平面 Q 与三棱锥的 SAB 和 SAC 平面的交线为水平线段ⅡⅣ和ⅢⅣ，它们分别与三棱锥底面的边 AB 和 AC 平行；正垂面 P 与三棱锥的 SAB 和 SAC 平面相交于直线段ⅠⅡ和ⅠⅢ。P 与 Q 的交线ⅡⅢ为正垂线。

点Ⅰ和点Ⅳ位于 SA 棱线上，可根据其 V 面投影 $1'$、$4'$，分别求出 H 面投影 1、4 和 W 面投影 $1''$、$4''$。Ⅱ、Ⅲ两点可用平面内求点的方法，由 V 面投影 $2'(3')$分别求出其 H 面投影 2、3 及 W 面投影 $2''$、$3''$。

作图步骤如图 4.5(b)所示：

(1) 先求出 P、Q 两平面与 SA 棱线交点的各投影 1、$1'$、$1''$和 4、$4'$、$4''$，以及 P、Q 两平面交线的 V 面投影 $2'$、$(3')$。

(2) Q 面与三棱锥前侧面 SAB 的交线平行于 AB，与三棱锥后侧面 SAC 的交线平行于 AC，在 H 面上过 4 作平行线 $42 /\!/ ab$，$43 /\!/ ac$，并与由 V 面 $2'(3')$点引出的投影连线分别交于 2、3 两点。

(3) 根据点的投影规律，由 2、$2'$作出 $2''$，由 3、$3'$作出 $3''$。

(4) 顺次连接各点的同面投影，即得到截交线的投影；

(5) PQ 两平面的交线的 H 面投影 23 不可见，画成虚线；其他交线均可见，画成粗实线。

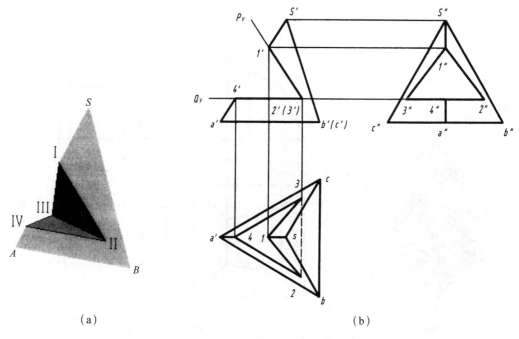

图 4.5　求三棱锥切口的投影

4.1.2　平面与曲面立体相交

　　平面与曲面立体的截交线,通常是一条封闭的平面曲线,且截交线是截平面和曲面立体表面的共有线,截交线上的点也都是它们的共有点。一般只要求出若干个共有点的同面投影,并依次光滑连接,即可得到截交线的投影。

　　曲面立体截交线上有一些能确定截交线的形状和范围的特殊点,如曲面立体投影的转向轮廓线上的点,截交线在对称轴上的点,最高、最低、最左、最右、最前、最后等位置的点,以及具有特殊性质的点,其他的点是一般点。求作曲面立体截交线的投影时,在可能和方便的情况下,通常先作出一些特殊点,然后按需要再作一些一般点,最后依次光滑连成截交线,并判断投影的可见性。

　　本节介绍一些常见的特殊位置平面与曲面立体表面相交时的截交线的画法。

　　1. 圆柱的截交线

　　平面与圆柱面的截交线有三种情况,如表 4.1 所示。

表 4.1　圆柱的截交线

截平面位置	与轴线平行	与轴线垂直	与轴线倾斜
截交线形状	与轴线平行的两条直线	圆	椭圆
截断面形状	与轴线平行的矩形	圆平面	椭圆平面
轴测图	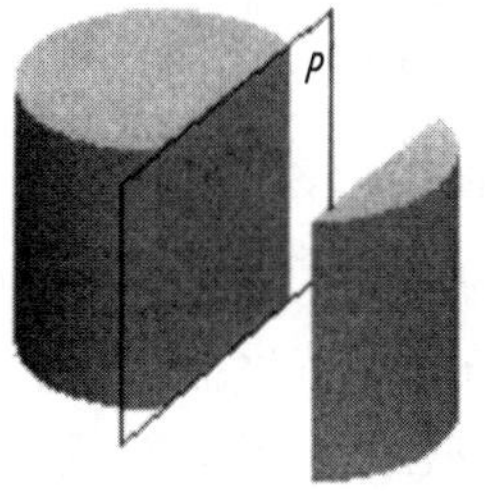	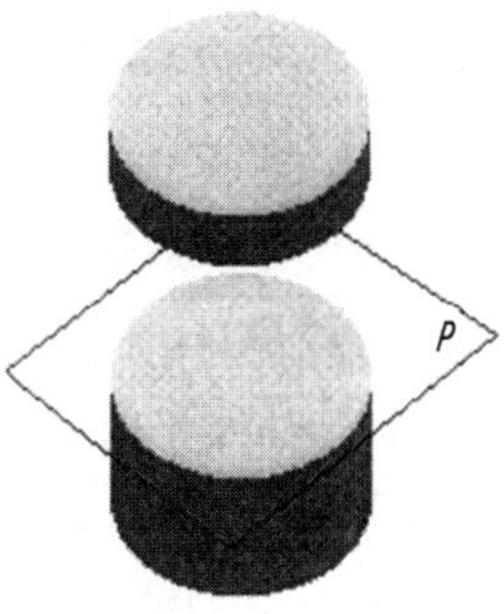	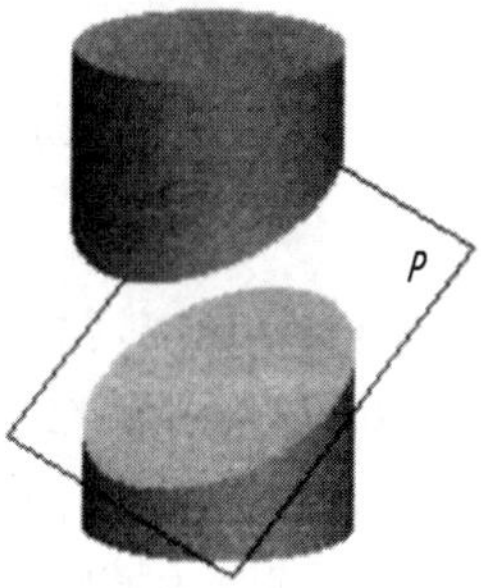
投影图	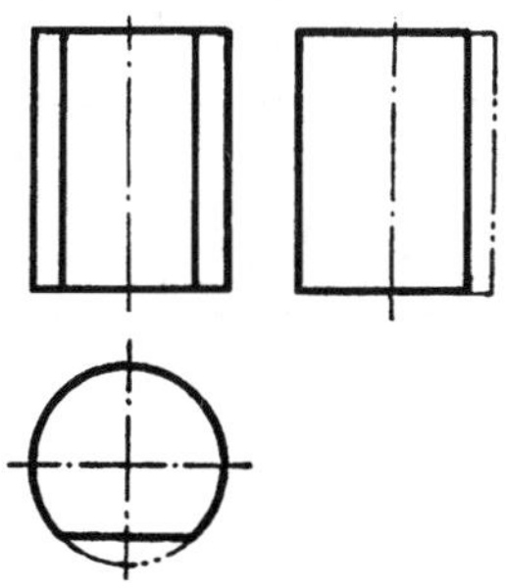	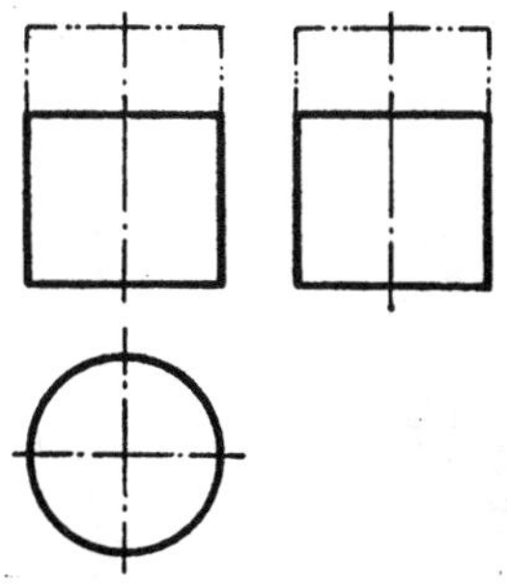	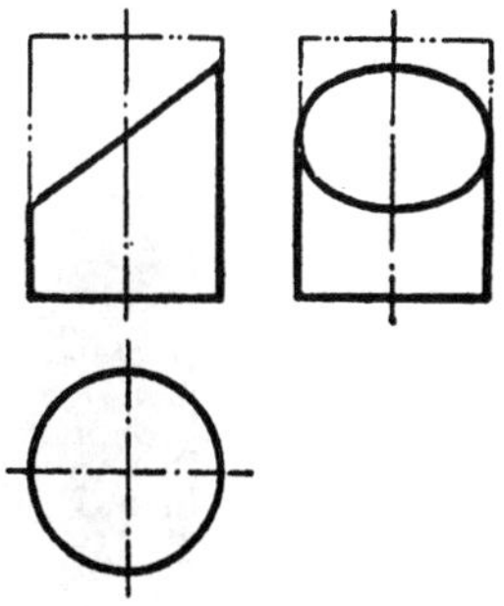

　　例 4.3　如图 4.6 所示,圆柱体被二平面 P、Q 所截,试画出三面投影图。

　　分析:P 是水平面,与圆柱轴线平行,所以 P 与圆柱的截交线为两条平行的 AB 和 CD 直线,P 与圆柱的截断面为矩形,且为水平面,H 面投影为实形,V 面和 W 面投影积聚成一直线段。

　　Q 是侧平面,与圆柱轴线垂直,截切圆柱体后,其截交线为一段圆弧 BC,截切后的截断面为圆平面的一部分(弓形),W 面投影为实形,V 面和 H 面投影积聚成一条直线段。

　　作图步骤:

　　(1) 截平面 P 与圆柱面截交线的 V 面投影为 $a'b'$、$(c')(d')$,W 面投影为 $a''(b'')$、$(c'')d''$,积聚为一直线。

　　(2) 根据 V 面投影和 W 面投影可求出截交线在 H 面的投影 ab、cd。

　　(3) 截平面 Q 与圆柱面的截交线,V 面投影为 $b'(c')e'$,W 面投影为圆弧 $(b'')e''(c'')$,H 面的投影积聚成直线 bec。

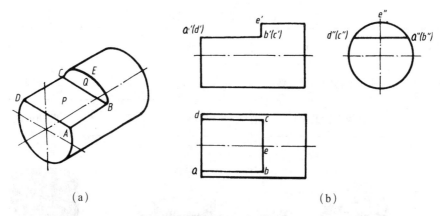

(a)　　　　　　　　　　　　　　　　　　　(b)

图 4.6　圆柱截切后交线的投影

例 4.4　如图 4.7 所示,画出开槽圆柱体的三面投影。

分析:圆柱开槽部分是由两个与轴线平行的侧平面和一个与轴线垂直的水平面截切圆柱而成。前者与圆柱面的截交线为平行于轴线的直线,截断面为矩形,后者与圆柱面的截交线是两段圆弧,为槽底平面的前后两段圆弧。

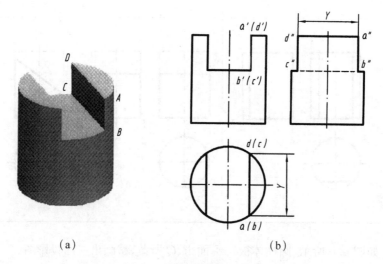

(a)　　　　　　　　　　　　　　　　　　　(b)

图 4.7　开槽圆柱体的投影

由于矩形 $ABCD$ 是侧平面,它的 V 面投影积聚为一直线,H 面投影也积聚为一直线,W 面投影反映实形。槽的底面为水平面,V 面和 W 面的投影有积聚性,H 面投影反映实形。

作图步骤:

(1)画出圆柱体的三面投影,并在 V 面上画出槽的形状,确定 $a'b'$、$(c')(d')$,在 H 面的圆周上求出 a、(b)、(c)、d,将 ad 相连。

(2)根据投影规律求出 W 面投影 $a''b''c''d''$,$b''c''$ 不可见,画为虚线。

(3)槽底平面前段圆弧的 W 面投影可见,画为粗实线;后段圆弧 W 面投影可见,也画成粗实线。

例 4.5　如图 4.8 所示,求圆柱被正垂面 P 截切后的投影。

分析:截平面 P 为正垂面,它与圆柱的铅垂轴线斜交,其截交线为一椭圆,正面投影为一斜直线,水平投影与圆柱面的水平投影圆重影,侧面投影为不反映实形的椭圆。

作图步骤:

(1) 求特殊点。由正面投影,标出截交线在圆柱正面转向轮廓线上的点Ⅰ、Ⅴ的投影 $1'$、$5'$,侧面转向轮廓线上的点Ⅲ、Ⅶ的投影 $3'(7')$。按点属于圆柱面的性质,可求得Ⅰ、Ⅴ、Ⅲ、Ⅶ四个点的水平投影 1、5、3、7 和侧面投影 $1''$、$5''$、$3''$、$7''$。可以看出,点Ⅰ、Ⅴ分别为截交线椭圆的最低点(最左点)和最高点(最右点),点Ⅲ、Ⅶ为椭圆的最前点和最后点。点Ⅰ、Ⅴ和Ⅲ、Ⅶ也正是椭圆的长轴、短轴的端点。

(2) 求一般点。由正面投影标出一般点 $2'(8')$、$4'(6')$ 的投影,求出水平投影 2、8、4、6,再根据点的投影规律求出侧面投影 $2''$、$8''$、$4''$、$6''$。

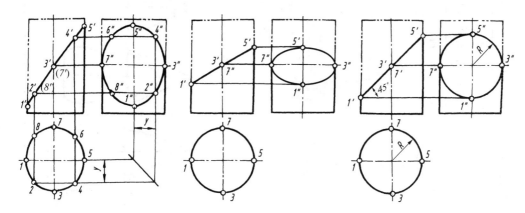

图 4.8　圆柱被正垂面截切后交线的投影

(3) 依次光滑连接各点的侧面投影并判别其可见性。依次光滑连接 $1''$、$2''$、$3''$、$4''$、$5''$、$6''$、$7''$、$8''$、$1''$各点,即是截交线椭圆的侧面投影。因为圆柱被截切的部分是上部,且截平面 P 左低右高,所以截交线的侧面投影为可见,用粗实线画出。

2. 圆锥的截交线

平面与圆锥面相交时,根据截平面与圆锥轴线的相对位置不同,其截交线的形状也不同,如表 4.2 所示。

例 4.6　如图 4.9 所示,圆锥体被一正平面所截,求作其三面投影图。

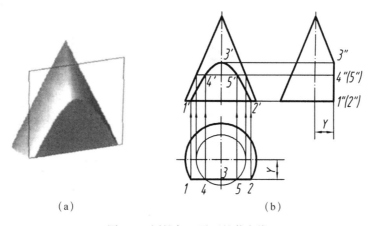

(a)　　　　　　　　　　　　　　　(b)

图 4.9　圆锥与正平面的截交线

表 4.2　圆锥截交线

截平面位置	垂直于轴线 $\theta=90°$	倾斜于轴线 $\theta>\alpha$	平行于一条素线 $\theta=\alpha$	平行于轴线,$\theta=0$ 平行于两条素线,$\theta<\alpha$	过锥顶
截交线形状	圆	椭　圆	抛　物　线	双　曲　线	直线（三角形）
轴测图					
投影图					

分析：因为截平面为正平面，与圆锥轴线平行，所以截交线为双曲线。其水平投影和侧面投影分别重合为一直线段，只需求作正面投影。

作图步骤：

（1）先做特殊点，Ⅲ为最高点，由 3 及 3″可作出 3′。Ⅰ、Ⅱ为最低点，由 1、2 可作出1′、2′。

（2）用辅助纬圆求作一般点，在水平投影中，辅助纬圆与截交线的水平投影交于 4 和 5，据此求出 4′及 5′。

（3）依次将 1′、4′、3′、5′、2′连成光滑的曲线，即为截交线的正面投影。

例 4.7　如图 4.10 所示，求圆锥被正垂面截切后的截交线的投影。

分析：由于截平面与圆锥轴线的夹角大于圆锥顶的半角，因此截交线为椭圆。且截交线的正面投影重合成一直线（与截平面的投影重影），水平投影和侧面投影均为椭圆，但不反映实形。

作图步骤：

（1）在正面投影上，先标出截交线在圆锥正面转向轮廓线上的点Ⅰ、Ⅱ的投影 1′、2′和侧面转向轮廓线上的点Ⅴ、Ⅵ的投影 5′(6′)，并求出他们的侧面投影 1″、2″、5″、6″和水平投影 1、2、5、6，再标出 1′2′的中间点 3′(4′)，根据圆锥表面上的求点法（如辅助纬圆法），求出水平投影 3、4 和侧面投影 3″、4″。其中，点Ⅰ是截交线上的最低点及最左点，点Ⅱ是最高点及最右点，点Ⅲ、Ⅳ分别是最前点和最后点。且点Ⅰ、Ⅱ和Ⅲ、Ⅳ就是截交线椭圆的长轴和短轴的端点。

（2）标出截交线上一般点Ⅶ、Ⅷ的正面投影 7′、8′，再根据辅助纬圆法求出他们的水平投影 7、8 和侧面投影 7″、8″。

（3）依次光滑连接Ⅰ、Ⅷ、Ⅳ、Ⅵ、Ⅱ、Ⅴ、Ⅲ、Ⅶ、Ⅰ各点的水平投影和侧面投影，即得截交线的水平投影和侧面投影。因为圆锥的上部被截切，截平面左低右高，所以截交线的水平投影和侧面投影均可见，应用粗实线画出。

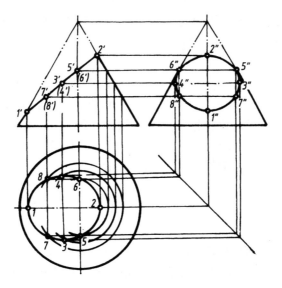

图 4.10　圆锥与正垂面的截交线

3. 球的截交线

球被任意方向的平面截切,其截交线都是圆。当截平面与投影面平行时,截交线在所平行的投影面上的投影为一圆,其余两面投影重合为直线,该直线的长度等于圆的直径,其直径大小与被切平面至球心的距离 b 有关,如图 4.11 所示。

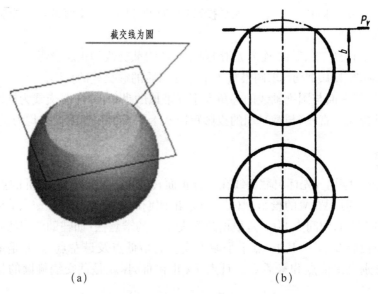

（a）　　　　　　　　　　　　　　（b）

图 4.11　球与水平面相交

（a）立体图；（b）球截交线

当截平面为投影面垂直面时,截交线在其垂直的投影面上的投影重合为直线,而其余两面投影均为椭圆,如图 4.12 所示。

当截平面为投影面倾斜面时,截交线圆的三面投影均为椭圆。

例 4.8　求球被正垂面截切后的投影,如图 4.12 所示。

分析:球被正垂面截切,截交线圆的正面投影重影在截平面的积聚性投影直线上,线长为截交线圆的直径长,水平投影为一椭圆。

作图步骤:

(1) 求特殊点。在正面投影上,求出截交线在球正面转向轮廓线上的点 A、B 的投影 a'、b' 和水平转向轮廓线上的点 E、F 的投影 $e'(f')$,再分别求出他们的水平投影。其次,求出 a'、b' 连线的中点 $c'(d')$,再根据球面上取点的纬圆法(如水平纬圆法),求出水平投影 c、d。可知,A 点是截交线的最左点和最低点,B 点是最右点和最高点,C 点是最前点,D 点是最后点;C、D 和 A、B 又分别是截交线圆的水平投影椭圆的长轴端点和短轴端点。

(2) 求一般点。如有必要,可求出截交线上若干个一般点,再根据水平纬圆法求出其水平投影。

(3) 依次光滑连接各点的水平投影,得截交线圆的水平投影椭圆。因为球的被截部分是上部,且截平面左低右高,所以截交线的水平投影为可见,用粗实线画出。

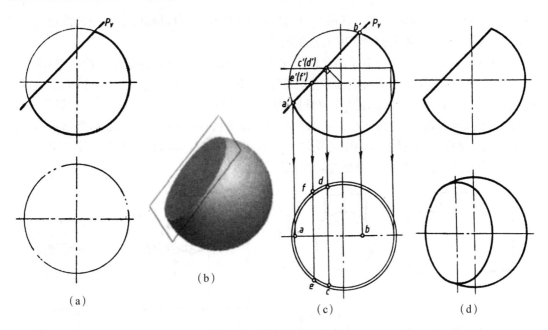

图 4.12 球与正垂面相交

(a) 已知;(b) 立体图;(c) 求截交线上的点;(d) 完成作图

例 4.9 画出半圆球开槽的三面投影图。

分析:由于半圆球被两个对称的侧平面和一个水平面所截切,所以两个侧平面与球面的截交线各为一段平行于侧面的圆弧。其截断面(槽侧面)为一弓形平面,而水平面与球面的截交线为两段水平的圆弧,其截断面(槽底面)为两段圆弧和两直线组成的平面。

作图步骤如图 4.13 所示。

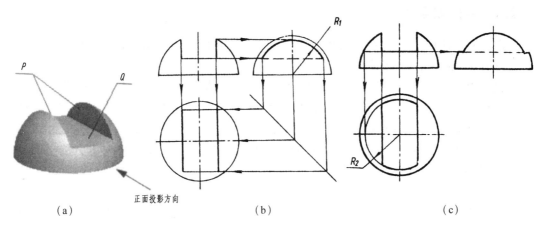

图 4.13 半圆球切槽后的投影

(a) 立体图;(b) 完成平面 P 的投影;(c) 完成平面 Q 的投影

4.2 两曲面立体相交

两个回转体相交称为相贯,其表面交线为相贯线。相贯线是两回转体表面的分界线,也是它们的共有线,共有线上每一点都是两回转体表面的共有点,因此,求两回转体相贯线的实质可归结为求两立体表面全部共有点的问题。

两曲面立体的相贯线一般是闭合的空间曲线,特殊情况下也可能是平面曲线或直线。

常用的求相贯线的方法有表面取点法和辅助平面法。借助于这两种方法,先求出两曲面立体表面上的一些特殊点的投影,如相贯线上可见与不可见的分界点、最前与最后、最左与最右、最高与最低点等,即能够确定相贯线的大致形状,再求出一些一般点,将这些点依次光滑连接起来即是相贯线,并表明可见性。只有一段相贯线同时位于两个立体的可见表面上时,这段相贯线的投影才是可见的,否则就不可见。

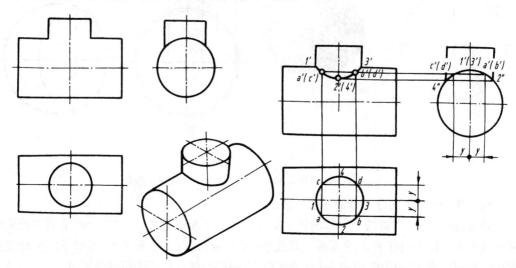

图 4.14 两圆柱的相贯线

4.2.1 表面取点法

两个回转体相交,当一个回转体表面的投影有积聚性时,可用表面取线、取点的方法来求出共有点,依次连接共有点即为相贯线。

例 4.10 图 4.14 给出了两个直径不同的圆柱,其轴线垂直相交,求其相贯线的投影。

分析:由于两圆柱轴线分别垂直于 H 面和 W 面,因此,相贯线的水平投影与小圆柱面的水平投影重合,相贯线的侧面投影与大圆柱面的侧面投影重合,所以只需要求出相贯线的正面投影。又由于两圆柱相贯位置前后对称,故相贯线的前半部分与后半部分的正面投影重合为同一段曲线。

作图步骤:

(1) 求做特殊点。由侧面投影,求出相贯线的最高点Ⅰ、Ⅲ(也是最左、最右点)的侧面投影 $1''$、$3''$ 和最前、最后点Ⅱ、Ⅳ的投影 $2''$、$4''$。其中,Ⅰ、Ⅲ点同是两圆柱正面转向轮廓线的交点,也是相贯线的最左、最右点,Ⅱ、Ⅳ点是铅垂小圆柱侧面转向轮廓线上的点。

(2) 求做一般点。因相贯线的水平投影和侧面投影重合在两圆柱的积聚性投影圆周上,可选取水平投影圆周上的 a、b、c、d 四点作为一般点,根据投影规律,由 y 值确定他们的侧面投影 a''、(b'')、c''、(d''),再求出正面投影 a'、(c')、b'、(d')。

(3) 判别可见性,光滑连接各点。依次连接 $1'$、a'、$2'$、b'、$3'$,即得相贯线的正面投影。由于相贯线是前、后对称的,所以相贯线正面投影的可见与不可见部分重影,用粗实线画出。

图 4.15 表示圆柱被圆孔贯穿后的相贯线及其画法,图 4.16 是两圆柱孔相交后形成的相贯线。由于他们的相贯线的作图方法同图 4.14 的作图方法类似,此处不再赘述。

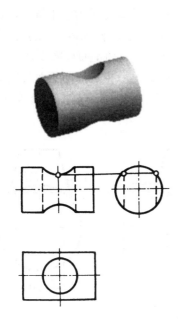

图 4.15　圆柱孔与实心圆柱相交

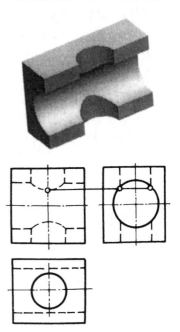

图 4.16　两圆柱孔相交

4.2.2　辅助平面法

以一辅助平面(通常是投影面平行面或投影面垂直面)同时截切两相交的回转体,则在两回转体表面上必然各产生一组截交线,两组截交线的交点即为相贯线上的点。若作一系列的辅助平面,便可得到相贯线上的若干点,依次光滑连接各点并判别可见性,即为所求的相贯线。

图 4.17 为用水平面 P 作为辅助平面求圆柱与圆锥相交表面共有点的情况:水平面 P 截圆锥体后,得到一纬圆,P 截圆柱体表面后产生了两条截交线,纬圆与二条截交线分别交于 Ⅴ、Ⅵ、Ⅶ、Ⅷ 四点,即为相贯线上的点。由图可知,这四点既是圆柱与圆锥表面上的点、又是辅助平面上的点,是三面共有的点。

选择辅助平面时,应遵循下列两条原则:

(1) 所选择的辅助平面与相贯体的截交线的投影应最简单,如直线或圆。通常选用与投影面平行的平面作为辅助平面。

(2) 辅助平面应同时截切两个相贯的立体,否则得不到三面共有点。

例 4.11　求作如图 4.17 所示的圆柱与圆锥正交后的相贯线。

分析:圆柱与圆锥的轴线正交,其相贯线为封闭的空间曲线。由于圆柱的轴线垂直于 W 面,故相贯线的侧面投影与圆柱面的侧面投影圆重合,为一段圆弧。需要求出相贯线的正面投影和水平投影。

作图少骤:

(1)求出特殊点。由相贯线的侧面投影,求出相贯线最高点Ⅰ、Ⅱ(也是最左、最右点)和最低点Ⅲ、Ⅳ(也是最前,最后点)的侧面投影1″(2″)、3″、4″。Ⅰ、Ⅱ也是圆柱和圆锥的正面转向轮廓线的交点,Ⅲ、Ⅳ是圆锥侧面转向轮廓线上的点。根据投影规律,求出四点的正面投影1′、2′、3′(4′)和水平投影1、2、3、4。

(2)求一般位置点。作水平面P为辅助平面,P与圆锥的截交线为水平圆,其水平投影为实形圆;P与圆柱的截交线为两条侧垂线,水平投影为两条平行直线,它与实形圆交点Ⅴ、Ⅵ、Ⅶ、Ⅷ的水平投影5、6、7、8,由此求出侧面投影5″(6″)、7″(8″)和正面投影5′(7′)、6′(8′)。

(3)依次光滑连接各点的同面投影,得到相贯线的投影。因相贯体前后对称,相贯线前半部分与后半部分的正面投影重合,用粗实线画出;又由于相贯线位于圆柱的上半个圆柱面上,故相贯线的水平投影全部可见,用粗实线画出。

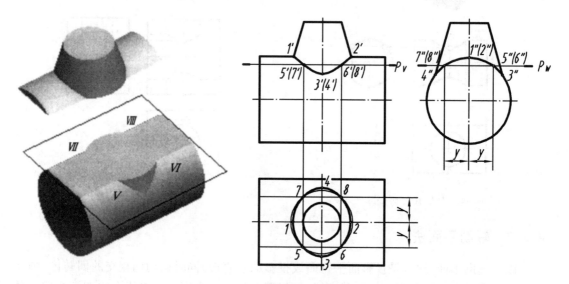

图 4.17　选择辅助平面示例

例 4.12　求作如图 4.18 所示圆柱与球的相贯线。

分析:如图 4.18 所示为水平圆柱与半球相交,其公共对称面平行 V 面,故相贯线的正面投影为抛物线,侧面投影重影于水平圆柱的侧面投影圆上,水平投影为一曲线。其辅助平面可以选择与圆柱轴线平行的水平面,这时平面与圆柱面相交为一对平行直线,与球面相交为圆(也可选择与圆柱轴线相垂直的侧平面作为辅助平面,这时平面与圆柱面、球面相交均为圆或圆弧,其作图请读者完成)

作图步骤:

(1)求作特殊点。Ⅰ、Ⅳ为最高点和最低点,也是最右点和最左点,可以直接求出。

(2)求作一般点。作水平面P为辅助平面,它与圆柱面相交为一对平行直线,与球面相交为圆,直线与圆的水平投影的交点2、6即为共有点Ⅱ、Ⅵ的水平投影,由此可求出正面投影2′、6′(其正面投影重合)。

再过圆柱体的轴线作水平面Q,与圆柱面相交为最前和最后素线,与球面相交为圆,它们的水平投影相交在3、5点,此即为相贯线水平投影曲线的可见部分与不可见部分的分界点,其正面投影为3′、5′。

（3）顺次连接各点，即得相贯线的各个投影。判别可见性原则是：两曲面的可见部分的交线才是可见的；否则是不可见的。Ⅲ—Ⅳ—Ⅴ在圆柱面的下半部分，其水平投影为不可见，3—4—5画虚线，其余线段画成实线。

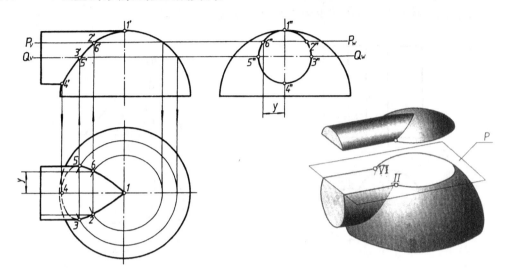

图 4.18　水平圆柱与球相交

4.2.3　两回转体相贯线的特殊情况

两回转体相交的相贯线一般为空间曲线，但在特殊情况下，也可能是平面曲线（圆或椭圆）或直线。

（1）两回转体共轴线。当回转体具有公共轴线时，相贯线为垂直于轴线的圆，该圆在与轴线平行的投影面上的投影积聚为直线，在与轴线垂直的投影面上的投影为圆的实形，如图 4.19所示。

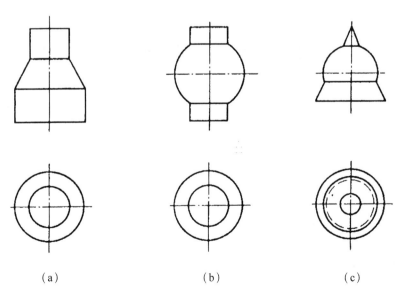

(a)　　　　　　　　　(b)　　　　　　　　　(c)

图 4.19　相贯线为圆平面

（2）当两轴线平行的圆柱相交和两圆锥共锥顶相交时,其相贯线为直线,如图 4.20 所示。

（3）两等径回转体相交或同时公切于一球的两回转体相交时,相贯线为椭圆。在与两轴线均平行的投影面上的投影积聚为相交两直线,如图 4.21 所示。

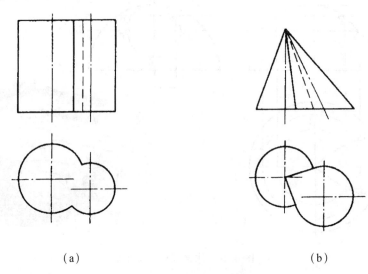

（a）　　　　　　　　　　　　　　（b）

图 4.20　相贯线为直线

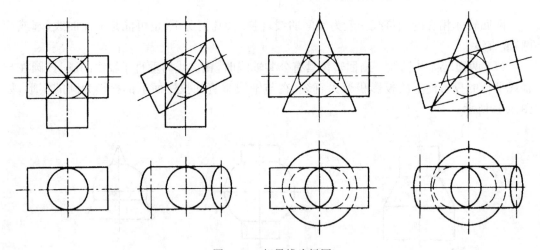

图 4.21　相贯线为椭圆

4.2.4　影响相贯线形状的因素

影响相贯线形状的因素有:

（1）两回转体的表面性质(见表 4.3)。

（2）两回转体的相对位置(见表 4.3)。

（3）两回转体的尺寸变化(见表 4.4)。

表 4.3　表面性质和相对位置对相贯线的影响

条件\性质	轴线正交	轴线斜交	轴线交叉
圆柱与圆柱相贯	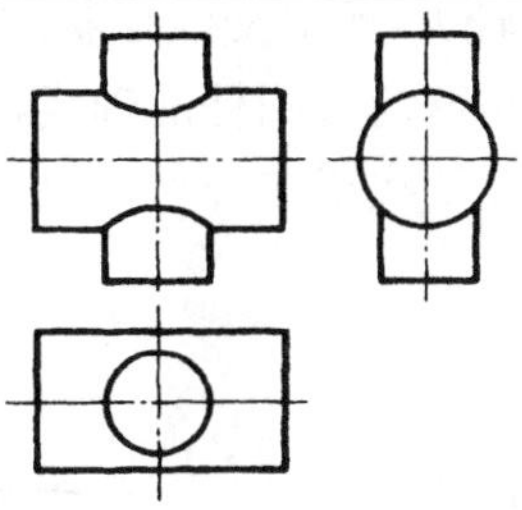	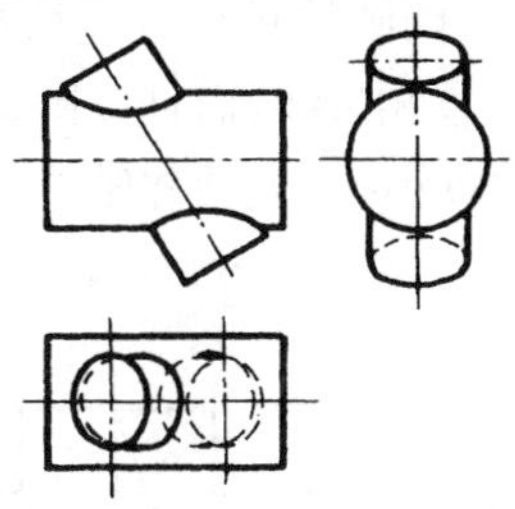	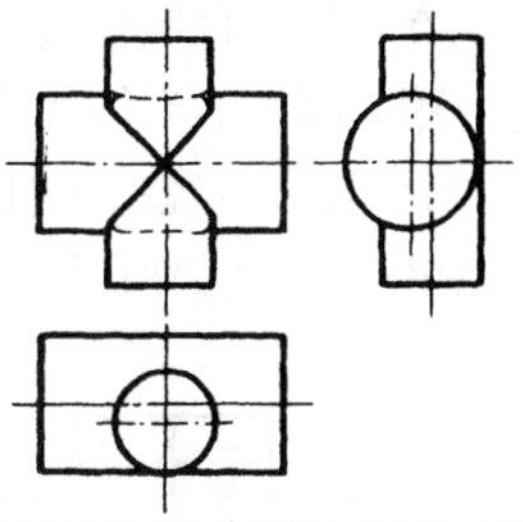
圆柱与圆锥相贯	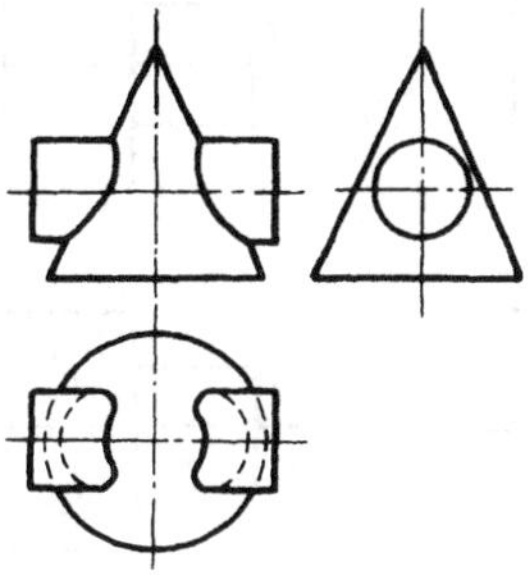	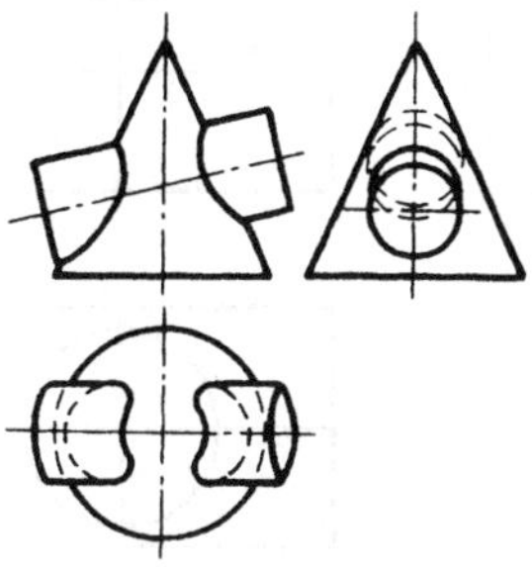	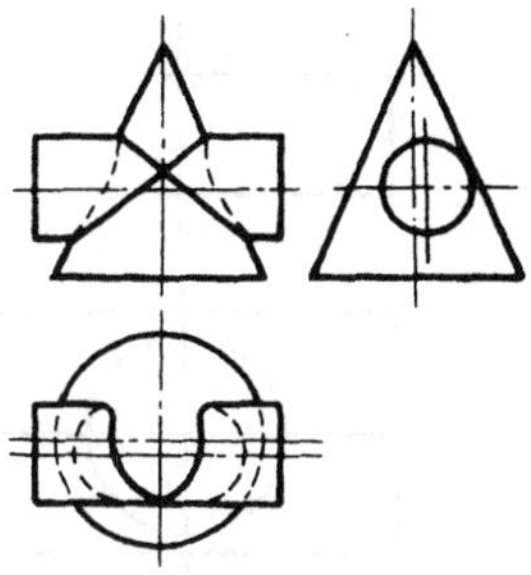

表 4.4　表面性质和尺寸变化对相贯线的影响

尺寸变化\表面性质	直立圆柱直径的变化		
圆柱与圆柱相贯	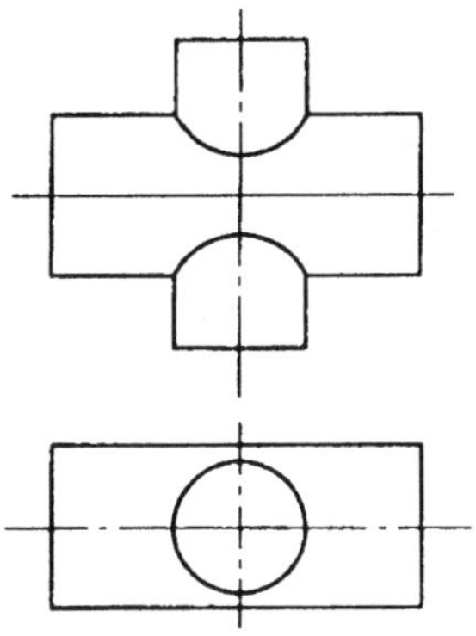	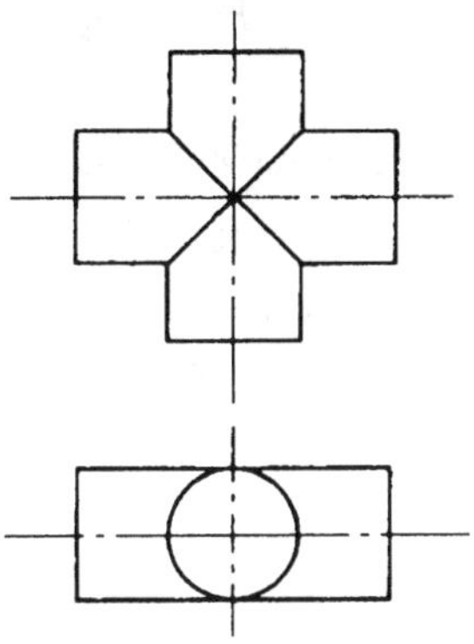	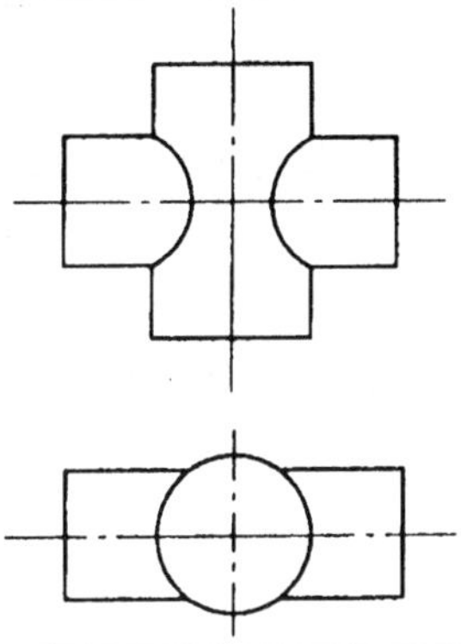
圆柱与圆锥相贯	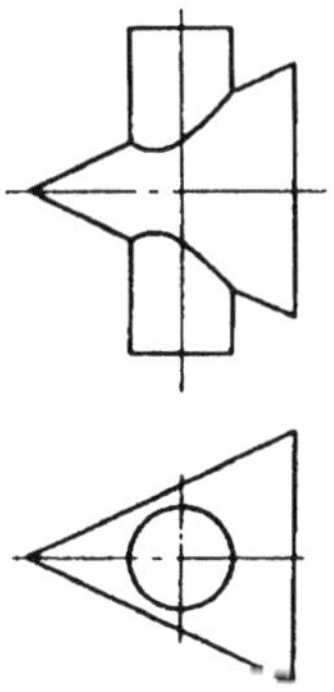	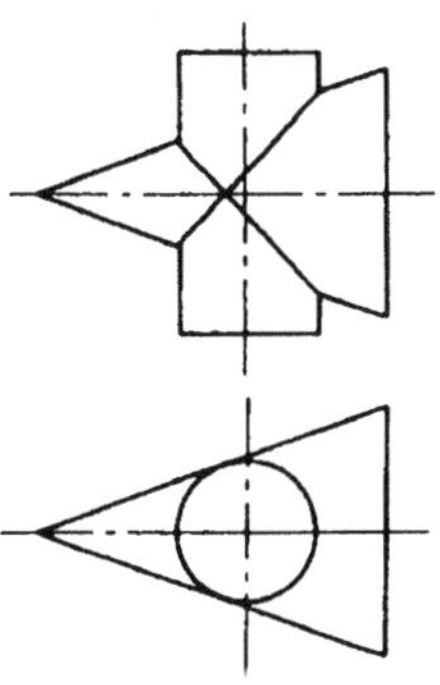	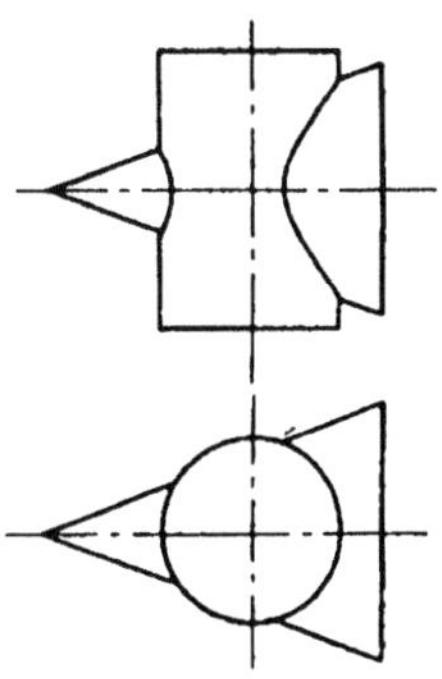

4.2.5 相贯线的近似画法

在绘制机件图样过程中,当两圆柱正交且直径相差较大,且对交线形状的准确度不高时,允许用大圆柱的半径作圆弧代替相贯线,而且该圆弧总是弯向大圆柱的轴线,如图 4.22(a)所示;当在较大直径的圆柱上钻有小孔(大圆柱轴线与小孔轴线正交)时,可以用直线代替相贯线,如图 4.22(b)所示。

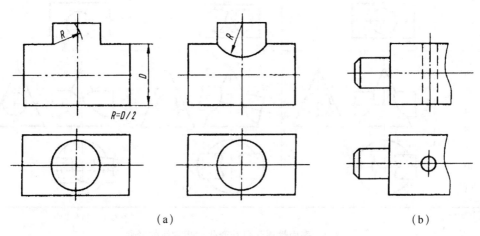

(a)   (b)

图 4.22 相贯线的近似画法

(a) 用圆弧代替相贯线;(b) 用直线代替相贯钱

思 考 题

1. 截交线的基本性质是什么?如何判断截交线的形状?
2. 怎样求平面立体的截交线?截交线的可见性如何判别?
3. 求相贯线的常用方法有哪两种?相贯线的可见性如何判别?
4. 两曲面立体相交时,在什么情况下相贯线为平面曲线或直线?

第5章 组合体视图

学习要点：

(1) 了解三视图的形成及投影规律。

(2) 掌握画组合体视图的方法及组合体视图的尺寸标注。

(3) 能运用形体分析法、线面分析法阅读组合体视图，想象出视图所表达立体的结构形状。

5.1 三视图的形成与投影规律

5.1.1 三视图的形成

工程上将物体向投影面作正投影所得的图形称为视图。在三投影面体系中，物体的正面投影称为主视图，水平投影称为俯视图，侧面投影称为左视图，如图 5.1(a) 所示。画三视图时，应按三视图的排列方法布置，如图 5.1(b) 所示，此时不需标注视图的名称及投影方向。

为了使图形简明、清晰，在画三视图时，不画投影轴和视图间的投影连线。

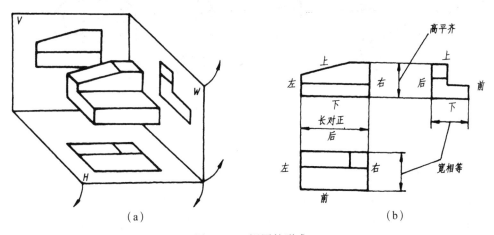

(a)　　　　　　　　　　　　　(b)

图 5.1　三视图的形成

5.1.2 三视图的投影规律

如图 5.1(b) 所示，主视图反映物体的长和高，俯视图反映物体的长和宽，左视图反映物体的高和宽。

　　主视图与俯视图之间应保持长度对正,主视图与左视图之间应保持高度平齐,俯视图与左视图之间应保持宽度相等。简而言之:长对正,高平齐,宽相等。此即三视图的投影规律。

5.2　画组合体视图

　　由若干个基本体经过叠加、切割组合而形成的物体称为组合体。

5.2.1　形体分析的基本概念

　　任何一个复杂的物体,从形体角度来讲,总可把它分解成一些基本体来认识。如图5.2所示的支架,可以把它分解成底板、支承板、圆筒、肋板等简单体,而底板是由长方体和半圆柱组合后穿孔形成的,支承板是长方体切去一小长方体和一半圆柱形成的,如图5.2所示。

　　按照形体特征,假想把一个复杂的物体分解成若干个基本形体,并弄清它们的相对位置、组合形式的分析方法称为形体分析法。形体分析法是画图和读图的基本方法。基本形体可以是一个完整的基本立体(如棱柱、棱锥、圆柱、圆锥、球等),也可以是一个不完整的基本立体或是他们的简单组合。

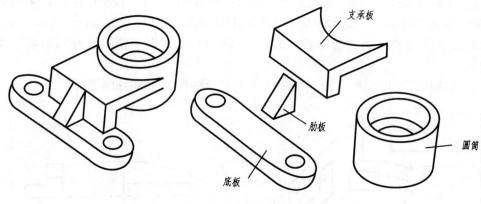

图 5.2　支架的形体分析

5.2.2　组合体的组合形式

　　组合体的组合形式通常分为叠加和切割两类。

　　叠加就是若干个基本体按一定方式"加"在一起的结果,切割则是从一个基本体中"减去"另一些基本体的结果。

　　组合体按相邻两基本形体表面之间的连接方式的不同,可分为平齐、不平齐、相切、相交等四种组合体,如图5.3所示。

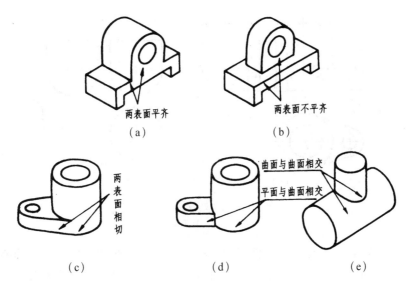

图 5.3　组合体的表面连接方式

1. 平齐

当相邻两基本形体的某些表面平齐时,说明此时两基本形体的这些表面共面,共面的表面在视图上没有分界线隔开,如图 5.4 所示。

2. 不平齐

当相邻两基本形体的表面在某方向上不平齐时,说明它们在相互连接处不存在共面情况,在视图上不同表面之间应有分界线隔开,如图 5.5 所示。

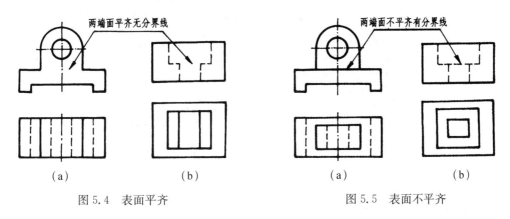

图 5.4　表面平齐　　　　　　　　　　　　　　图 5.5　表面不平齐

3. 相切

所谓"相切",是指两基本形体表面在某处的连接是光滑过渡的,不存在明显的分界线。因此,当两个基本形体相切时,在相切处规定不画分界线的投影,相关表面的投影应画到切点处。画法是先找出切点的位置,再将相切表面的投影画到切点处。如图 5.6(a)所示,在俯视图中找到切点,在主、左视图上相切处不要画线,该组合体底板的顶平面在主、左视图上的投影应画到切点的投影为止。如图 5.6(b)所示,在主、左视图上圆柱与球相切处不要画轮廓线。

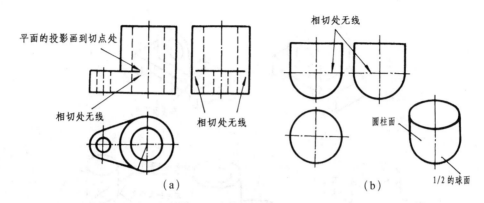

图 5.6　相切处投影的画法

4. 相交

当两基本形体的表面相交时,在投影图上要正确画出交线的投影。相交由平面立体与平面立体相交、平面立体与曲面立体相交、曲面立体与曲面立体相交三种情况。平面立体与平面立体的交线实际是平面与平面相交的交线,为空间折线;平面立体与曲面立体的交线实际是平面与曲面相交的截交线,为若干段平面曲线组成的组合截交线;曲面立体与曲面立体的交线,一般是空间曲线,交线形状取决于两相交形体的形状、大小和它们之间的相对位置。如图 5.7 所示。

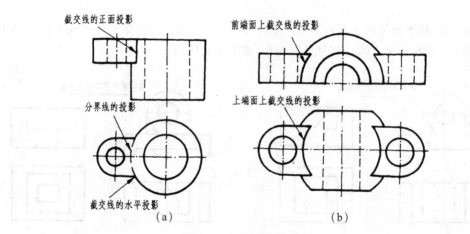

图 5.7　交线的投影画法

5.2.3　画组合体视图的方法

画组合体的视图时,首先对组合体进行形体分析,选择最能反映其形状特征的投影图为主视图,再确定其余的视图,然后按投影关系,画出组合体的视图。

1. 形体分析

现以图 5.8 所示的轴承座为例,来进行形体分析。该轴承座由凸台、轴承(即圆筒)、支承板、肋板和底板组成。轴承位于该组合体的正上方,支承板位于轴承的下方,左右侧面与圆筒相切,且后平面与底板的后面平齐。该组合体左右对称。

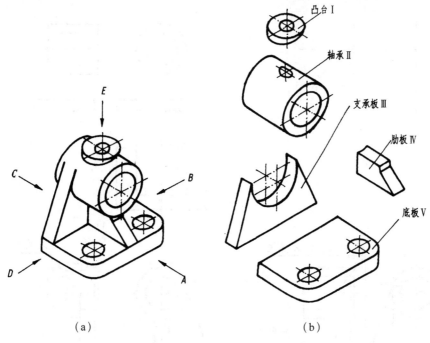

(a)   (b)

图 5.8 轴 承 座
(a) 立体图;(b) 形体分析

2. 主视图的选择

组合体的主视图应最能反映组合体的整体组合形式及形体特点。

先将组合体按自然位置放稳,并使其主要表面平行或垂直于某一投影面,然后按图中 A、B、C、D 四个方向的投影进行比较,如图 5.9 所示。图中若以 A 向投影作为主视图,能反映凸台的长度、圆筒、支承板的形体特征,以及它们之间的上下位置关系和左右的对称性;若以 B 向投影作为主视图,虽能反映凸台、圆筒的长度,肋板等的形状及上下的位置关系,但不能反映轴承座的对称性;C 向和 D 向视图则不如 A 向和 B 向视图。为了能较好地反映轴承座的对称性,故确定 A 向视图为主视图,则 D 向视图为左视图,E 向投影为俯视图。

视图的数量应根据组合体复杂程度而定。对于轴承座,A 向投影作为主视图后,左视图反映肋板的实形,俯视图反映底板的实形,故轴承座应用三个视图表达。

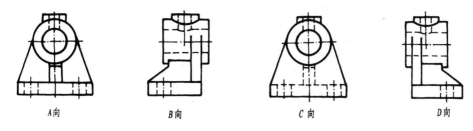

A向 B向 C向 D向

图 5.9 分析主视图的投影方向

3. 画图步骤

根据上述分析,确定了主视图的投影方向后,应按下述方法作图:

(1) 根据所画物体的大小和复杂程度,选用适当的比例和图纸幅面。

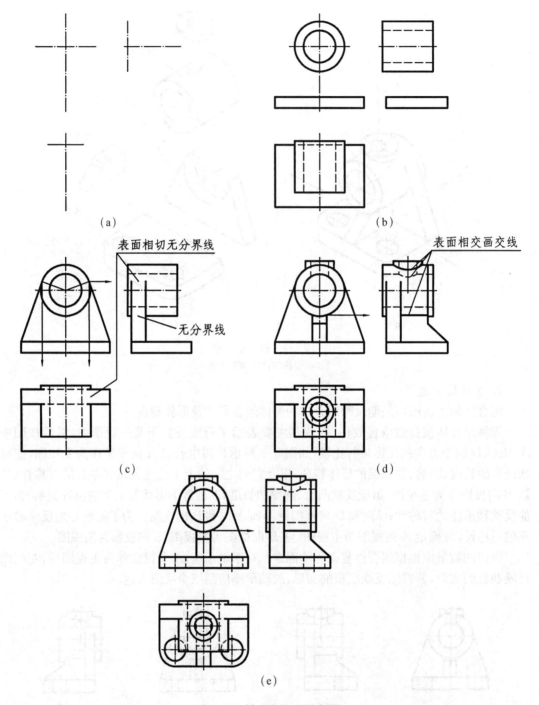

图 5.10　轴承座的画图步骤

(a) 画轴承的轴线及后端面的定位线；(b) 画轴承和底板的三视图；(c) 画支承板的三视图；

(d) 画凸台与肋板的三视图；(e) 画底板上的圆角和圆孔，校核加深

　　(2) 按视图的数量、图幅和比例，均匀地布置视图的位置。在图纸上画出各视图的中心线、对称线、轴线及其他作图基准线，如图 5.10 所示。视图之间要注意留有足够的空间来标

注尺寸。

（3）画底稿时,要用稍硬的铅笔(2H 铅笔),逐个画出各组成部分的三视图,一般顺序为先画主体部分或主要轮廓线,再画次要部分,先画外形结构,再画内部结构,三个视图要一起画。

如图 5.10 所示,先画圆筒、底板等主体部分,再画支承板、肋板等次要部分,接着画圆孔等内部结构。

（4）底稿画完后,须仔细检查全图,纠正错误,擦去多余图线,清理图面。

（5）按规定线型加深图形,且应按先细线、后粗线,先圆弧后直线的顺序进行。

5.3　组合体的尺寸标注

三视图只能反映组合体的形状,而要准确反映其大小,必须标注尺寸。标注尺寸应遵守国家标准中有关尺寸注法的规定,尺寸标注要齐全和清晰,并尽可能把尺寸标注在最能反映形体结构特征的视图上。

5.3.1　基本形体的尺寸注法

基本形体一般要标注长、宽、高三个方向的定形尺寸,定形尺寸要完整、不重复、不遗漏。有些基本体标注尺寸后,可减少视图的数量。如一些平面立体,可用两个视图表达(如图 5.11所示),有些曲面立体,可用一个视图加上尺寸即可完全表达清楚。

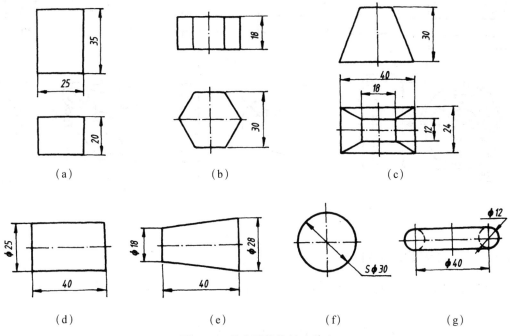

图 5.11　基本形体的尺寸注法

基本形体的截交线、相贯线是由于切割、相交而产生的,是自然形成的。因此,在标注尺寸时,只要注出基本形体的定形尺寸、定位尺寸和截平面的定位尺寸即可,而不能注写截交线和相贯线的定形尺寸,如图 5.12 所示。

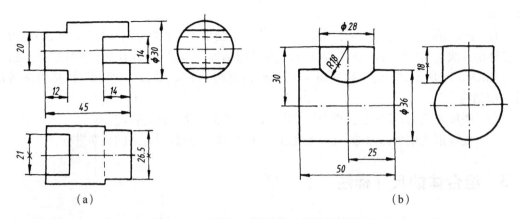

图 5.12　有截交、相贯的基本体的尺寸注法

　　有些基本形体本身就可看作为一个简单的组合体。除了标注定形尺寸外,还需标注定位尺寸,定位尺寸应有基准,通常应以形体的主要端面、对称面、轴线等为基准,如图 5.13 所示。当基本形体的相互位置有重合、平齐和对称的情况时,可省略一些定位尺寸。

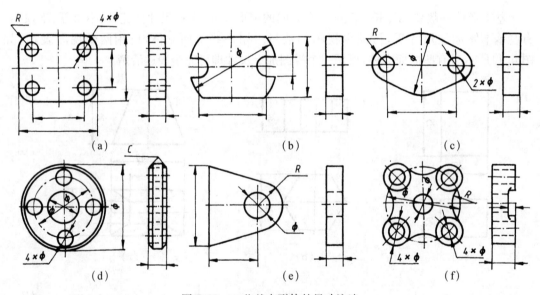

图 5.13　一些基本形体的尺寸注法

5.3.2　组合体的尺寸注法

　　对组合体进行尺寸标注,首先应对其作形体分析,标注出各基本形体的定形和定位尺寸,然后标注总体尺寸。

　　仍以图 5.8 所示的轴承座为例,说明尺寸标注的方法。

　　(1) 形体分析(略)。

　　(2) 确定尺寸基准。组合体的长宽高三个方向应各有一个尺寸基准,通常以组合体的底面、对称平面、重要轴线及其他重要平面作为尺寸基准。当以对称平面为尺寸基准时,该方向的尺寸则采用对称注法。

如图 5.14 所示,用轴承座的左右对称面作为长度方向的尺寸基准,用轴承(圆筒)的后端面作为宽度方向的尺寸基准,用底板的底面作为高度方向的尺寸基准。

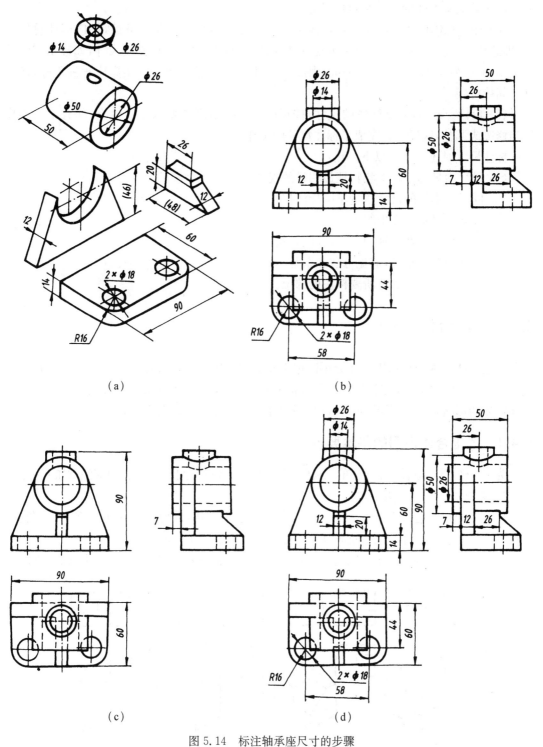

图 5.14 标注轴承座尺寸的步骤

(a) 形体分析;(b) 标注定形、定位尺寸;(c) 标注总体尺寸;(d) 完成尺寸标注

（3）依次标注各基本形体的定形和定位尺寸。对于如图 5.14 所示的轴承座,先标注主要的基本形体的尺寸,如轴承的定形尺寸有内径、外径及长度,定位尺寸有中心高,然后按照顺序标注其他基本体的定形和定位尺寸。

（4）标注总体尺寸。标注了组合体中各基本体的定形和定位尺寸后,还应标注总体尺寸,即总长、总高、总宽。为了避免重复,还应做适当调整,去掉一些次要尺寸,如轴承座的总高是 90 mm,轴承的中心高为 60 mm,则凸台的上平面到轴承中心的距离应省去不标,通过计算间接得到。

（5）校核。最后,对已标注的尺寸,按正确、完整、清晰的要求进行检查,如有不妥则作适当修改或调整,这样才算完成了标注尺寸的工作。

标注尺寸时还应注意以下几点:

（1）尺寸尽量标注在形状特征最明显的视图上。

（2）同一基本体的尺寸尽量集中标注。

（3）尺寸尽量不注在虚线上。

（4）尺寸尽量注在两视图之间,并注在视图外。

（5）尺寸布置要整齐,避免分散和杂乱。

（6）尺寸要标注在靠近所要标注的部位。

5.4　读组合体视图

画组合体的视图是运用形体分析法把空间的物体按照投影规律画成投影图的过程。而现在是根据已给出的投影图形,在投影分析的基础上,运用形体分析法和线面分析法想象出空间物体的形状,是画投影图的逆过程,画图和看图是分不开的两个过程。

5.4.1　读组合体视图的基本要点

为了正确、迅速地看懂组合体的三视图,想象出组合体的空间形状,看图时应注意如下几点:

1. 要把几个视图联系起来研究

单独一个视图通常不能唯一的确定组合体的空间形状,因此必须使用丁字尺、三角板、圆规等工具,用对投影的方法,把各视图联系起来,边读边构思空间形状。

如图 5.15 所示,虽然主视图均相同,但由于左、俯视图不同,组合体的形状也不相同。

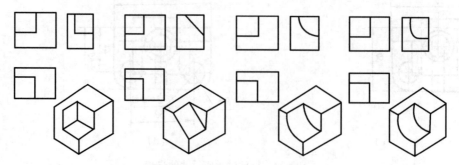

图 5.15　相同主视图可表示不同的组合体

2. 应弄清视图中线和线框的含义

图 5.16(a)给出一个物体的视图,可以想象出它是多种不同形状物体的投影,如图 5.16 (b)、(c)、(d)、(e)、(f)所示,表示了五种物体的形状。随着空间形状的改变,在同样的视图上,它的每条线及每个封闭线框所表示的意义是不相同的。

视图中每条图线可以代表:

(1) 两个面交线的投影。视图中直线 l,可以是物体上两平面交线的投影,如图 5.16(c) 所示,也可以是平面与曲面的交线,如图 5.16(d、e)所示。

(2) 垂直面的投影。视图中直线 m 可以是物体上侧平面 M 的投影,如图 5.16(b)所示。

(3) 曲面的转向轮廓线。视图中直线 m 可以是物体上圆柱的某一转向轮廓线的投影,如图 5.16(d)所示。

视图中每个封闭线框可以代表一个平面或曲面的投影,也可以是一个通孔的投影。如视图中的封闭线框 A 可以是物体上平面 A 的投影,如图 5.16(b)、(c)所示,也可以是物体上圆柱面的投影,如图 5.16(d)所示。

视图中任何相邻的封闭线框,一定是相交的或前后的两个面。如图 5.16(c)、(d)、(e)所示,线框 A 和 B 表示相交的两个面。如图 5.16(b)、(f)所示,线框 A 和 B 表示前后的两个面。

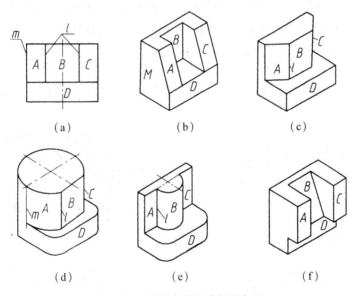

图 5.16　视图中线和线框的含义

3. 要先从反映形体特征的视图看起

形体特征主要指形体的形状特征和位置特征。主视图作为最重要的视图,通常能较多地反映物体的形状特征,所以读图时一般先从主视图着手。但有时组成组合体的各形体的形状和位置特征不一定全集中在主视图上,此时必须善于找出反映其形体特征的那个视图,再联系其他视图,这样就便于想象出其形状和位置。如图 5.17(a)所示的三视图,主视图反映的形体特征较明显,但只看主视图,该组合体上Ⅰ和Ⅱ两部分哪个突出,哪个凹进无法确定,从俯视图上也无法确定,可能是图 5.17(b)或图 5.17(c)所示的形体,而左视图却明显地反映了其位置特征。如图 5.17 所示,反映(b)图所示的形体为左视图(一),反映(c)图所示的形体为左视图(二)。

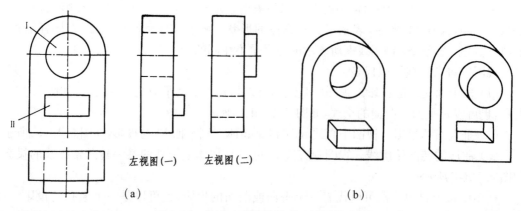

图 5.17　从反映形体特征明显的视图看起

5.4.2　读图的基本方法

读图的基本方法有形体分析法和线面分析法。

形体分析法是分析组合体的组成及结构的一种方法,它适用于叠加式组合体的读图;线面分析法是从组合体各表面的形状和空间位置来分析、想象物体的结构,它特别适用于切割式组合体或局部形状较复杂的叠加式组合体的读图。

1. 形体分析法

用形体分析法读图必须熟悉各种基本体以及带切口的基本体的投影。其读图的步骤是:

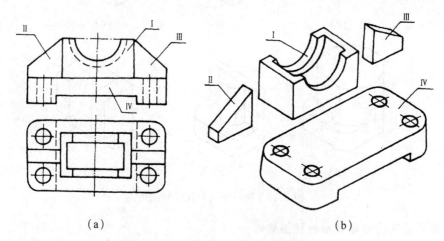

图 5.18　根据两视图想象组合体形状

(1) 看视图,明确组合体是用哪几个视图来表达的。如图 5.18(a)所示的,是用主、俯两个视图表达的。

(2) 运用形体分析法,将组合体分成若干个基本体。三视图中,凡是具有投影联系的两个或三个封闭线框通常都是表示一个体的投影。主视图是最能反映物体形状特征的视图,因此读图通常从主视图入手,将它分解成若干个大的粗实线线框,找出它们在其他视图上的相应投影。如图 5.18(a)所示的组合体,可将主视图分成 4 个粗实线线框,根据长对正、高平齐、宽相等的原则找出各部分在俯视图上的投影。

（3）根据各线框的投影特点,确定各部分的空间形状。如图 5.18(a)所示的组合体,各部分的空间形状如图 5.18(b)所示。

（4）综合起来想象整体的形状。根据各部分结构形状以及它们的相对位置和连接方式,综合起来想象物体的整体形状。

根据图 5.18(b)所示的空间形状,补画其左视图,如图 5.19 所示。

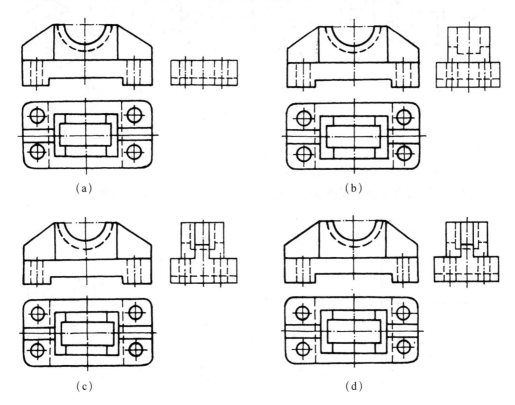

图 5.19　补 画 左 视 图
(a) 画出形体Ⅳ;(b) 画出形体Ⅰ;(c) 画出形体Ⅱ;(d) 检查、加深

2. 线面分析法

对于局部形状较复杂的物体,特别是切割式组合体,完全用形体分析法是不够的,必须对视图中一些局部的复杂投影用线、面的投影特性去进行分析、想象物体的形状。

线面分析法读图的特点是逐个分析视图中的图线和线框的空间含义,即根据他们的投影特点判断他们的形状和位置,从面的角度,正确地了解物体各部分的结构形状。用线面分析法读图的一般步骤是:

（1）首先用形体分析法粗略地分析切割式组合体在没有切割之前完整的形状,即物体的原形。

（2）逐一分析视图的每一条线、每一个线框的含义。

用丁字尺、三角板、分规,按照"长对正、高平齐、宽相等"的投影关系,找出每一条线、每一个线框在其他视图上的相关投影。根据他们的两面或三面投影判断出他们的空间意义。

如图 5.20(u)、(b)、(c)、(d)所示,L 形的铅垂面、工字形的正垂面、凹宁形侧垂面和　·般位置的平行四边形,除了在其垂直的投影面上积聚成直线外,其余投影均为空间实形的类似多边形。

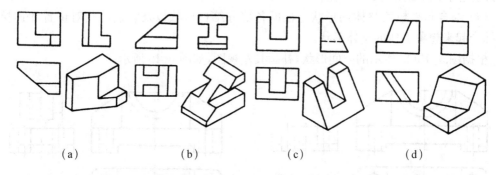

(a)　　　　　　(b)　　　　　　(c)　　　　　　(d)

图 5.20　倾斜于投影面的平面的投影

(3) 根据物体上每一表面的形状和空间位置,综合起来想象物体的整体形状。

现通过几个例子,具体说明线面分析法读图的步骤。

例 5.1　已知组合体的主视图和俯视图,如图 5.21(a)所示,求左视图。

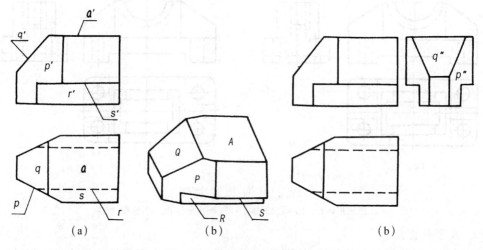

(a)　　　　　　　　(b)　　　　　　　　(b)

图 5.21　线面分析法读图(一)

解　该组合体为切割型组合体。通过物体的主、俯视图,可知该组合体的原形可能是长方体,也可能是圆柱体。如为圆柱体,其主视图中的左上角被切掉一角后,必有椭圆的截交线,但其俯视图没有椭圆的投影,所以它的原形为长方体。

再运用线面分析法分析每个表面的形状和位置。

主视图的左上角被切掉,根据"长对正"的投影关系,主视图的 q' 与俯视图中的梯形线框 q 对应,说明 Q 为正垂面,其空间形状和侧面投影一定是线框 q 的类似形,为等腰梯形。

俯视图左边的前后各切掉一角,根据"长对正"的投影关系,俯视图中的 p 与主视图的 p' 线框对应,说明 P 为铅垂面,其空间形状和侧面投影是 p' 线框的类似形。

主视图中的矩形线框 r'，其俯视图在"长对正"的投影范围内与虚线 r 对应，说明线框 r' 为正平面的投影，并且是凹进去的。

俯视图中的粗实线与虚线围成的直角梯形线框 s，只能对应主视图中的线 s'，为水平面。顶面 A 为水平面，对应俯视图中的 a 线框，反映实形。

综合起来，其整体形状如图 5.21(b)所示。

由图 5.21(b)便可画出其左视图，如图 5.21(c)所示。

例 5.2 已知组合体的主视图和左视图，如图 5.22(a)所示，求该组合体的俯视图。

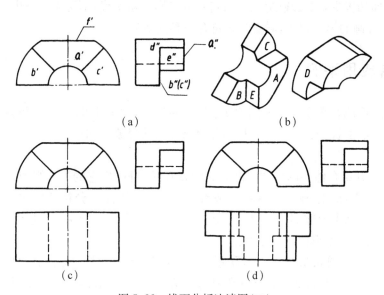

图 5.22　线面分析法读图(二)

解 从已知的两个视图中可以判断，它是一切割型的组合体，可用线面分析法读图。

如图 5.22(a)所示，该组合体主视图的主要轮廓线为两个半圆，左视图上与之对应的是两条相互平行的直线，可知其原形为半个圆柱筒。

物体经过切割后，各表面的形状比较复杂，应该运用线面分析法分析每个表面的形状和位置，这样能有效地帮助读图。

主视图的上部被切掉，那么主视图中的 f' 线一定是一水平面的投影，其在左视图中的投影必定为一直线。

主视图上有 a'、b'、c' 三个线框。a' 线框的左视图在"高平齐"的投影范围内，没有类似形对应，只能对应左视图中的最前的直线，所以 a' 线框是物体上一正平面的投影，并反映该面的真实形状；同样 b'、c' 两线框为物体上两正平面的投影，反映它们的真实形状。从左视图可知，A 面在前，B、C 两面在后。

左视图上的 d''、e'' 为两粗实线线框，d'' 线框的左视图在"高平齐"的投影范围内，没有类似形，只能对应大圆弧，所以 d'' 线框为圆柱面的投影；e'' 线框的左视图在"高平齐"的投影范围内，也没有类似形与之对应，只能对应一斜线，所以 e'' 线框为一正垂面的投影，其空间形状为该线框的类似形。

　　左视图上的虚线，对应主视图中的小圆弧，为圆柱孔最高素线的投影。

　　从 b'、c'、e'' 三线框的空间位置可知，该半圆柱筒的左右两边各切掉一扇形块，深度从左视图上确定。

　　通过形体和线面分析后，可综合想象出物体的整体形状，如图 5.22(b)所示。

　　最后，根据物体的空间形状，补画其俯视图，画图步骤是：

　　(1) 画出没有切割前圆筒的第三视图。

　　(2) 画出每一截平面的投影，也就是画出截平面与立体表面产生的每一条截交线的投影。注意，平面切多少，截交线画多长，且可见的投影画粗实线，不可见的画虚线。

　　(3) 检查补画的第三视图，看看是否符合投影关系。

5.5　综合应用举例

　　要正确、迅速地看懂视图，想象出物体的空间形状，仅有看图的知识和方法是不够的。还需不断地实践，多看、多练，有意识地培养自己的空间想象力和构形能力，才能逐步提高画图和读图能力。

　　例 5.3　已知组合体的两视图，如图 5.23(a)所示，补画出它的第三视图。

　　从主视图入手，把主、俯视图联系起来粗略看一遍。用形体分析法把主视图划分为Ⅰ、Ⅱ、Ⅲ、Ⅳ、Ⅴ五个基本形体部分。对投影，依次读懂各基本形体的主、俯视图，然后按它们的相对位置补画出各基本形体的第三视图。

　　如图 5.23(b)~图 5.23(e)所示，联系主、俯视图可知，形体Ⅰ是底部的长方体，形体Ⅱ是置于其上的长方体，形体Ⅲ是凸出于形体Ⅱ前方的半圆柱，形体Ⅳ和Ⅴ是对称叠加于形体Ⅰ和形体Ⅱ左右两侧的竖板，板上有小圆通孔。在依次作出这些基本形体的左视图之后，最后在上部从前向后打通一个半圆柱通孔，在下部从前向后挖通一个长方形槽，如图5.23(e)所示。

　　校核与描深。重点检查各基本形体之间由于不同的组合方式而形成的投影特征是否画正确了，可见与不可见是否分清了。经检查无误后描深，如图 5.23(e)所示，整个组合体的空间形状如图 5.23(f)所示。

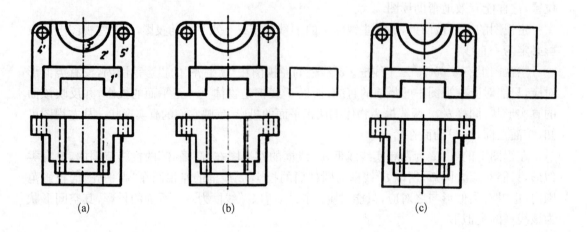

(a)　　　　　　　　　　　　　(b)　　　　　　　　　　　　　(c)

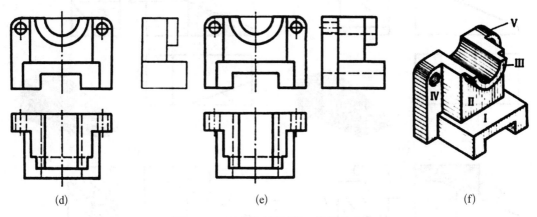

(d)　　　　　　　　　(e)　　　　　　　　　(f)

图 5.23　由两视图补画第三视图的方法

例 5.4　如图 5.24 所示为撞块的主、俯视图,要求补画出其左视图。

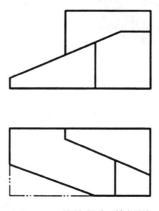

图 5.24　撞块的主、俯视图

先采用形体分析法将物体分为上下两个部分。上面为竖放的四棱柱,下面为由长方体经过切割而成的几何体,两部分组合形式为相交,且后面、右端面对齐。

作图时注意补画上面的四棱柱前面(铅垂面)、左端面与下面几何体表面的交线。图5.25表示其补图的分析过程。

图 5.25(a)分析了撞块的下面部分为一长方块被正垂面 D 切割,并补出该形体的左视图。

图 5.25(b)分析了该形体左端被梯形铅垂面 A 切割,根据"三等"关系补画出梯形面 A 的左视图。应注意 A 的正面投影与侧面投影为类似形,如图中的阴影区域。

图 5.25(c)分析了物体上部叠加四棱柱(棱线是铅垂线)的补图过程,四棱柱的左端面 E 是侧平面,在左视图上画出 E 面的投影(反映实形);四棱柱的前面 C 为铅垂面,可根据 C 面的侧面投影与正面投影为类似形求出其侧面投影,如图 5.25(c)中的阴影区域。最后需要注意 D 面的侧面投影和水平投影为类似形,如图 5.25(d)中的阴影区域。

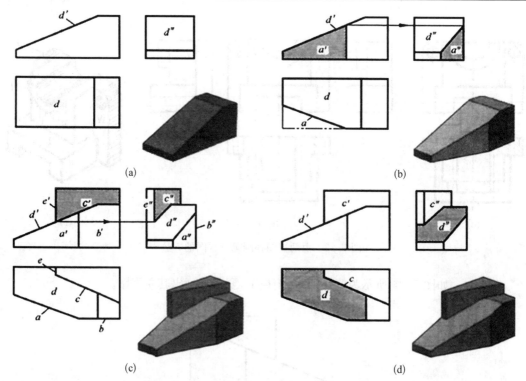

(a)   (b)

(c)   (d)

图 5.25　撞块的补图分析——分析平面的交线

例 5.5　如图 5.26(a)所示,已知架体的主、俯视图,补画左视图。

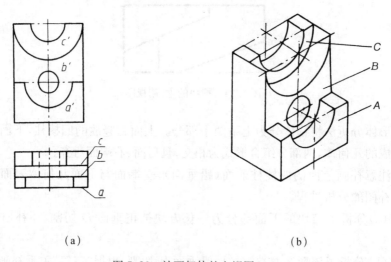

(a)   (b)

图 5.26　补画架体的左视图(一)

(a) 架体的主、俯视图;(b) 架体的立体图

解　主视图中有三个封闭的且相连的线框 $a'b'c'$,在俯视图中可能分别对应于 abc 三条水平线。按投影关系对照主视图和俯视图,可见这个架体分前、中、后三层。

前层切割成直径较小的半圆柱槽,中间层切割成一个直径较大的半圆柱槽,后层则切割成一个直径最小的穿通的半圆柱槽。另外,中层和后层有一个圆柱形的通孔。

　　由这三个半圆柱槽的主视图和俯视图可以看出,具有最低的较小直径的半圆柱槽的这一层位于前层,而具有最高的最小直径的半圆柱槽的那一层位于后层。否则,主视图上相连的两线框 $a'b'$ 的分界线应为虚线。

　　将上述分析综合起来,想象出物体的形状,如图 5.26(b)所示,并补画出架体的左视图,如图 5.27(a)、(b)、(c)、(d)所示。

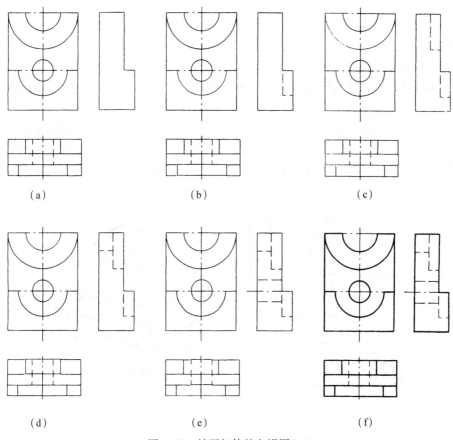

(a)　　　　　　　　　　　　(b)　　　　　　　　　　　　(c)

(d)　　　　　　　　　　　　(e)　　　　　　　　　　　　(f)

图 5.27　补画架体的左视图(二)

(a) 画轮廓线;(b) 画前层半圆柱槽;(c) 画中间层半圆柱槽;
(d) 画后层半圆柱槽;(e) 画中间层与后层的通孔;(f) 加深结束

思　考　题

1. 试述三视图的投影规律。
2. 组合体有哪几种组合形式?
3. 组合体中相邻表面的投影有哪些特征?
4. 试述组合体视图的画法和步骤,画图时应注意哪些问题?
5. 试述标注组合体尺寸的方法与步骤。
6. 试述组合体视图的基本要点。
7. 试述组合体视图的基本方法。

第6章　轴测投影图

学习要点：

  (1) 了解轴测图的形成过程。

  (2) 掌握两种常见轴测图的特点和画法，能根据机件的结构特点选择合适的轴测图。

  正投影法是表达机械图样的主要方法，这种图样直观性差，缺乏立体感，必须有一定读图能力的人才能看懂。为了便于看图，有时需要采用直观性强、富有立体感的轴测图来表示物体，如图 6.1(b)所示。由于轴测图是在单一投影面上绘制的立体图，往往不易确切地表达机件各个部分的尺寸，所以轴测图常用作帮助读图的辅助性图样。

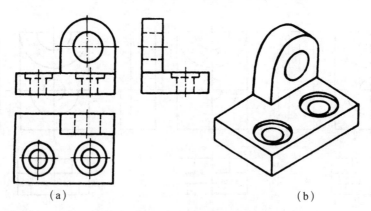

  (a)   (b)

图 6.1 立体正投影图与轴测图

6.1 轴测投影的基本知识

6.1.1 轴测投影图的形成

  (1) 轴测图。将物体连同确定物体位置的直角坐标系，按投射方向 S，用平行投影法投射到某一选定的投影面上所得的具有立体感的图形称为轴测投影图，简称轴测图，如图 6.2 所示。

  (2) 轴测轴。如图 6.2 所示，空间直角坐标系中的直角坐标轴 OX、OY、OZ 在轴测投影面上的投影 O_1X_1、O_1Y_1、O_1Z_1 称为轴测轴。

  (3) 轴间角。相邻两轴测轴间的夹角 $\angle X_1O_1Y_1$、$\angle Y_1O_1Z_1$、$\angle Z_1O_1X_1$ 称为轴间角。

  (4) 轴向变形系数。轴测轴上的单位长度与相应直角坐标轴上的单位长度的比值称为轴向变形系数。X、Y、Z 轴上的轴向变形系数分别用 p_1、q_1、r_1 表示。

$$p_1 = \frac{O_1 A_1}{OA} \qquad q_1 = \frac{O_1 B_1}{OB} \qquad r_1 = \frac{O_1 C_1}{OC}$$

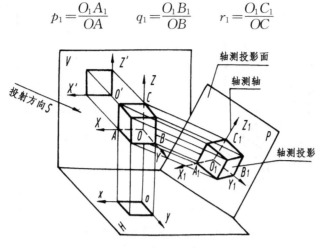

图 6.2 轴测图的形成

6.1.2 轴测图的种类

轴测图分为正轴测图和斜轴测图两大类。当投射方向垂直于轴测投影面时称为正轴测图,当投射方向倾斜于轴测投影面时称为斜轴测图。由此可见,正轴测图是由正投影法得到的,而斜轴测图则是由斜投影法得到的。

每类轴测图根据轴向变形系数不同,又可分为三种:

(1) 若 $p_1 = q_1 = r_1$,即三个轴向变形系数相同,简称正(或斜)等测。

(2) 若有两个轴向变形系数相等,如 $p_1 = r_1 \neq q_1$,简称正(或斜)二测。

(3) 如果三个轴向变形系数都不相等,即 $p_1 \neq q_1 \neq r_1$,简称正(或斜)三测。

在 GB/T14692—2008《技术制图 投影法》中推荐了三种轴测图:即正等测、正二测、斜二测。工程上常用正等测和斜二测。本书也只介绍这两种轴测图的画法。

6.1.3 轴测投影的基本性质

(1) 物体上与坐标轴平行的线段,在轴测图中仍然平行于相应的轴测轴。

(2) 物体上互相平行的线段,在轴测图中仍然互相平行。

为使画出的图形清晰,轴测图中一般不画虚线。

6.2 正等测

6.2.1 正等测的轴间角及轴向变形系数

如图 6.3(a)所示,使正方体的对角线垂直于轴测投影面,在此位置上正方体的三个坐标面与轴测投影面有相同的夹角,然后向轴测投影面进行正投影,所得的即为此正方体的正等测。如图 6.3(b)所示,正等测的轴间角都是 120°,各轴向变形系数 $p_1 = q_1 = r_1 = 0.82$,绘图时,为了方便起见,一般都把轴向变形系简化为 1,即 $p_1 = q_1 = r_1 = 1$,这样所得图形放大了 1.22 倍。

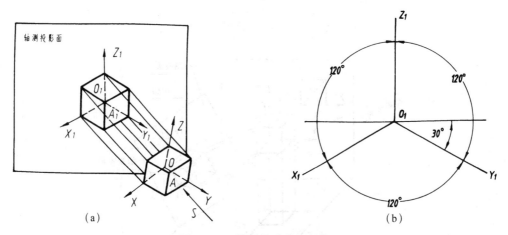

图 6.3　正等测的形成及参数

(a) 正等测的形成；(b) 正等测的参数

6.2.2　平面立体的正等测画法

由于正等测的投射方向垂直于投影面，所以它的作图要符合正投影特性。作图要领如下：

先根据物体形状的特点，建立坐标轴，然后画出轴测轴，将与坐标轴平行的线段，均按真实长度量画到轴测图中相应的线段上。凡与坐标轴不平行的线段，按其两端点的坐标定出其位置，然后连接起来（这时长度要发生变化）。

例 6.1　将如图 6.4(a)所示的平面立体画成正等测。

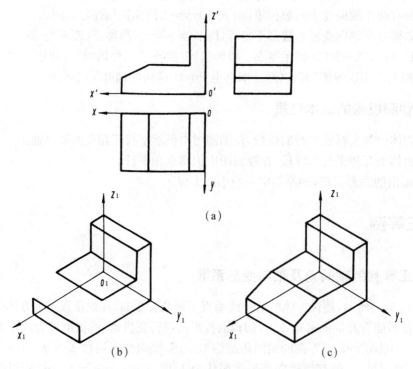

图 6.4　平面立体正等测图

(a) 在三视图上建立坐标轴；(b) 画与轴测轴平行的线段；(c) 画与轴测轴不平行的线段

解　该形体为切割型组合体,其正等测的作图步骤如图 6.4(b)、(c)所示。

例 6.2　作出正六棱柱(见图 6.5)的正等测。

解　(1) 形体分析,确定坐标轴。正六棱柱的顶面和底面都是处于水平位置的正六边形,于是取顶面的中心 O 为原点,并建立如图 6.5 所示的直角坐标系。

(2) 作正等测。作图步骤如图 6.5(a)、(b)、(c)、(d)所示。

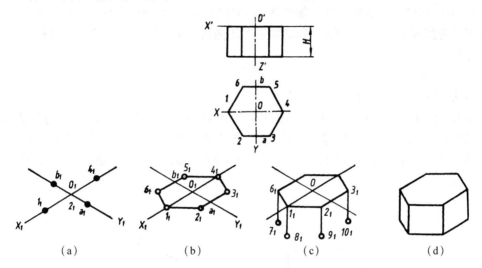

图 6.5　正六棱柱的正等测画法

(a) 画轴测轴,按坐标尺寸求得 1_1、4_1 和 a_1、b_1;(b) 通过 a_1、b_1 作 X_1 轴的平行线,量得 2_1、3_1 和 5_1、6_1,连成顶面;
(c) 由点 6_1、1_1、2_1、3_1 向下画棱线,量取高度 H,得 7_1、8_1、9_1、10_1;(d) 连接 7_1、8_1、9_1、10_1,擦去多余图线并加深

例 6.3　将如图 6.6(a)所示的叠加型组合体画成正等测。

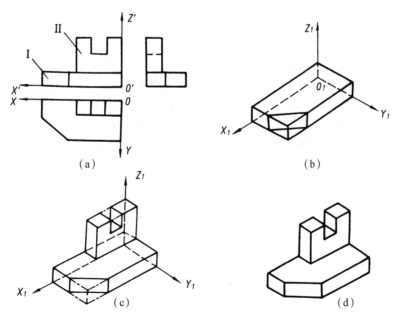

图 6.6　叠加型组合体的正等测画法

(a) 在三视图上建立直角坐标系;(b) 画轴测轴和底板的轴测投影;
(c) 画凹形立板的轴测投影;(d) 擦去多余图线,加深完成正等测

解　图 6.6(a)属叠加型的组合体,可将其分成几个简单的组成部分,将各部分的轴测图按照它们之间的相对位置组合起来,即得组合体的轴测图。其作图步骤如图 6.6(b)、(c)、(d)所示。

6.2.3　曲面立体的正等测画法

画圆柱、圆锥(台)等回转体的轴测图时,关键是圆的轴测图画法。圆的正等测是椭圆,通常采用近似画法。为了简化作图,圆的正等测椭圆可采用椭圆的外切菱形进行作图(简称菱形法)。

1. 菱形法

画图步骤如图 6.7 所示。

图 6.8 画出与三个投影面平行的圆的正等测(椭圆)。它们可用图 6.7 的作法分别作出。其中:平行于水平面的圆,其长轴垂直于 O_1Z_1 轴,短轴平行于 O_1Z_1 轴;平行于正面的圆,其长轴垂直于 O_1Y_1 轴,短轴平行于 O_1Y_1 轴;平行于侧面的圆,其长轴垂直于 O_1X_1 轴,短轴平行于 O_1X_1 轴。

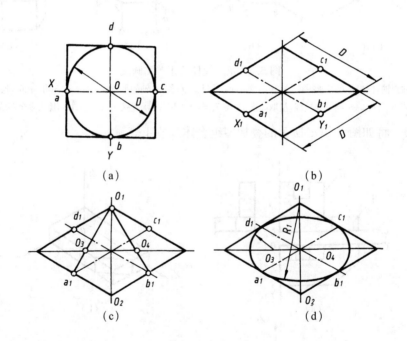

图 6.7　椭圆的简化画法(菱形法)

(a) 定坐标轴;(b) 画轴测轴并定出 a_1、b_1、c_1、d_1 四点,作菱形及对角线;

(c) 连 O_1a_1 和 O_1b_1 得 O_3、O_4 点;(d) 以 O_1、O_2 为圆心,O_1a_1 为半径画圆弧 a_1b_1 和 d_1c_1,再以 O_3、O_4 为圆心,O_3a_1 为半径画圆弧 c_1b_1 和 a_1d_1,并加深

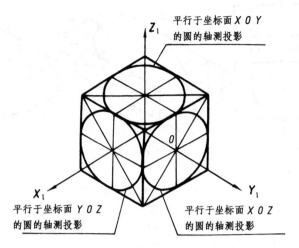

图 6.8　坐标面上圆的正等测

2. 回转体正等测画法

圆柱正等测画法如图 6.9。

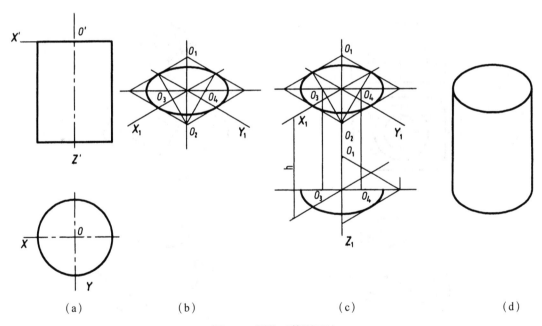

(a)　　　　　　　(b)　　　　　　　(c)　　　　　　　(d)

图 6.9　圆柱正等测画法

(a) 在视图上建立直角坐标系；(b) 画轴测轴，用菱形法画出顶面圆的正等测；

(c) 将顶面的坐标面下移 h 高度，画出底圆的正等测；(d) 作上下椭圆的公切线，擦去多余图线并加深

3. 直角圆弧画法

直角圆弧是圆的 1/4，其正等测画法如图 6.10 所示。

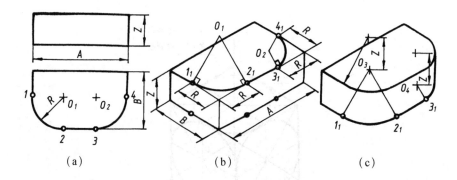

图 6.10 直角圆弧的正等测画法

(a) 已知视图；(b) 定出 1_1、2_1、3_1、4_1 四个切点，分别过各切点作其所在边的垂线，从而得交点 O_1 和 O_2，以 O_1 和 O_2 为圆心，$O_1 1_1$ 和 $O_2 3_1$ 为半径作圆弧；(c) 将 O_1 和 O_2 垂直下移 Z 长度得 O_3 和 O_4，再分别以 O_3、O_4 为圆心，$O_3 1_1$ 和 $O_4 3_1$ 为半径作圆弧，最后加深完成全图

例 6.4 将如图 6.11(a) 所示的组合体画成正等测。

解 该组合体为四棱柱与圆台叠加而成。正等测的作图步骤如图 6.12(b)、(c)、(d) 所示。

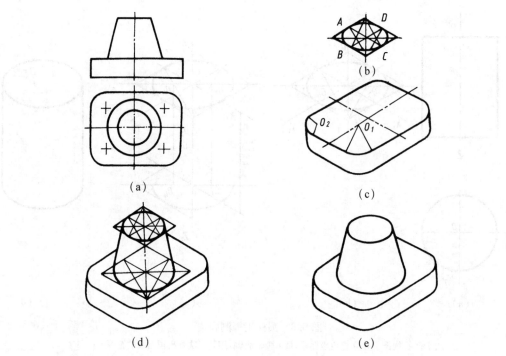

图 6.11 曲面立体的正等测

6.3 斜二测

将物体的某一坐标面平行于轴测投影面，用斜投影方法将物体向该投影面投影所得到的投影图称为斜二测。如图 6.12 所示。

6.3.1　斜二测的轴间角和轴向变形系数

由于 XOZ 坐标面平行于轴测投影面,这个坐标面的轴测投影反映实形,其轴间角 $\angle X_1O_1Z_1=90°$,这两根轴的轴向变形系数 $p=r=1$,O_1Y_1 与水平线成 $45°$,其轴向变形系数 $q=0.5$。如图 6.13 所示。

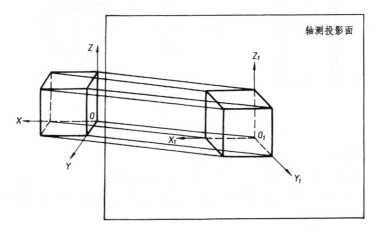

图 6.12　斜二测的形成

凡是平行于 XOZ 坐标面的平面图形,在斜二测中,其轴测投影反映实形。利用这一特点,在作单方向形状较复杂物体的立体图时,采用斜二测简便易画。在作带有圆的立体图时,应尽量使圆平面平行 XOZ 面,这样可以避免画椭圆,使作图简单、快捷。

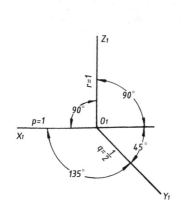

图 6.13　斜二测的轴测轴与轴间角

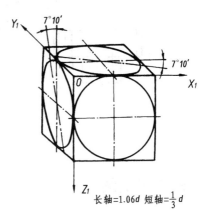

图 6.14　三个坐标面上圆的斜二测

6.3.2　斜二测的画法

凡与正面平行的圆,其在斜二测上的投影仍是圆,凡与侧面和水平面平行的圆,其在斜二测上的投影为椭圆,如图 6.14 所示。

例 6.5　作如图 6.15(a)所示立体的斜二测。

解　该曲面立体为切割圆柱体,在一个方向上有若干个圆或圆弧,采用斜二测(将有圆的面放到与正面平行的位置作图),作图较简单。其作图步骤如图 6.17(b)、(c)所示。

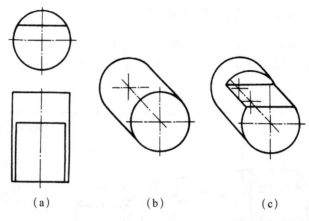

(a)   (b)   (c)

图 6.15　切割圆柱体的斜二测画法

例 6.6　作如图 6.16(a)所示组合体的斜二测。

解　该组合体为一个空心圆柱与带圆角的三棱柱叠加而成,三棱柱上有三个圆孔,这些圆与圆弧均平行于正面,在斜二测中反映实形。其作图步骤如图 6.16(b)、(c)所示。

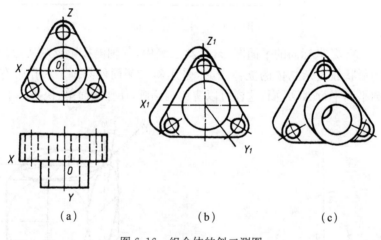

(a)   (b)   (c)

图 6.16　组合体的斜二测图

6.4　轴测剖视图

6.4.1　轴测剖视图的剖切方法

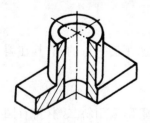

为了表示物体的内部形状,可采用轴测剖视图。这种图示法通常假想用分别平行于两个坐标面的剖切面,将物体剖去四分之一。

图 6.17 是采用正平面和侧平面切去靠近观察者的四分之一物体后画出的剖视轴测图。图 6.18 为两种轴测剖视图中的剖面线方向,剖面线用细实线绘制。

图 6.17　轴测剖视图

6.4.2 组合体的轴测剖视图画法

组合体的轴测剖视图一般先画出整体形状,再按剖视意图,选取剖切位置,然后画出剖面及剖面后的可见轮廓线,最后加深,如图 6.19 所示。

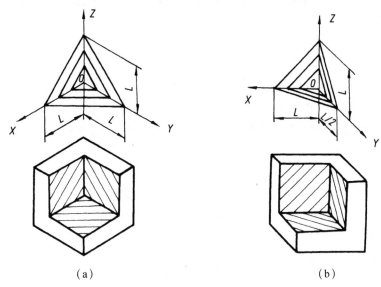

(a)　　　　　　　　　　(b)

图 6.18　轴测剖视图的剖面线方向
(a) 正等侧;(b) 斜二侧

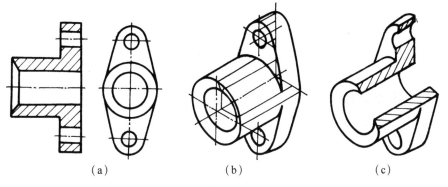

(a)　　　　　　(b)　　　　　　(c)

图 6.19　轴测剖视图画法

思　考　题

1. 什么是轴测投影,它与多面正投影图有何区别和特点?
2. 正等测和斜二测的轴间角、轴向变形系数各为多少?
3. 正等测、斜二测的适用范围?
4. 形体上的非轴向线段在轴测图中如何处理?

第7章 机件的常用表达方法

学习要点：

（1）熟练掌握技术制图国家标准规定的视图、剖视图、断面图的画法及其尺寸注法。

（2）熟悉技术制图国家标准规定的简化画法、规定画法，了解第三角视图画法。

（3）掌握机件表达方法的选用原则，能针对具体的机件，根据其结构特点，确定正确的表达方案。

在实际生产中，机件的形状多种多样，有的形状非常复杂，用三视图表达是远远不够的。为了能够把机件的内部和外部形状准确、完整、清晰地表达出来。GB/T4458.1—2002《机械制图 图样画法 视图》、GB/T4458.6—2002《机械制图 图样画法 剖视图和断面图》、GB/T17451—1998《技术制图 图样画法 视图》、GB/T17452—1998《技术制图 图样画法 剖视图和断面图》、GB/T17453—2005《技术制图 图样画法 剖面区域的表示法》、GB4457.5—2013《机械制图 剖面区域的表示法》、GB/T16675.1—2012《技术制图 简化表示法 第一部分：图样画法》等国家标准对机件的外形、内部和断面形状等规定了各种基本表示法。

7.1 视图

7.1.1 基本视图及其配置

基本视图是机件向基本投影面投射所得的视图。它主要用来表达机件的外部结构形状，其不可见的部分一般不画，必要时用虚线表达。除主、俯、左三视图之外，基本视图还有右视图、仰视图、后视图，相当于把一个机件放在一个正六面体中，将它向正六面体的六个面投射，见图7.1(a)，然后按图7.1(b)所示的展开方法展开所得的视图，如图7.1(c)所示。它们分别是：主视图、俯视图、左视图、仰视图、右视图、后视图。

六个基本视图按图7.1(c)所示的配置关系布置时，不标注视图的名称，并且各视图仍保持"长对正、高平齐、宽相等"的投影关系。

在实际选用时，根据机件的结构和复杂程度选用必要的基本视图。一般优先选用主、俯、左三个视图。任何机件的表达，都必须有主视图。

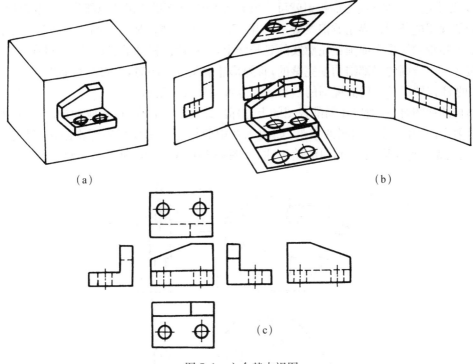

（a）　　　　　　　　　　　　　　　　　　（b）

（c）

图 7.1　六个基本视图

7.1.2　向视图

　　向视图是可以自由配置的视图,有时为合理地利用图幅,各视图不能按规定的位置关系配置时,可自由配置,但应在向视图的上方标注"×"("×"为大写拉丁字母),在相应的视图附近用箭头标明投射方向,并标注相同的字母。如图 7.2 所示。

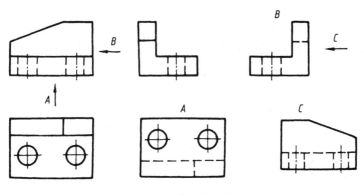

图 7.2　向　视　图

7.1.3　局部视图

　　将机件的某一部分向基本投影面投射所得的视图称为局部视图,通常被用来局部地表达机件的外形。局部视图可按基本视图的形式配置,也可不按规定的位置配置,但必须做必要的标注。利用局部视图可以减少基本视图的数量,从而简化作图,当机件的某一局部没有表达清楚时,只要将这一局部向投影面投射就可作出局部视图,从而避免了其他部分的重复表达。

局部视图的断裂边界用波浪线表示,如图7.3中的A视图所示。画波浪线时应注意,波浪线不得和轮廓线重合或画在轮廓线的延长线上,不得超出机件的轮廓线,不得在无实体处画断裂线。当所画的局部结构是完整的,且外形轮廓又成封闭时,波浪线可省略不画。如图7.3中的B视图所示。局部视图的断裂边界也可用双折线表示。

画局部视图时,一般应在局部视图的上方标出该视图的名称,在相应的视图附近用箭头表示投射方向,并加注上相同的字母,如图7.3中的标注所示。当局部视图按投影关系配置,中间又无其他图形隔开时,可省略标注,如图7.3中A视图的标注可省略。

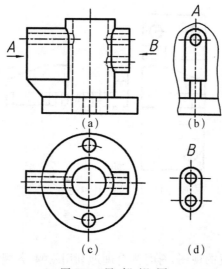

图7.3　局部视图

7.1.4　斜视图

机件向不平行于基本投影面的平面投射所得的视图称为斜视图,如图7.4(a)所示。

斜视图用于表达机件倾斜结构的外形,一般只表达机件的倾斜部分,其余部分不必画出,用波浪线断开,斜视图通常按向视图的配置形式配置并标注,如图7.4(b)所示。

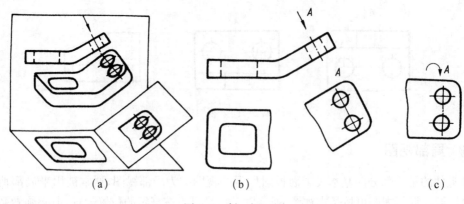

图7.4　斜　视　图

斜视图一般按投影关系布置，必要时也可以布置在其他位置，并且在不致引起误解时允许将视图旋转，旋转方向和旋转角度的确定应考虑便于看图，此时视图的标注形式应改变，如图 7.4(c)所示。表示该视图名称的大写拉丁字母应靠近旋转符号的箭头端，旋转符号的箭头指向应符合旋转方向，也允许将旋转角度注写在字母之后。旋转符号的画法如图 7.5 所示。

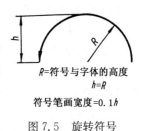

R＝符号与字体的高度
h＝R
符号笔画宽度＝0.1h

图 7.5　旋转符号

无论斜视图如何配置，表示投射方向的箭头应与所表达的部分垂直，而字母应水平方向注写。

7.2　剖视图

当机件的内部结构比较复杂时，视图上虚线会很多，由于视图上虚线、实线交错重叠往往影响视图的清晰，不便于看图，也不利于尺寸标注。为了清晰地表达机件的结构形状，通常采用剖视的方法。

7.2.1　剖视图的概念

1. 剖视图的形成

假想用剖切面将机件剖开，将处在观察者和剖切面之间的部分移去，将其余部分向投影面投射所得的图形称之为剖视图，简称剖视，如图 7.6 所示。

它主要应用在当物体的内部结构比较复杂与视图中虚线较多的场合，这样可使原来不可见的内部结构看得比较清楚，虚线变成实线。

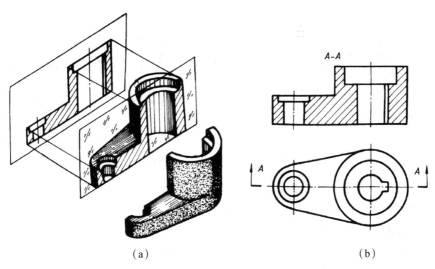

(a)　　　　　　　　　　　　　　(b)

图 7.6　剖视图的形成

2. 剖视图的基本画法

1) 画剖视图的步骤

(1) 分析机件，画出必要的视图，不可见部分可不画出。

(2) 确定剖切位置。为了使剖视图能够反映机件的内部结构形状，所选剖切平面一般应通过机件的对称平面或轴线(注:一般选择剖切面为平面,但也可以为圆柱面)。剖切平面一般应与某投影面平行。

(3) 画剖视图,将剖开后的可见轮廓线画成实线,并擦去视图上多余的线。

(4) 画剖面符号,为了在剖视图上区分断面和其他表面,国标规定在剖切面与机件相接触的断面内,要画出表示机件材料类别的剖面符号,如图 7.7(c)所示。

2) 剖面符号

国家标准《机械制图》的"剖面符号"(GB/T4457.5—2013)中规定了各种材料的剖面符号及其画法,如表 7.1 所示。金属材料的剖面符号,是间隔距离相等并相互平行的细实线,一般与剖面区域的主要轮廓线或对称线成 45°角。必要时,剖面线也可画成与主要轮廓线夹角成适当的角度。同一零件在同一张图纸中所用的剖面符号应一致,即图线的倾斜方向和角度、图线之间的间隔距离都应一致。如图 7.8 所示。

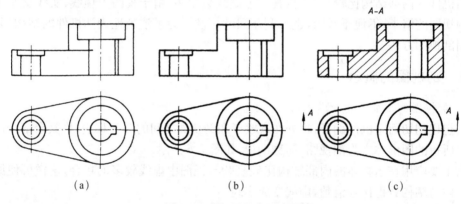

图 7.7　剖视图的作图步骤

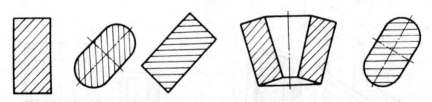

图 7.8　主要轮廓线成 45°时剖面符号的画法

表 7.1　各种材料的剖面符号

剖面符号	材料名称	剖面符号	材料名称
	金属材料(已有规定剖面符号者除外)		木质胶合板(不分层数)
	线圈绕组元件		钢筋混凝土
	转子、电枢、变压器和电抗器等的叠钢片		混凝土
	非金属材料(已有规定剖面符号者除外)		基础周围的泥土

（续表）

剖面符号	材料名称	剖面符号	材料名称
	型砂、填砂、粉末冶金砂轮、陶瓷刀片、硬质合金刀片等		格网（筛网、过滤网等）
	玻璃及其他供观察用的透明材料		砖
	木材纵剖面		液体
	木材横剖面		

3）画剖视图时的注意点

由于剖视图已经表达清楚机件的内部结构形状，因此在剖视图中应省略不必要的虚线；剖开后的内部轮廓线都要按可见画出；剖视图是假想剖开物体，当物体的一个视图画成剖视图后，其他视图不受剖开的影响，仍应完整地画出，如图 7.9 所示；如果机件的某些结构未表达清楚时，表达该结构的虚线不可省略，如图 7.10 所示。但剖视图上一般只能画少量的虚线。

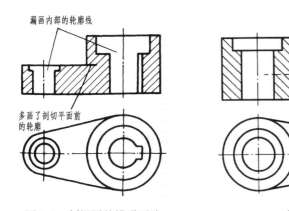

图 7.9　剖视图的错误画法

图 7.10　剖视图中的虚线

3. 剖视图的标注

剖视图一般应进行标注，以指明剖切位置，表示视图间的投影关系。

1）剖视图标注的三要素

（1）剖切符号是指示剖切面起、迄和转折位置（用粗实线表示）及投射方向（用箭头表示）的符号。

（2）剖切线是连接各剖切符号的细点画线。剖切符号之间的剖切线可以省略不画。

（3）字母是注写在视图上方，用以表达剖视图名称的大写拉丁字母。为了便于读图时查找，应在剖切符号附近注写相同的字母。

2）剖视图的标注方法

（1）一般应在剖视图的上方居中位置用字母标注出剖视图的名称"×—×"，"×"为大写英文字母。在相应的视图上标注剖切符号表示剖切位置（用粗短画）和投射方向（用箭头），并标注相同的字母，如图7.11所示。

（2）当剖视图按投影关系配置，中间又无其他图形隔开时，可省略表示投影方向的箭头，如图7.11所示的 B-B。

（3）当单一剖切面通过机件的对称平面或基本对称平面且剖视图按投影关系布置，中间又没有其他图形隔开时则可省略标注，如图7.10所示。

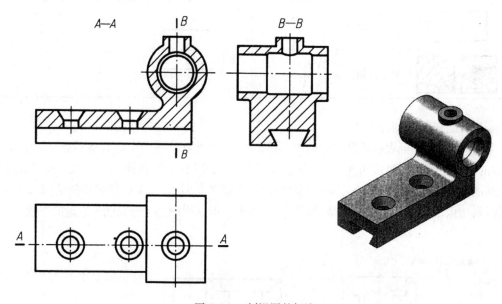

图 7.11 剖视图的标注

7.2.2 剖视图的种类

按照剖切面不同程度地剖开物体的形状，剖视图分为全剖视图、半剖视图、局部剖视图。

1. 全剖视图

用剖切面完全剖开机件所得到的剖视图称为全剖视图。如图7.6和图7.11所示的剖视图。

特点：全剖视图一般用于表达外部形状简单而内部形状较为复杂的机件。

2. 半剖视图

当机件具有对称平面时，向垂直于对称平面的投影面上投射所得的视图，可以以对称中心线为界，一半画成剖视图，另一半画成视图，这种剖视图称之为半剖视图。如图7.12所示的主视图和俯视图，机件的内外结构都要表达，主视图及俯视图均以对称中心线为界，画成半剖视图，这样就在同一视图上清楚地表达了机件的内外结构形状。

特点：半剖视图一般适用于内外结构形状都需表达，且具有对称平面的机件或接近于对称，而其不对称部分已另有其他视图表达清楚时的机件，如图7.13所示。

注意：由于机件对称，内部结构在半个剖视图中已表达清楚，在另半个视图中这部分的虚线要省略。同理,在半个剖视图中表示外部结构的虚线也应省略。半剖视图的剖视部分和视图部分的分界线是中心线,应画成点画线,而不是粗实线。半剖视图的标注方法和要求与全剖视图相同,如图 7.12 所示。

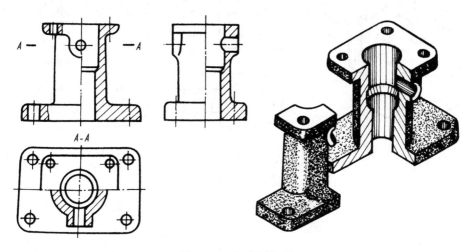

图 7.12 半 剖 视 图

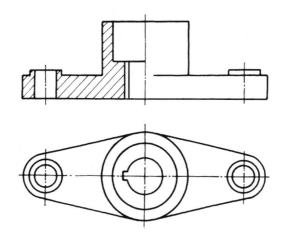

图 7.13 半剖用于表达接近于对称的机件

3. 局部剖视图

用剖切面局部地剖开机件,所得的剖视图称之为局部剖视图,如图 7.14(a)所示。

局部剖视图部分与视图部分应以波浪线为分界线。在画图时应注意:

(1)波浪线是假想将机件断开的断裂线,应画在机件的实体部分,不能超出视图外形轮廓线,遇到通孔、通槽时应断开。

(2)波浪线不能和图形中的图线重合,不应画在其他图线的延长线上。图 7.14(c)为几种局部剖视图中常见的错误画法。

(3)在一个视图中局部剖视不宜用得过多,否则,会使图形显得破碎、杂乱。

(4)局部剖视图的标注方法要求与全剖视图基本相同,当剖切位置明显时,可以省略不注,否则必须做必要的标注。

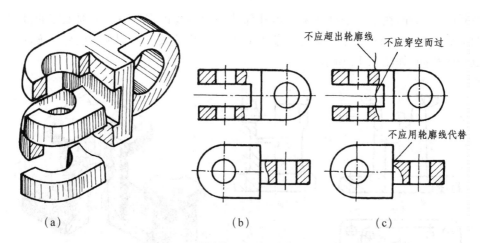

（a）　　　　　　　　（b）　　　　　　　（c）

图 7.14　局部剖视图和断裂线的错误画法

　　特点:局部剖视图不受图形是否对称的限制,剖在何处,剖切范围的大小,均可根据实际需要而定,是一种比较灵活的表达方法。常用于下列情况:

　　（1）机件的外形简单,只需局部地表达其内部形状,不必或不宜画成全剖视图时采用局部剖视图,如图 7.14(a)所示。

　　（2）机件的内外形状都需表达,但不能或不宜采用半剖视图,如图 7.15 所示。

　　（3）对称机件的轮廓线与中心线重合,若采用半剖视图易引起误解,宜采用局部剖视,如图 7.16 所示。

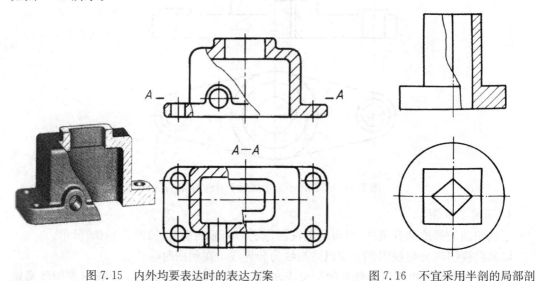

图 7.15　内外均要表达时的表达方案　　　　图 7.16　不宜采用半剖的局部剖

7.2.3　剖切面的种类

　　为了表达各种结构形状的机件,可以选择以下三种剖切面剖开机件:

　　1. 单一剖切面

　　单一剖切面包括单一剖切平面、单一剖切柱面。前面所讲的全剖视图、半剖视图、局部剖视图的例子都是用单一剖切平面剖切的,且剖切平面与基本投影面平行。

按国标 GB/T4458.6—2002 规定:用柱面剖切机件时,剖视图应按展开绘制。如图 7.17 所示,将采用柱面剖切后的机件展开成投影面平行面后,再画其剖面图,并在剖视图名称后加注"展开"两字。

特殊的,单一剖切平面也可以用不平行于基本投影面的斜剖切平面剖开机件,如图 7.18 中的 $A-A$ 全剖视图,用于表达机件上倾斜的内部结构。在不致引起误解时,允许将图形旋转,此时应在剖视图的上方加注旋转符号,旋转符号的画法和注写要求与斜视图要求相同,如图 7.18(C)所示。

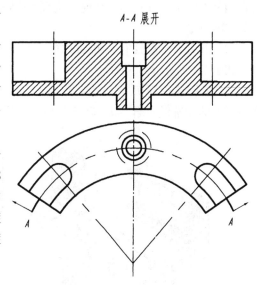

图 7.17　单一剖切柱面剖得的全剖视图

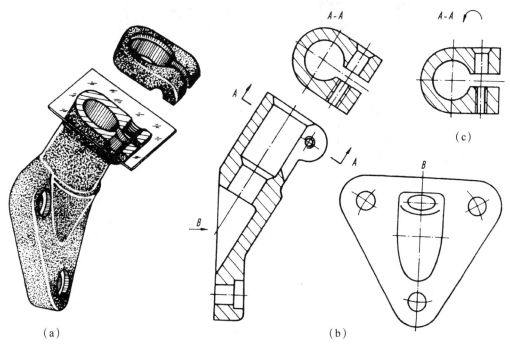

图 7.18　用单一的倾斜剖切平面剖切

2. 几个平行的剖切平面

如果物体内部的结构形状较多,而它们的分布有呈现出如图 7.19 所示的特点,可用几个相互平行的剖切平面将物体不同位置的内部结构剖开,这样就可以在同一视图上表达出平行剖切平面所剖切到的所有结构。如图 7.19 所示。

注意:

(1) 用几个相互平行的剖切面剖开机件时,剖切面的转折处应避免与轮廓线重合且应以直角转折。图形内不应出现不完整的结构要素,不应画出剖切面的转折处的界线,如图7.20所示。

（2）当两个要素具有公共对称中心线或轴线时,可以对称中心线或轴线为界,各剖一半。如图7.21所示。

（3）采用这种剖切方法时必须标注,标注方法如图7.19所示。剖切符号在转折处不允许与图上的轮廓线重合,如因转折处位置有限,且不致引起误解时,可以不注字母。

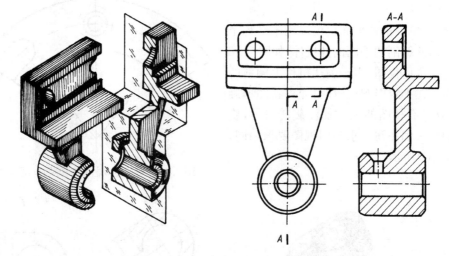

图 7.19 用几个平行的剖切平面剖切

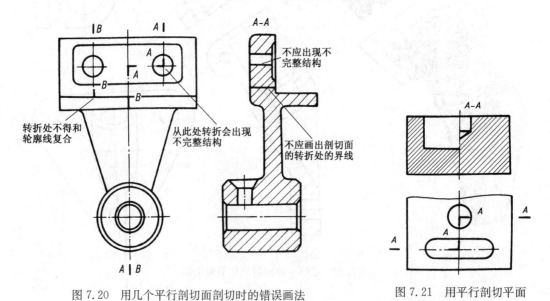

图 7.20 用几个平行剖切面剖切时的错误画法

图 7.21 用平行剖切平面剖切的特殊情况

3. 几个相交的剖切平面（交线垂直于某一基本投影面）

用几个相交的剖切平面假想按剖切位置剖开机件,然后将剖切平面剖开的结构及其有关部分旋转到与选定的投影面平行后再进行投射,如图7.22和图7.23所示,或采用展开画法,此时应标注"×—×展开",如图7.24所示。

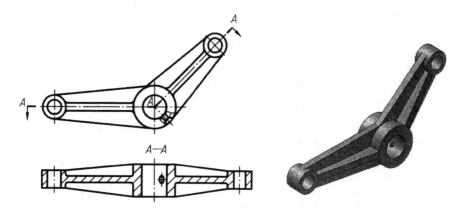

图 7.22　两个相交的剖切面剖切机件

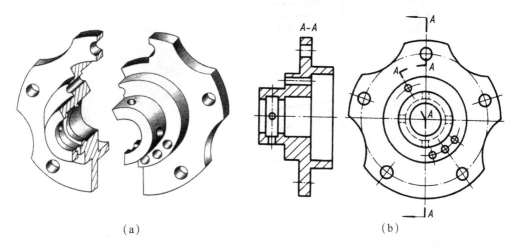

(a)　　　　　　　　　　　　　　　　　　　(b)

图 7.23　几个相交的剖切面剖切机件(一)

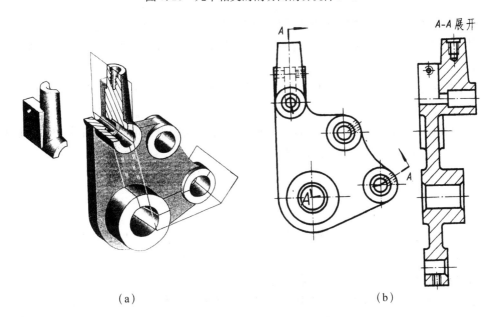

(a)　　　　　　　　　　　　　　　　　　　(b)

图 7.24　几个相交的剖切面剖切机件(二)

注意：

（1）应使剖切平面的交线垂直于某一投影面，如图 7.22 所示，两剖切面的交线垂直于正面。

（2）当倾斜的剖切平面旋转到与投影面平行时，在剖切面后的其他结构一般仍按原有的位置投影画出。如图 7.22 的俯视图中的小孔仍按原有位置投射画出。

（3）当剖切后出现不完整要素时，应将此部分按不剖绘制，如图 7.25 所示。

（4）采用几个相交的剖切面，必须标注剖切符号和字母"×"，在剖视图的上方写上相应的"×—×"表示剖视图名称。如图 7.22 所示。

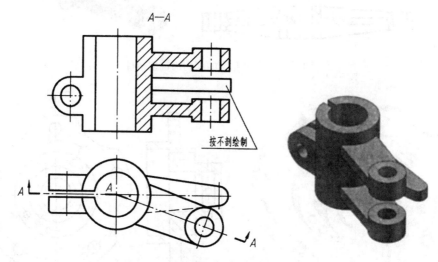

图 7.25　剖切出现不完整要素时的画法

7.3　断面图

假想用剖切面将机件的某处切断，仅画出该剖切面与机件接触部分的图形，此图形称之为断面图，简称断面。按断面图放置的位置不同，可将断面图分为移出断面图和重合断面图。

断面图主要用来表达物体上某处的断面结构形状，如零件上的肋板、轮辐、轴上的键槽、孔等，以及各种型材的断面。

断面图和剖视图的区别在于：断面图仅画出物体断面图形，而剖视图除了要画出断面形状外，还需画出剖切面后面其余部分的投影。

7.3.1　移出断面图

1. 移出断面图的概念及画法

画在基本视图之外的断面图称为移出断面。移出断面图的轮廓线用粗实线绘制，并在断面区域内画上剖面符号。

移出断面图应配置在剖切线的延长线上，如图 7.26（a）、（c）所示，或配置在剖切符号的延长线上，如图 7.26（b）所示。必要时也可将断面图放在其他合适的位置，但必须做必要的标注，如图 7.26（d）所示。

2. 画移出断面图时的注意事项

（1）剖切平面应与被剖切部分的轮廓垂直，若用一个剖切面不能满足垂直时，可用两个或多个剖切平面分别垂直于机件轮廓线剖切，其断面图形中间一般应断开，如图 7.27 所示。

（2）当断面图形对称时，也可画在视图的中断处，如图 7.28 所示。

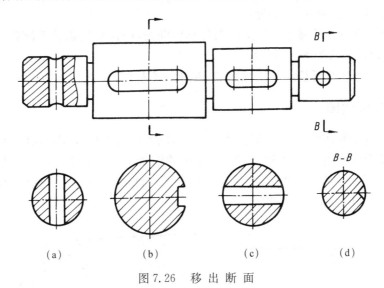

(a)　　　　　　(b)　　　　　　(c)　　　　　　(d)

图 7.26　移 出 断 面

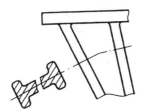

图 7.27　两个相交的剖切平面剖得的移出断面

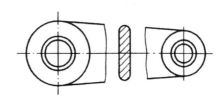

图 7.28　画在视图中断处的断面

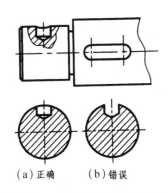

(a) 正确　　　(b) 错误

图 7.29　通过回转面形成的孔时

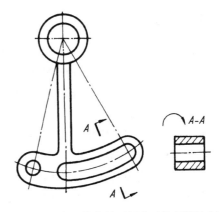

图 7.30　出现分离的两部分时按剖视绘制

（3）当剖切平面通过由回转面形成的孔或凹坑的轴线时，这些结构应按剖视画出，如图 7.29 所示；当剖切平面通过非圆孔，会导致出现两个完全分离的断面时，则这些结构按剖视画出,如图 7.30 所示。

　　3. 移出断面图的标注

　　(1) 移出断面一般应标注剖切符号、剖切线和断面图名称,如图 7.26(d)所示。

　　(2) 配置在剖切符号延长线上的不对称移出断面,可省略字母,如图 7.26(b)所示;剖切符号间的剖切线(细点画线)可省略不画。

　　(3) 不配置在剖切符号延长线上的对称移出断面,以及按投影关系配置的不对称移出断面均可省略箭头,如图 7.33 所示。

　　(4) 配置在剖切线延长线上的对称移出断面不必标注,如图 7.26(a)、(c)所示。

7.3.2　重合断面图

　　画在视图内的断面图称为重合断面图。重合断面图的轮廓线用细实线绘制,当视图中的轮廓线与重合断面图的轮廓线重合时,视图中的轮廓线仍应连续画出,不可间断。对称的重合断面不必标注,如图 7.31(b)所示,不对称的重合断面在不致引起误解时也可省略标注,如图 7.31(a)中的标注可省略。

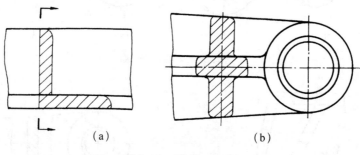

（a）　　　　　　　　　　　　（b）

图 7.31　重 合 断 面

7.4　局部放大图、简化画法及其他规定画法

7.4.1　局部放大图

　　将机件上的部分结构用大于原图形所采用的比例画出的图形称为局部放大图。局部放大图可画成视图、剖视图或断面图,而与被放大部分的表达方式无关。局部放大图应尽量布置在被放大部位的附近,必要时也可用几个放大图表达同一个结构。在不致引起误解时,局部放大图表达的部位在原图上可简化画出,如图 7.32 所示。

　　画局部放大图时,应用细实线圈出被放大的部位。当机件上有几个放大图时,必须用罗马数字依次标明被放大的部位,并在局部放大图上方标注出相应的罗马数字和所采用的比例,罗马数字与比例之间的横线用细实线绘制。

　　局部放大图上所注写的比例与原图的比例无关,而是放大图与实物相应要素的线性尺寸之比。当机件上的放大部位只有一处时,在局部放大图的上方只需标注出比例。放大图的投射方向应与被放大部位的投影方向一致,与整体相连的部分用波浪线断开,如图 7.32 所示,也可采用细实线圆为边界的形式。同一机件上的相同结构或对称结构只需放大一处。

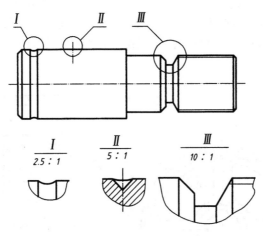

图 7.32　局 部 放 大 图

7.4.2　简化画法

（1）在不致引起误解时，机件的移出断面图的剖面符号可省略，但不能省略标注，如图 7.33 所示。

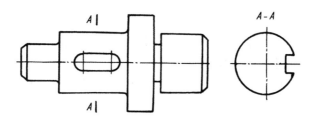

图 7.33　移出断面图的简化画法

（2）当机件具有若干相同结构（如齿、槽等），并按一定的规律分布时，只需画出其中几个完整的结构，其余用细实线连接，在零件图中则必须注写出该结构的总数，如图 7.34（a）所示。

（3）若干个直径相同且成规律分布的孔（圆孔、螺孔、沉孔等），可以仅画出其中一个或几个，其余部分只需用点划线连接表示其中心位置，在零件图中应标明孔的总数，如图 7.34（b）所示。

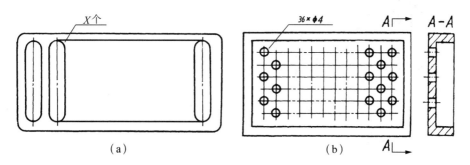

图 7.34　相同结构的简化画法

（4）对机件的肋、轮辐及薄壁等结构，如按纵向剖切，即剖切平面通过这些结构的基本轴线或对称平面时，这些结构都不画剖面符号，而用粗实线将它与其他相邻部分分开，如图7.35中的轮辐和图7.36中的T形肋板，按此规定在剖视图中均不画剖面线，而用粗实线将它与邻接部分分开。

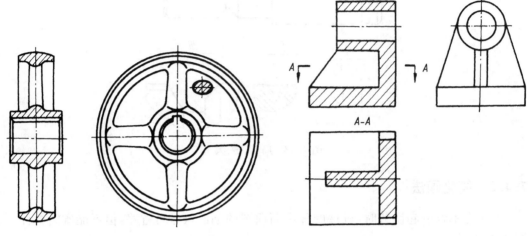

图 7.35　轮辐剖切时的简化画法　　　图 7.36　肋板纵切时的简化画法

（5）当回转体零件上均匀分布的孔、轮辐、肋等结构，不处在剖切面上时，可将这些结构旋转到剖切面上画出，如图7.37所示。

（6）当回转体零件上的平面不能充分地表达时，可用两条相交的细实线表示这些平面，如图7.38所示。

（7）在不致引起误解时，对称机件的视图可以只画一半或1/4，并在对称中心线的两端画出两条与之垂直的平行细实线，如图7.39所示。

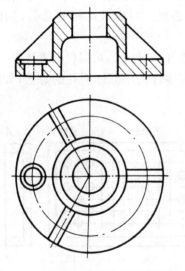

图 7.37　回转体上均布结构的简化画法

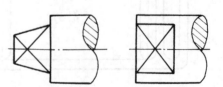

图 7.38　平面的简化表示方法

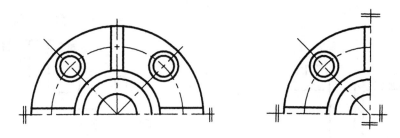

图 7.39　对称机件的画法

（8）较长的机件(轴、套、连杆等)沿长度方向的形状一致或按一定的规律变化时,可用折断画法,但尺寸仍按设计要求标注,如图 7.40 所示。

（9）与投影面倾斜角度小于 30°的圆或圆弧其投影可用圆或圆弧代替,如图 7.41 俯视图中的圆。

（10）在不致引起误解时,零件图中的圆角、锐边的小倒角或小的倒圆允许省略不画,但必须注明尺寸或在技术要求中加以说明,如图 7.42 中的 $R0.5$。

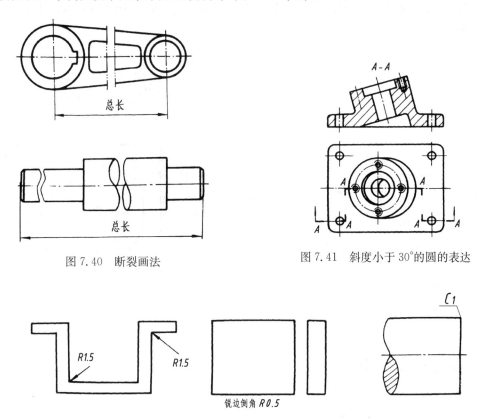

图 7.40　断裂画法　　　　　　　　图 7.41　斜度小于 30°的圆的表达

图 7.42　零件图中小倒角、小圆角的简化画法

（11）机件上斜度不大的结构,如在一个图中已经表达清楚,其他图形可按小端画出,如图 7.43 所示。

（12）圆柱形法兰及类似零件上均布的孔可按图 7.44 所示的画法画出。

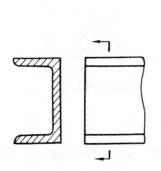

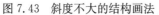

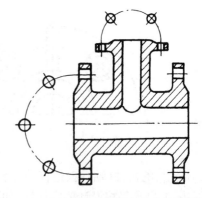

图 7.43　斜度不大的结构画法　　　　图 7.44　法兰及类似零件上均布的孔的画法

（13）当需要表达位于剖切平面前面的结构时,这些结构按假想投影的轮廓线(细双点画线)绘制,如图 7.45 所示。

（14）当机件剖开后,仍有内部结构没有表达清楚时,允许在剖视图中再作一次剖切,习惯称之为剖中剖,采用这种方法时,两者的剖面线应同方向、同间隔但要错开,并用引出线标注其名称,如图 7.46 所示。

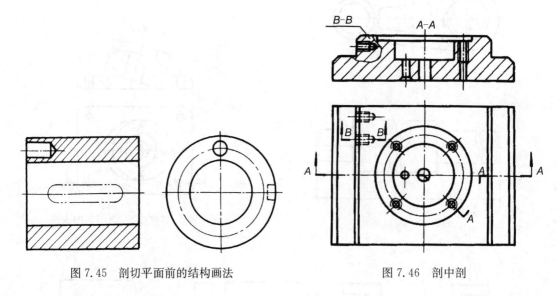

图 7.45　剖切平面前的结构画法　　　　　　图 7.46　剖中剖

7.5　综合应用举例

7.5.1　表达方法的选用原则

在绘制机件图样时,应考虑看图方便,根据机件的结构特点,选用适当的表达方法,要使每一个视图都有各自的表达重点。在完整清晰的表达机件的前提下,力求图形简单,视图数量少,有利于读图。

同一机件可能会有多种表达方案,各种表达方案会有各自的表达特点,有时很难说那种方案最佳,只有多看生产图纸、多做比较才能灵活地运用各种表达方法,把机件表达清楚,使绘制的图形更加简单。

7.5.2　综合应用举例

所谓综合地运用各种表达方法,就是针对某一个具体的零件,根据其结构特点,选用一组图形完整、清晰、简单地表达出机件的形状。

例 7.1　根据支架的结构确定其表达方案,如图 7.47 所示。

(1) 形体分析。支架的结构是由圆筒、底板和连接板组成,支架的总体前后对称,在倾斜的底板上有四个圆形通孔,连接板的横断面形状为十字架形。

(2) 选择主视图。为了能够反映机件的形状特征和作图方便的需要,将支架上主要结构圆筒的轴线水平放置,并以图 7.47(a)所示箭头为主视图的投射方向。主视图选择单一剖切面剖出的局部剖视图,这样既表达了肋板、圆筒和底板的外部结构形状,又表达了圆筒上的孔和底板上小孔的结构。

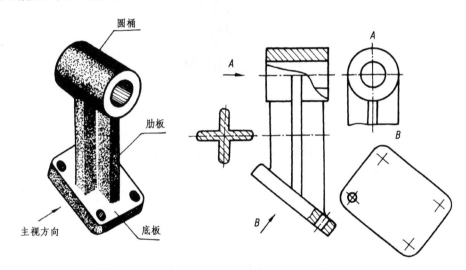

图 7.47　支架的表达方法

(3) 选择其他视图。由于底板的主要表面和圆筒的轴线倾斜,因此俯视图和左视图都不能表达底板的真实形状,根据机件的结构不再选择主视图以外的其他基本视图。如图 7.47 所示,为了表达底板的实形,选择 B 向斜视图,为了表达圆筒与肋板前后方向的连接关系,采用 A 向局部视图,为了表达连接板和肋板的断面形状,采用了移出断面图。

上述表达方法与用左视图或其他视图表达相比较,具有图形简单、表达清楚的特点,更加方便读图。

例 7.2　如图 7.48 所示阀体,试确定其表达方案。

表达方案的选用步骤如下:

(1) 形体分析。分析机件各部分的形状、相对位置,把握机件的形状特征。阀体结构的主体为阶梯形圆柱,顶部为圆形凸缘,底部为方形底板,内腔为阶梯形通孔,左侧有菱形凸缘的接管。

（2）选择主视图。通常选用最能反映形体特征的方向作为主视图的投影方向。如图 7.48 所示，我们从 A 向观察机件时，能较好地反映机件上各组成部分和相对位置关系，所以该方向为主视图的投射方向。

为了能在主视图上表达清楚机件主体和左侧接管的内部结构形状，主视图采用了沿其前后对称面剖开的全剖视图，如图 7.49(a)所示。

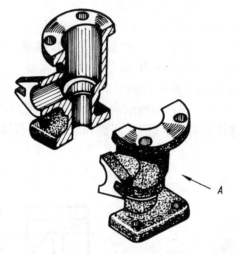

图 7.48　阀体的结构

（3）确定其他视图。除主视图外，还有主体的顶部凸缘、底板和左侧接管凸缘的形状需要表达。由于阀体前后对称，所以俯视图采用"A—A"半剖视图，既保留了顶部凸缘，又表达了接管内部结构和底板的形状。在左视图中也采用了半剖视，以兼顾左侧接管凸缘和主体结构的表达。由于底板上的小孔未表达清楚，所以在左视图中再加上一局部剖视表达，如图 7.49(a)所示。

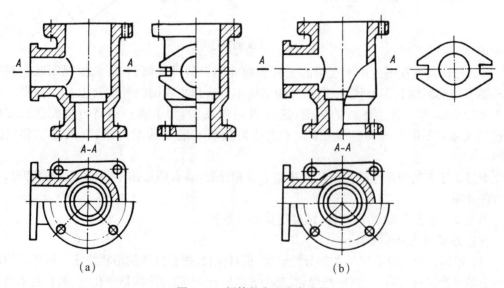

图 7.49　阀体的表达方案比较

（4）表达方法的进一步探讨。如果将主视图改成两处局部剖视图，将左视图改成局部视图，俯视图不变，这样在左视图中可以省略不少图线，从而简化了作图，如图 7.48(b)所示，这也不失为一个较好的表达方案。

例 7.3　根据图 7.50 所示齿轮泵泵体的三视图，重新确定表达方案并标注尺寸。

首先根据三视图想象出泵体的形状。泵体主要是长圆形柱体，内部结构带有腰形空腔，前面有一凸缘，其上有六个小孔，以便与泵盖相连接用；主体左右侧各有一圆柱形凸台，内有通孔，是进、出油孔；主体后面也有一凸台，其上部有一阶梯通孔，用以安装齿轮轴，下部有一与空腔相连的盲孔，用以安装另一齿轮轴。除了上述的主体外，泵体还有一块带凹槽的长方形底板，其上有两个安装孔，以便把齿轮泵安装到某台机器上去。

采用上述三视图表达该泵，虚线多，内外结构层次不清，读图不便。现改用以下两组方案表达。

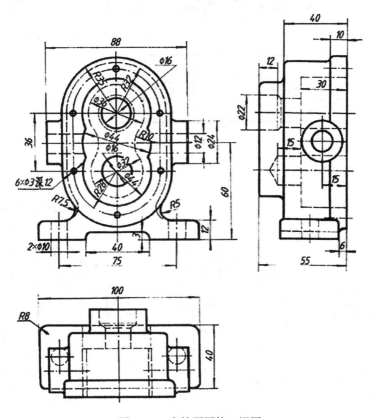

图 7.50　齿轮泵泵体三视图

[方案一]如图 7.51 所示。

主视图——与原图方向相同，能较好地反映主体的形状特征；主体左右两侧采用局部剖视，可充分反映进、出油孔的结构；底板上的局部剖视则反映安装孔结构。

左视图——采用全剖视图，内部结构一目了然。

A 向局部视图——表达后部凸台的形状。

B 向局部视图——表达底板形状和安装孔的位置。

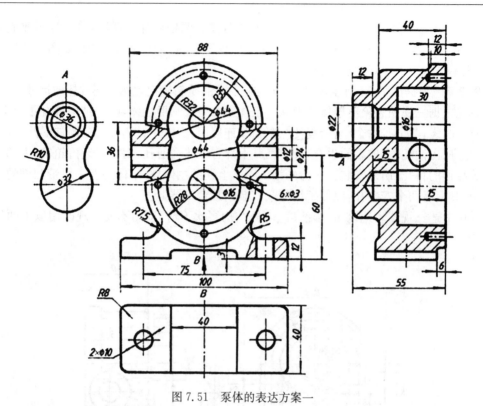

图 7.51 泵体的表达方案一

[方案二] 如图 7.52 所示。

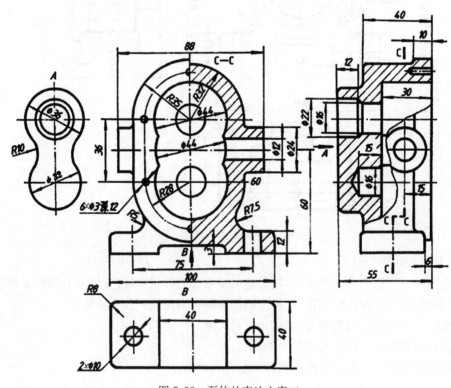

图 7.52 泵体的表达方案二

主视图——考虑到主视图左右对称,采用 A-A 阶梯剖将它改为半剖视图,既可把前端凸缘及小孔的外形表达清楚,又可把泵体壁厚及油孔与内腔的连通关系表达清楚。

左视图——采用局部剖视表达,既保留了部分外形结构,有利于读图与想象,又不影响其内部结构的表达。

A 向局部视图——与方案一相同。

B 向局部视图——与方案一相同。

泵体的尺寸标注伴随着不同的表达方案亦做了相应的调整,以达到正确、完整与明确的目的。尺寸应尽可能标注在可见轮廓线上,故原图中虚线上的尺寸现调整到剖视图或局部视图上,可自行分析对照。

以上两种方案各有特点,都是较好的表达方案。除此之外,还可选择其他表达方案,读者可自行分析和酌情选用。

综上所说,表达方案是非常灵活的,我们在选择表达方法时,必须综合考虑机件结构的内外情况,选择多种方法做比较,从中找出一种图形简单、表达清楚的最佳方法。

7.6　第三角投影法简介

我国在技术制图的国家标准中,已明确规定了技术图样应优先采用第一角画法,但随着国际技术的交流与合作日益频繁,会遇到用第三角投影法所绘制的技术图样,如美国、日本等国是用第三角投影法来表达技术图样的。下面对第三角投影法作一简要介绍。

三个相互垂直的平面将空间划分为八个分角,分别称为第Ⅰ角、第Ⅱ角、第Ⅲ角……,如图 7.53 所示。第一角画法是将物体置于第Ⅰ角内,使其处于观察者与投影面之间(即保持“人、物、面”的位置关系)而得到正投影的方法。前面所介绍的物体视图,都是采用第一角画法得到的。第三角投影中,投影面处于观察者与物体之间,可以把投影面看成透明的,观察者是通过透明玻璃看物体。

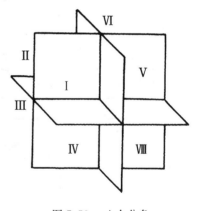

图 7.53　八个分角

第一角画法和第三角画法都是采用正投影法,各视图之间仍保持“长对正,高平齐,宽相等”的对应关系。它们的主要区别是:

(1) 各视图的配置不同。第三角画法规定,投影面展开摊平时前立面不动,顶面向上旋转 90°、侧面向前旋转 90°与前立面在一个平面上,如图 7.54 所示,各视图的配置如图 7.55 所示。

(2) 里前外后。由于各视图的配置不同,第三角画法的顶视图、底视图、右视图、左视图,靠近前视图的一边(里边),表示物体的前面,远离前视图的一边(外边),表示物体的后面。这与第一角画法“里后外前”正好相反。

(3) 第一角投影和第三角投影的标识符如图 7.56 所示。采用第一角画法时无须标出标识符,当采用第三角画法时,必须在图样中(在标题栏附近)画出第三角的标识符。

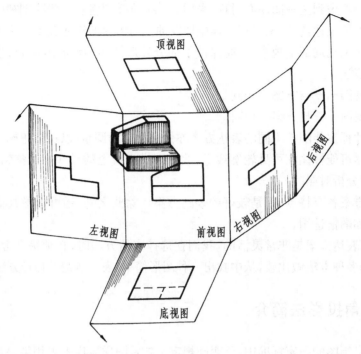

图 7.54　第三角画法投影面的展开

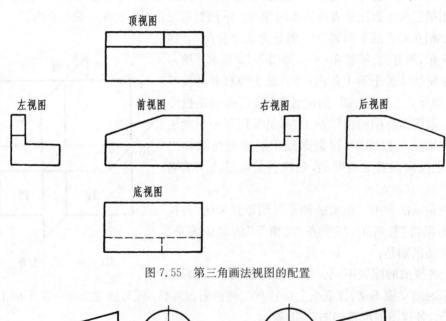

图 7.55　第三角画法视图的配置

（a）　　　　　　　　　　　（b）

图 7.56　第一角投影与第三角投影的标识

（a）第一角投影；（b）第三角投影

思　考　题

1. 基本视图有哪几个？ 如何配置和选用？

2. 向视图、局部视图、斜视图在什么情况下采用？ 如何绘制和标注？

3. 剖视图有哪几种？ 如何绘制和标注？

4. 在剖视图中，剖切面有哪几种？ 如何标注剖切位置？ 剖视图在什么情况下可省略标注？

5. 移出断面图和剖视图有何区别？

6. 移出断面和重合断面的画法及标注有何不同？

7. 剖切面纵向通过机件的肋、轮辐及薄板时，这些结构该如何画出？

8. 试述局部放大图的画法、配置与标注方法。

9. 试述机件表达方案的选用原则。

第 8 章 零 件 图

学习要点：

(1) 掌握零件图视图选择原则，掌握典型零件的结构特点及视图表达方法。

(2) 掌握零件图尺寸标注的方法与步骤，掌握零件上常见结构的尺寸标注。

(3) 正确理解零件表面结构的意义并能进行比较合理的选用及正确的标注。

(4) 掌握技术制图国家标准对尺寸公差标注的规定；掌握技术制图国家标准对产品几何公差标注的规定；掌握技术制图国家标准对配合代号标注的规定。

(5) 掌握正确阅读零件图的方法和步骤。

本章主要叙述零件图的视图表达方法及尺寸标注要求，零件图的各项技术要求，读、画零件图的一般方法，以及零件的常见工艺结构等。学习本章应该具备的知识有：多面正投影理论知识，制图基本知识与技能，组合体视图，以及机件的常用表达方法等内容。

8.1 概述

任何机器（仪器）或部件都是由若干零件装配而成的，因此，在设计、制造机器或部件时，都要用到零件图和装配图。

8.1.1 零件图和装配图的概念及其相互关系

1. 零件图

表达零件结构形状、尺寸大小和技术要求的图样称为零件图，如图 8.1 所示。

2. 装配图

表达机器或部件的工作原理、组成各零件间的装配关系及其主要结构的图样称为装配图，如图 10.1 所示。

3. 零件图和装配图的关系

设计和制造机器时，一般先画出装配图，再由装配图拆画出零件图。因此，零件的结构形状和尺寸，是在设计机器时就已经确定的。显然，零件图的完成依赖装配图。

8.1.2 零件图的作用和内容

1. 零件图的作用

零件图是设计部门提交给生产部门的重要技术文件，也是生产部门进行产品制造和检验的技术依据。所以，零件图既应满足产品对它的性能要求，也要符合制造工艺的合理性要求。

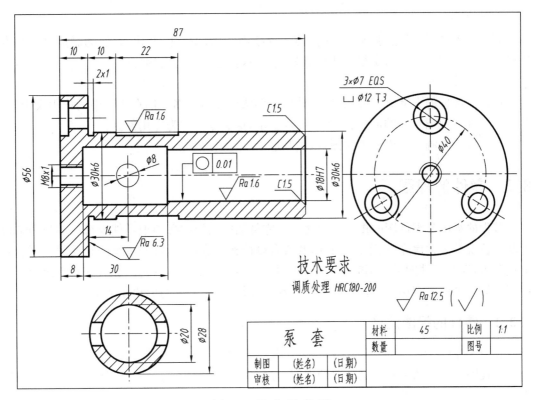

图 8.1 泵 套 零 件 图

2. 零件图的内容

图 8.1 所示为一泵套的零件图。零件图是制造零件的依据,一般应包括下列内容:

(1)一组图形。用一组图形(包括视图、剖视图、断面图和其他表示法)表达出零件的内外结构形状。

(2)完整尺寸。标注出制造和检验零件时所需的全部尺寸,一般为组成零件的各基本形体的形状和相对位置尺寸。

(3)技术要求。用符号、数字、字母或文字,注写出制造、检验零件时所需达到的各项性能要求,如零件各表面的表面结构要求、重要尺寸的尺寸公差、几何公差、热处理、表面处理及其他方面的要求。

(4)标题栏。标题栏在图样的右下角,用于填写零件的名称、材料、数量、绘图的比例,及设计、审核、批准人员的签名、日期等。

8.1.3 零件的分类

零件的种类很多,结构形状也千变万化。根据它们的结构和用途,可以把零件划分为三大类,即标准件、常用件和专用件。

1. 标准件

在各种机器或部件中,有些零件都会用到,如螺纹紧固件(螺栓、螺钉、螺母、垫圈等)、连接件(键、销)和滚动轴承等,它们的结构和尺寸均已标准化,它们的制造则由专业化的标准件工厂大批量生产,这类零件称为标准件。

2. 常用件

有一些零件,如齿轮、弹簧等,它们的部分结构、参数也已标准化,它们的制造可通过专用机床和标准刀具、量具,实行专业化批量生产,这类零件称为常用件。

3. 专用件

机器或部件的大部分零件,它们的结构和形状尺寸是根据它们在机器中的作用决定的。难于用标准来规范它们的形状、大小和技术要求,这类零件称为专用件。

专用件都要画出它们的零件图,以供制造。

8.2 零件的视图

零件的视图是零件图的重要内容之一。零件图中的视图必须把零件上每一部分的结构形状和位置都表达得完整、正确、清晰,并符合设计和制造要求,且便于画图和看图。要达到上述要求,在画零件图的视图时,应灵活运用前面第 7 章中学过的视图、剖视图、断面图以及简化和规定画法等表达方法,选择一组恰当的图形来表达零件的形状和结构。

8.2.1 零件的视图选择

1. 主视图选择

主视图是零件的视图中最重要的视图,选择零件的主视图时,一般应从零件的摆放位置和主视图的投射方向两方面来考虑。

1) 选择零件的摆放位置

零件的摆放位置一般应遵循三条原则,即:

(1) 工作位置原则。所选择的零件位置应尽可能与零件在机器或部件中的工作位置相一致。

(2) 加工位置原则。工作位置不易确定或按工作位置画图不方便的零件,一般按零件在机械加工中所处的位置作为主视图的零件摆放位置。因为,零件图的重要作用之一是用来指导零件制造,若主视图所表示的零件位置与零件在机床上加工时所处位置一致,则工人加工时看图方便。

(3) 自然摆放稳定原则。如果零件为运动件,工作位置不固定,或零件的加工工序较多其加工位置多变,则可按其自然摆放平稳的位置作为零件的摆放位置。

2) 选择主视图的投射方向

选择主视图的投射方向,应考虑形体特征原则,即所选择的投射方向所得到的主视图应最能反映零件的形状和结构特征,以及各组成形体之间的相互联系。

2. 其他视图选择

对大部分零件而言,只靠一个主视图是很难把整个零件的结构形状表达完全的。因此,一般在选择好主视图后,还应选择适当数量的其他视图与之配合,才能将零件的结构形状完整清晰地表达出来。一个零件需要多少视图才能表达清楚,要根据零件的具体情况分析确定。考虑的一般原则是:在保证充分表达零件结构形状的前提下,尽可能使零件的视图数量为最少,且应使每一个视图都有其表达的重点内容,具有独立存在的意义,要避免同一结构的重复表达,要尽量避免用虚线表达零件的轮廓线。

8.2.2　典型零件的视图表达分析

零件可划分为标准件、常用件、专用件三大类。有关标准件、常用件的视图表达将在第 9 章介绍,本节只介绍专用件的视图表达方法。

根据专用零件的形状特征和加工特点,专用件可以分为轴套类、盘盖类、叉架类、箱体类等四类典型零件。下面分别介绍它们的视图表达特点。

1. 轴套类零件

轴一般是用来支承传动零件(如齿轮、带轮)和传递动力的;套一般是装在轴上或机体孔中,起轴向定位、保护传动零件和支承、导向等作用。

轴套类零件多数是由共轴的多段回转体(如圆柱、圆锥)构成。根据设计和加工工艺要求,在各段上常有销孔、键槽、倒角、螺纹等结构,轴段与轴段之间常有轴肩、退刀槽、砂轮越程槽等结构。轴有直轴和曲轴、实心轴和空心轴之分。轴类零件的毛坯多系棒料或锻件,加工方法以车削为主。

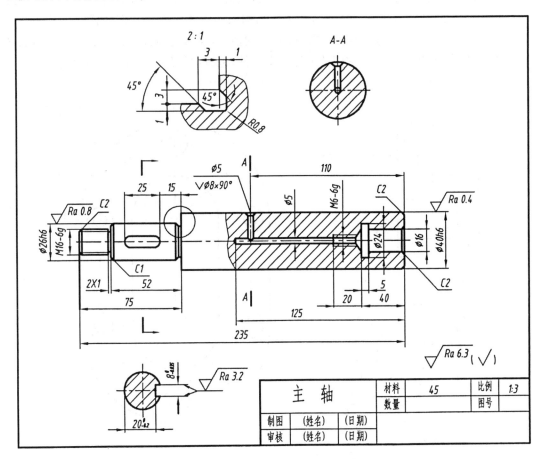

图 8.2　轴 零 件 图

(1) 主视图选择。通常按加工位置,将轴套类零件的轴线水平放置(使轴线为侧垂线)时作为主视图投射方向。一般也使轴的大端在左侧、小端在右侧,键槽、孔的形状朝前。对于个别内部结构,可以用局部剖视表达,而空心轴或套,根据具体情况,可用全剖视、半剖视或局部剖视表达。

（2）其他视图选择。由于轴套类零件的主要结构形状为回转体,在主视图上注出相应的直径符号"ø",即可表示清楚形状特征,所以不必再选择其他基本视图,结构复杂的轴套例外。但是,对于基本视图尚未表达清楚的局部结构,如键槽、退刀槽、孔等结构,须用断面图、局部视图或局部放大图来补充表达。

如图 8.1 所示的泵套零件图采用了轴线水平放置方式,为了反映内部孔的结构,主视图用了全剖视表达,同时,为了反映该套左端部的径向结构和三个螺栓孔的分布位置,用了一个左视图,而断面图则表达了套有一个前后穿通的孔。

如图 8.2 所示的轴零件图,选用了一个反映轴线方向结构的主视图、两个断面图及一个局部放大图的表达方案。

2. 盘盖类零件

盘盖类零件包括各种用途的轮、盘盖,如带轮、手轮、齿轮,及各种形状的法兰盘、端盖等。轮一般装在轴上,起传递扭矩和动力的作用;盘盖主要起支承、轴向定位和密封等作用。

盘盖类零件的外形轮廓变化较大,其主要结构以回转体居多。它们的径向尺寸一般大于轴向尺寸。为了与其他零件连接,或增强本身的强度,盘盖类零件上常开有键槽、光孔、螺纹孔,也附有肋、凸台等结构。它们的毛坯多系铸件,也有锻件的。以车削加工为主。

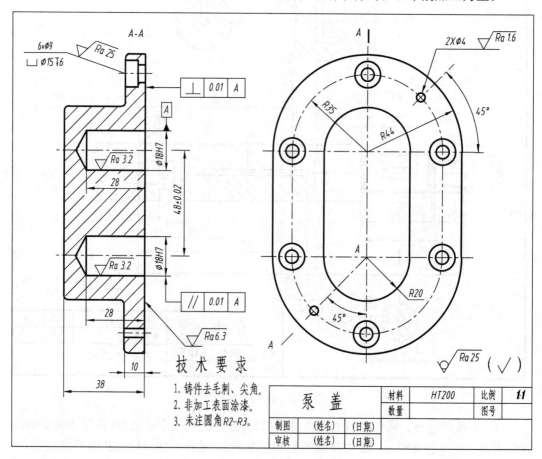

图 8.3　泵盖零件图

（1）主视图选择。一般选择轴线水平放置（垂直侧投影面）时作为主视图投射方向。也可根据零件的工作位置状态来选择主视图方向。主视图的投射方向应反映结构形状特征。

为了表达孔、槽等结构，主视图一般用剖视图形式。

（2）其他视图选择。为了将轮辐、肋、槽的形状和分布情况表达清楚，及使盖板的端面形状反映出来，一般还需画一个基本视图，或再加上断面图、局部视图、局部放大图等。

图 8.3 是一泵盖的零件图，它采用了两个图形，一个是反映泵盖内部结构的全剖视的主视图，一个是反映泵盖外形结构的左视图。

图 8.4 是一法兰盘的零件图，选用了两个图形表达，主视图主要表达法兰盘的内部结构和外形大小变化情况，左视图则主要表达法兰盘的端面形状和两个销孔、四个螺栓孔的分布位置。

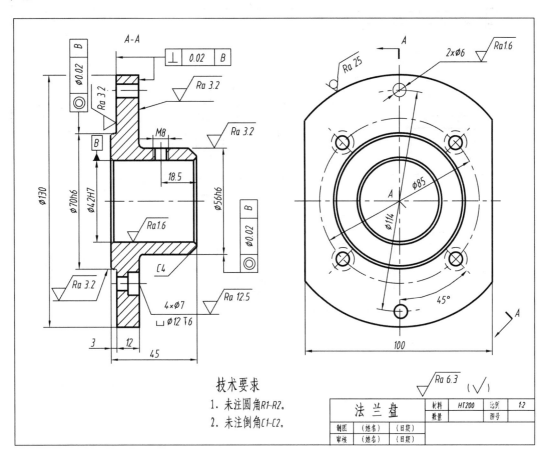

图 8.4　法兰盘零件图

3. 叉架类零件

叉架类零件有杠杆、连杆、支架和拨叉等。拨叉主要用于机床等机器上的操纵机构，以调节机器速度。支架主要起支承和连接的作用。

叉架类零件一般由一些实心杆、肋等结构将圆筒和底板等连接而成。杆、肋的形状有工字形、T 形、矩形、椭圆形等。这类零件的形状比较复杂，毛坯可为铸件、锻件，要经过多种机械加工。

（1）主视图选择。选择主视图时，主要考虑零件的结构特征和工作位置。如果工作位置是倾斜的，为了使投影简化，一般将零件放正。主视图上常用局部剖视表达内部结构。

（2）其他视图选择。一般还需一到两个其他视图。如对于倾斜结构，要用斜视图、斜剖切平面剖得的剖视图来表达；起连接作用的肋和杆的形状，常用断面图表达。有些局部结构，则用局部视图表达。

图8.5的托架零件图，采用了四个图形，它们是全剖视的主视图、俯视图、反映右侧凸台形状的 B 向局部视图、反映中间连接板断面形状的 A-A 断面图。

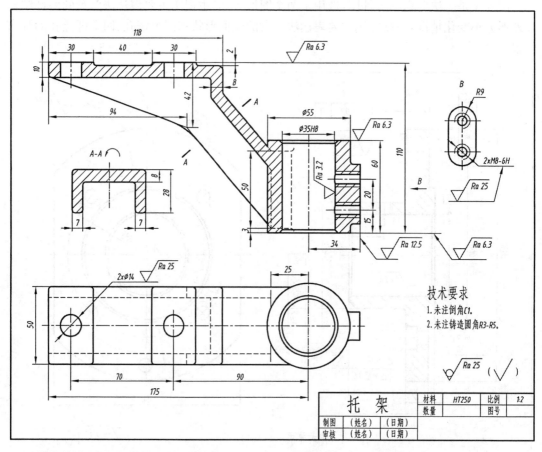

图8.5 托架零件图

4. 箱体类零件

这类零件有箱体、机座、床身、阀体、泵体等，它们一般起支承、容纳、定位和密封等作用。

箱体类零件的内外结构形状一般比较复杂，常有空腔、轴孔、内支承壁、肋、凸台、沉孔、螺纹孔等结构。毛坯多为铸件，须经各种机械加工。

（1）主视图选择。选择主视图时，通常考虑结构特征和工作位置，以便于看图。

（2）其他视图选择。一般还需两个以上其他视图。由于结构复杂，主视图和其他视图往往采用各种剖视，以表达内部结构。其中，剖切面一般通过孔的轴线。有时，同一投射方向既有外形视图又有剖视图。对于一些局部结构，还会采用局部视图、局部剖视图、断面图等表达。

图8.6是一蜗轮减速器箱体的零件图。它采用了全剖视的主视图,局部剖的左视图,B向和C向两个局部视图来全面反映箱体的内外结构形状。

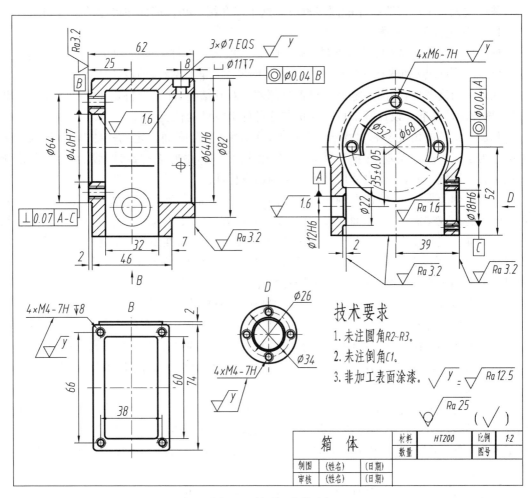

图8.6 箱体零件图

8.3 零件的尺寸标注

零件的视图只表示零件的结构形状,其各组成部分的大小和相对位置,与组合体一样,是根据视图上所标注的尺寸数值来确定的。

8.3.1 零件图上标注尺寸的要求

零件图上的尺寸是加工和检验零件的重要依据,是零件图的重要内容之一。如果尺寸标注有误,就会给零件的制造带来麻烦,甚至造成生产损失。

在零件图上标注尺寸,必须做到正确、完整、清晰、合理。对于前三项要求,在第1章、第5章中已经讨论过。本节主要讨论尺寸标注的合理性问题和常见结构的尺寸注法。

标注尺寸的合理性,就是要求图样上所标注的尺寸既要符合零件的设计要求,又要符合生产实际,便于加工和测量,并有利于装配。然而,要做到合理标注尺寸,需要具备较多的机械设计和工艺方面的知识,只靠本门课程的学习还不能完全解决,只有在有关后继课程学习之后并通过大量生产实践后才能逐步解决。这里仅介绍一些合理标注尺寸的初步知识。

1. 合理选择尺寸基准

标注尺寸的起点称为尺寸基准(简称基准)。一般选择零件上的面(如端面、底面、对称面等)、线(如轴线)、点(如球心)作为基准。零件上的尺寸基准有两种,即设计基准和工艺基准。

从设计角度考虑,为满足零件在机器或部件中对其结构、性能的特定要求而选定的一些基准,称为设计基准。设计基准可确定机器或部件上零件的位置。

从加工工艺的角度考虑,为便于零件的加工、测量和装配而选定的一些基准,称为工艺基准。为了减少尺寸误差,保证产品质量,在标注尺寸时,最好能把设计基准和工艺基准统一起来。不能统一时,主要尺寸应从设计基准出发标注。

对于轴套类零件,一般选择轴线作为径向尺寸基准(轴线既是设计基准又是工艺基准),重要的轴肩面或端面(为定位面或接触面)作为长度方向的尺寸基准。有设计要求的主要尺寸须从基准直接标注出,其余尺寸一般按加工顺序标出。标准结构(如倒角、退刀槽、键槽等)的尺寸应该先查阅有关手册再进行标注。如图 8.2 的轴,确定轴线为径向尺寸基准,轴向尺寸基准则为 $\phi40h6$ 圆柱段的左端轴肩面。

盘盖类零件的定形、定位尺寸明显。一般长度方向尺寸基准为主要加工面(一般是零件的接触面),宽度、高度方向基准为回转轴线或对称面。圆周上分布的小孔的定位圆直径是这类零件的典型定位尺寸。如图 8.3 的泵盖,其长度方向的尺寸基准为泵盖的右端面(接触面),宽度方向和高度方向的尺寸基准分别是宽度方向和高度方向的对称平面(投影图中为对称中心线)。

叉架类零件的尺寸基准一般选择安装基面、重要孔的中心线或零件的对称面。其定形尺寸一般按各部分结构的形体特点集中标注,以方便看图。如图 8.5,托架在长度方向的尺寸基准为右侧 $\phi35H8$ 圆柱孔的轴线,宽度方向基准为前后对称,高度方向基准是作为安装面的顶面。

箱体类零件通常选用重要的安装面、接触面、箱体的对称面、重要的轴线作为尺寸基准。定形尺寸、定位尺寸一般根据形体分析法进行标注。对于箱体上需要切削加工的部分,要尽可能按便于加工和检验的要求来标注尺寸。如图 8.6 所示的箱体零件,长度方向的尺寸基准是 $\phi12H6$、$\phi18H6$ 蜗杆轴孔的轴线,是设计基准,高度方向的尺寸基准是箱体的安装底面,宽度方向的尺寸基准是 $\phi40H7$、$\phi64H6$ 蜗轮轴孔的轴线,是设计基准。

2. 重要尺寸必须直接注出

零件上凡是影响机器的性能、工作精度和互换性的尺寸都是重要尺寸。为保证产品质量,重要尺寸必须直接注出。

任何零件都有长、宽、高(或径向和轴向两个方向)三个方向的尺寸,根据设计上的要求,每个方向上只能有一个主要基准。但考虑加工、测量零件的方便,零件某一方向的尺寸,往往不能都从一个基准注出,根据需要,可以选择若干个辅助基准,这时,主要基准和辅助基准间必须有一个联系尺寸。

如图 8.7(a)所示的轴承座,其高度方向的尺寸基准是底面,长度方向的尺寸基准是对称面,宽度方向的尺寸基准是对称面。轴承支承孔的中心高 32 是高度方向的重要尺寸,底板两个安装孔之间的距离 80 则是长度方向的重要尺寸,它们应直接注出。而顶部的螺孔深度尺寸 8,为了加工和测量方便,则是以顶面为辅助基准标注的。图中尺寸 58 是辅助基准与主要基准的联系尺寸。如果轴承支承孔的中心高和安装孔的间距尺寸像图 8.7(b)那样注成尺寸 15、17 和尺寸 16、112、16,则支承孔中心高和安装孔的间距尺寸要通过计算得到,造成加工累积误差,就很难保证这两个重要尺寸的精度设计要求,很可能导致轴承座不能满足装配要求。

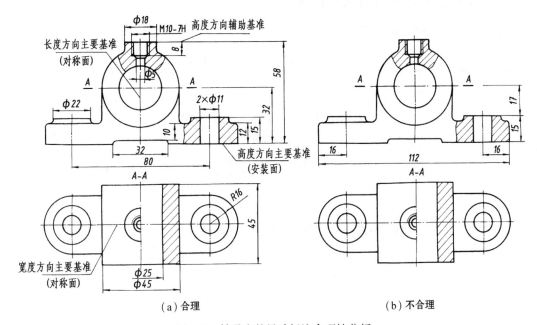

（a）合理　　　　　　　　（b）不合理

图 8.7　轴承座的尺寸标注合理性分析

3. 避免注成封闭尺寸链

一组首尾相连的链状尺寸称为封闭尺寸链,如图 8.8(a)中 l_1、l_2、l_3、l_4 尺寸就组成一个封闭尺寸链。组成尺寸链的每一个尺寸称为尺寸链的环。从加工的角度来看,在一个封闭尺寸链中,总有一个尺寸是其他尺寸都加工完后自然得到的。例如加工完尺寸 l_1、l_2 和 l_3 后,尺寸 l_4 就自然得到了。由于加工时尺寸 l_1、l_2、l_3 都可能产生误差,这些误差就会积累到 l_4 上,而若 l_4 本身有一定的精度要求,则就不能满足设计要求了。所以,标注尺寸时应避免注成封闭尺寸链即各环都注上尺寸。通常是将尺寸链中最不重要的那个尺寸作为开口环,不注写尺寸,如图 8.8(b)所示。这样,使该尺寸链中其他尺寸的制造误差都集中到这个封

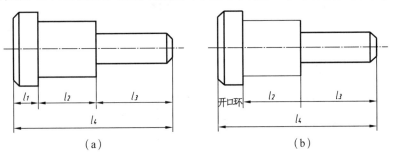

（a）　　　　　　　　　　　（b）

图 8.8　避免注成封闭尺寸链

(a) 不合理；(b) 合理

闭环上来,从而保证重要尺寸的精度。

当然,在零件图样上标注尺寸时应考虑的问题还有很多,如标注尺寸时要考虑便于加工、测量和装配,零件的毛坯面和加工面的尺寸应分开标注,毛坯面和加工面之间在同一方向只能有一个联系尺寸等等。这些将有待后续课程的学习。

8.3.2 零件上常见结构的尺寸标注

零件上常见结构要素的尺寸标注如表 8.1 所示。

表 8.1 常见结构要素的尺寸标注

零件结构类型		标注方法	说　明
螺孔	通孔		3×M6 表示公称直径为 6 mm 均匀分布的 3 个螺纹孔。可以旁注,也可以直接注出
	不通孔		螺孔深度可与螺孔直径连注,也可分开注出
	一般孔		需要注出孔深时,应明确标注孔深尺寸
光孔	一般孔		4×ϕ5 表示直径为 5 mm,均匀分布的四个光孔。孔深可与孔径连注,也可以分开注出
	精加工孔		光孔深为 12 mm,钻孔后需精加工至 $\phi5^{+0.012}_{0}$,深度为 10 mm

（续表）

零件结构类型		标注方法	说 明
光孔	锥销孔	锥销孔φ5 配作 锥销孔φ5 配作	φ5 为与锥销孔相配的圆锥销小头直径。锥销孔通常是相邻两零件装在一起时配合加工的
沉孔	锥形沉孔	6×φ7 ∨φ13×90° 6×φ7 ∨φ13×90° 90° φ13 6×φ7	6×φ7 表示直径为 7 mm 均匀分布的六个孔。锥形部分尺寸可以旁注，也可直接注出
	柱形沉孔	4×φ6 ⊔φ10↧3.5 4×φ6 ⊔φ10↧3.5 φ10 3.5 4×φ6	通孔直径为φ6，柱形沉孔直径为φ10，深度为 3.5 mm，均需标注
沉孔	锪平面	4×φ7 ⊔φ16 4×φ7 ⊔φ16 ⊔φ16 4×φ7	锪平面φ6 处的深度不需标注，一般锪平到不出现毛面为止
键槽	平键键槽	L A A A—A D-t b	这样标注便于测量
	半圆键键槽	A A A—A b D-t	这样标注便于选择铣刀（铣刀直径为φ）及测量
锥轴、锥孔		D d L d D L	当锥度要求不高时，这样标注便于制造
		1:5 D L 1:5 D L	当锥度要求准确并要保证一端直径尺寸时，这样标注便于测量和加工

零件结构类型	标注方法	说　明
退刀槽	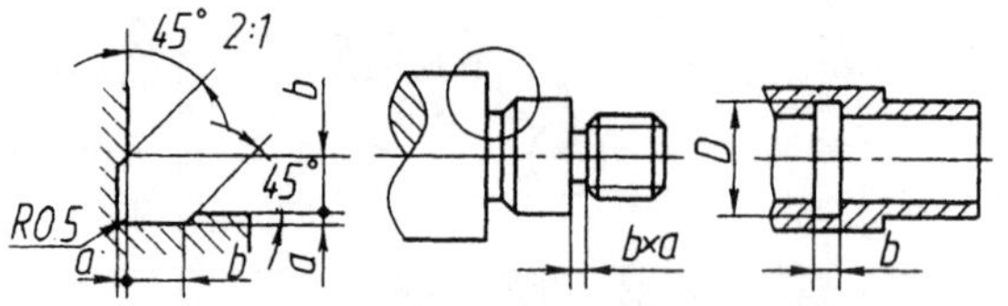	这样标注便于选择切槽刀。退刀槽宽度应直接注出。直径 D 可直接注出，也可注出切入深度 a
倒　角	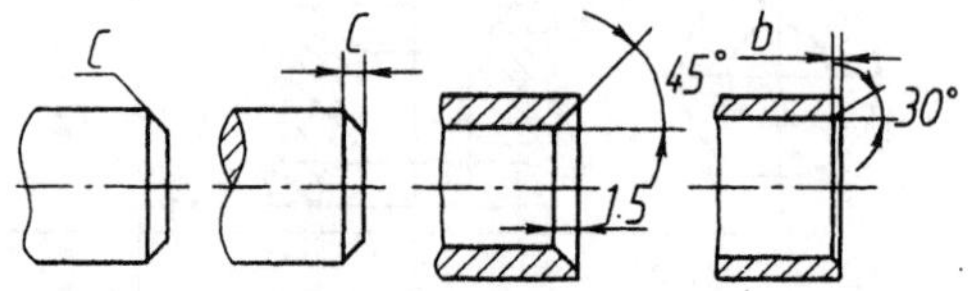	45°倒角代号为 C，可与倒角的轴向尺寸连注；倒角不是45°时，要分开标注
滚　花	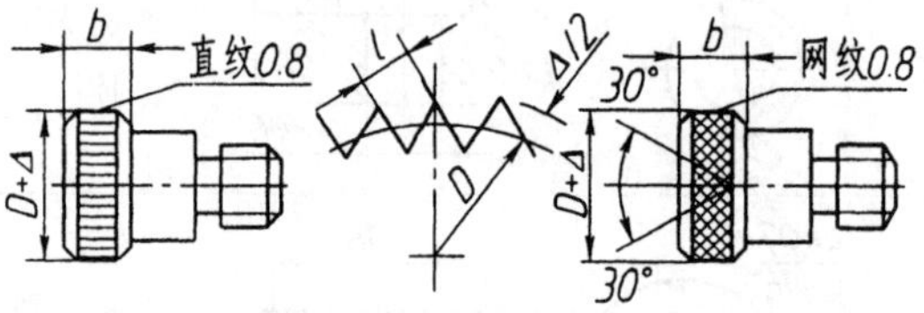	滚花有直纹与网纹两种形式：滚花前的直径尺寸为 D；滚花后为 $D+\Delta$，Δ 为齿深。旁注中的 0.8 mm 为齿距
平　面	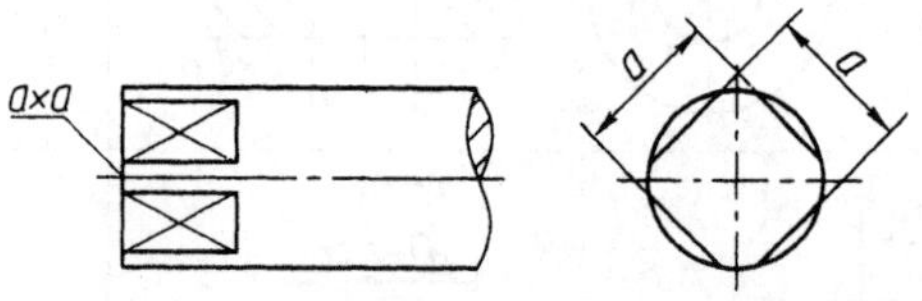	在没有表示出正方形实形的图形上，该正方形的尺寸可用 $a \times a$（a 为正方形边长）表示，否则要直接标注
中心孔	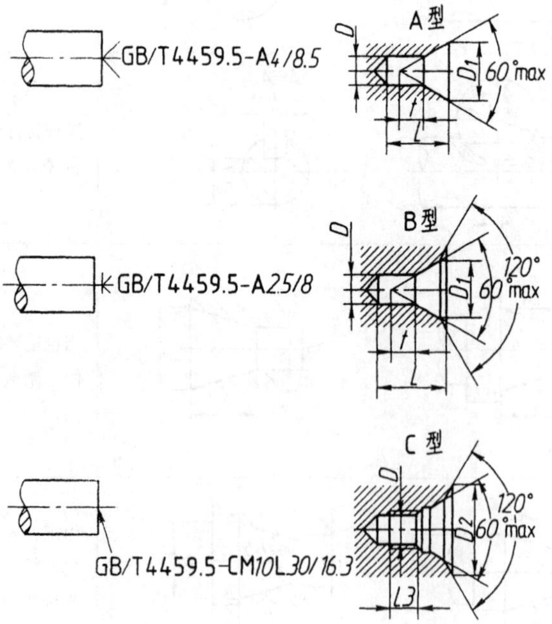	（1）轴端须表明有无中心孔的要求，中心孔是标准结构，在图样上用符号表示 （2）上图为在完工零件上要求保留中心孔的标注示例；中图为在完工零件上不可以保留中心孔的标注示例；下图为在完工零件上是否保留中心孔的标注示例 （3）中心孔分 A 型、B 型、R 型、C 型四种。B 型、C 型有保护锥面，C 型带有螺孔可将零件固定在轴端

8.4 零件图上的技术要求

一张零件图,虽有一组图形用于表达零件的内外形状,也有尺寸用于表达零件的大小,但要实现零件的性能要求,还必须在图上用符号或文字明确指出对零件的各种技术要求,以满足使用和生产要求。零件图的技术要求一般包括:表面结构要求、尺寸公差、几何形状和位置公差、热处理和表面镀涂层及零件制造过程中的检验和试验要求等。

本节主要介绍表面结构要求、公差与配合、几何形状和位置公差的基本知识及标注方法。

8.4.1 表面结构的表示法(GB/T 131—2006)

表面结构是表面粗糙度、表面波纹度、表面缺陷、表面纹理和表面几何形状的总称。表面结构的各项要求在零件图样上的表示法在 GB/T 131—2006 中均有具体规定。本节主要介绍常用的表面粗糙度轮廓(即 R 轮廓)表示法。

1. 基本概念

零件的表面不管加工得多么光滑,放在放大镜或显微镜下观察时,都可以看到加工痕迹,它们是一些微观的凹凸不平的几何形状,如图 8.9(a)所示。这种零件表面上所具有的较小间距和峰谷所组成的微观几何形状特征,称为表面粗糙度。

表面粗糙度是评定零件表面质量的一项重要技术指标,它与加工方法和材料性质有关。粗糙度数值的大小,对于零件的配合性质、耐磨性、抗腐蚀性、接触刚度、抗疲劳强度、密封性和外观等都有影响。

在机械加工过程中,由于机床、工件和刀具系统的振动,在工件表面所形成的间距比粗糙度大得多的表面不平度称为波纹度。零件表面的波纹度是影响零件使用寿命和引起振动的重要因素。

表面结构的评定指标,可由三大类参数决定:轮廓参数、图形参数及支承率曲线参数。其中轮廓参数是我国机械图样中目前最常用的评定参数,包括 R 轮廓(即粗糙度轮廓)、W 轮廓(即波纹度轮廓)、P 轮廓(即原始轮廓)三种。本节主要介绍 R 轮廓的两个参数即轮廓的算术平均偏差 Ra、轮廓的最大高度 Rz。

如图 8.9(b)所示,轮廓的算术平均偏差 Ra 是指在一个取样长度 l 内轮廓偏距 $z(x)$ 的绝对值的算术平均值,可用下式表示:

$$Ra = \frac{1}{l}\int_0^l |z(x)|\,\mathrm{d}x$$

或近似表达为

$$Ra = \frac{1}{n}\sum_{i=1}^n |z_i|$$

轮廓的最大高度 Rz 是指在同一取样长度内最大轮廓峰高和最大轮廓谷深之间的高度。

轮廓的算术平均偏差 Ra 和轮廓的最大高度 Rz 的数值已由国标 GB/T1031—2009 规定,表 8.2 列出轮廓的算术平均偏差 Ra 值。

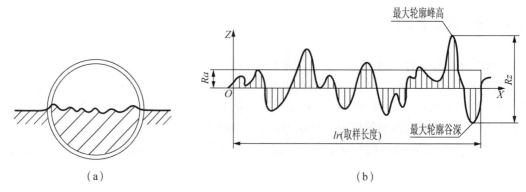

图 8.9　轮廓的算术平均偏差 Ra 和轮廓的最大高度 Rz

表 8.2　轮廓算术平均偏差 R_a 的数值　　　　　　　　　　　　单位：μm

Ra	0.012	0.2	3.2	50
	0.025	0.4	6.3	100
	0.05	0.8	12.5	
	0.1	1.6	25	

2. 表面粗糙度参数的选用

零件表面粗糙度数值的选用应该既能满足零件表面的功用要求，又要考虑经济合理性。通常，表面粗糙度数值越小，零件表面越光滑，加工成本就越高。具体选用时，可以参照生产实例，用类比法确定。一般选用原则如下：

(1) 在满足表面功用的前提下，考虑加工的经济性，尽量选用较大的粗糙度参数值，且尽量选用国标的优先系列参数值。在幅度参数（峰和谷）常用的参数值范围内（Ra 为 $0.025 \sim 6.3\ \mu m$，Rz 为 $0.1 \sim 25\ \mu m$），推荐优先选用 Ra。

(2) 根据零件与零件的接触状况、配合性质、相对运动速度等要求来选择。一般情况下，接触表面比非接触表面的粗糙度数值要小；运动表面比非运动表面的粗糙度数值要小；尺寸精度和表面形状精度高的表面比精度底的表面的粗糙度数值要小；间隙配合的间隙越小，粗糙度数值也相应取小。

常用表面粗糙度参数 Ra 值的应用情况如下：

$25\ \mu m$：不接触表面，如一般轴的非接触端面、倒角、零件的不加工面等；不重要的加工面，如穿螺栓用的光孔、油孔等。

$12.5\ \mu m$：尺寸精度不高且无相对运动的表面，如支架、箱体等零件的非配合端面，轴孔的退刀槽等。

$6.3\ \mu m$：不十分重要但有相对运动的表面或较重要的接触面，如低速轴的表面、重要的安装基面、齿轮的齿廓表面等。

$3.2\ \mu m$：传动零件的轴、孔配合部分表面，如低中速的轴承孔、轴表面和齿轮的齿廓表面等。

$1.6\ \mu m$、$0.8\ \mu m$：较重要的配合面，如轴承的内外圈圆柱面、机床导轨面、有导向要求的滑槽表面等。

$0.4\ \mu m$：重要的配合面，如高速回转的轴孔表面等。

3. 表面结构的标注

1）表面结构的图形符号

表面结构的图形符号及其意义如表 8.3 所示。

表 8.3　表面结构符号及意义

符　号	意　义　及　说　明
∨	基本图形符号，未指定工艺方法的表面，仅适用于简化代号标注。当通过一个注释解释时可单独使用
∨	扩展图形符号，表示指定表面是用去除材料方法获得。如通过机械加工的车、铣、钻、磨、剪切、抛光、腐蚀、电火花加工、气割等方法获得的表面
∨○	扩展图形符号，表示指定表面是用不去除材料方法获得。例如：铸、锻、冲压变形、热轧、冷轧、粉末冶金等。或者是用于保持供应状况的表面（包括保持上道工序的状况）
∨ ∨ ∨○	完整图形符号，即在上述三个符号的长边上加一横线，用于标注表面结构特征的补充信息
∨ ∨ ∨○	在完整符号上加一小圆，表示图样上构成封闭轮廓的各表面具有相同的表面结构要求

2）表面结构代号

表面结构代号由完整图形符号、参数代号（如 Ra）和参数值组成，其示例及含义如表 8.4 所示。

表 8.4　表面结构代号示例

代号示例	意义（16%规则）	代号示例	意义（最大规则）
$Ra\,3.2$	用任何方法获得的表面粗糙度，Ra 的单向上限值为 $3.2\,\mu m$	$Ra\,max\,3.2$	用任何方法获得的表面粗糙度，Ra 的最大值为 $3.2\,\mu m$
$Ra\,3.2$	用去除材料方法获得的表面粗糙度，Ra 的单向上限值为 $3.2\,\mu m$	$Ra\,max\,3.2$	用去除材料方法获得的表面粗糙度，Ra 的最大值为 $3.2\,\mu m$
$Ra\,3.2$	用不去除材料方法获得的表面粗糙度，Ra 的单向上限值为 $3.2\,\mu m$	$Ra\,max\,3.2$	用不去除材料方法获得的表面粗糙度，Ra 的最大值为 $3.2\,\mu m$
$U\,Ra\,3.2$ $L\,Ra\,1.6$	用去除材料方法获得的表面粗糙度，Ra 的上限值为 $3.2\,\mu m$、下限值为 $1.6\,\mu m$ U-上限值 L-下限值 （本例为双向极限要求）	$U\,Ra\,max\,3.2$ $L\,Ra\,1.6$	用去除材料方法获得的表面粗糙度，Ra 的最大值为 $3.2\,\mu m$、下限值为 $1.6\,\mu m$ （双向极限要求）
$Rz\,3.2$	用去除材料方法获得的表面粗糙度，Rz 的单向上限值为 $3.2\,\mu m$	$Ra\,max\,3.2$ $Rz\,max\,12.5$	用去除材料方法获得的表面粗糙度，Ra 的最大值为 $3.2\,\mu m$、Rz 的最大值为 $12.5\,\mu m$

注：1. 16%规则：被测表面测得的全部参数值中超过极限值的个数不多于总个数的 16%。

　　2. 最大规则：被测表面测得的全部参数值均不得超过给定值。

　　3. 单向极限要求均指单向上限值，可免注"U"；若为单向下限值，则应加注"L"。

为了明确表面结构要求,除了标注表面结构参数和数值外,必要时应标注补充要求,补充要求包括传输带、取样长度、加工工艺、表面纹理及方向、加工余量等。表面结构符号的画法及表面各项要求在图形符号中的注写位置如图8.10所示。

给出表面结构要求时,应标注其参数代号和极限值,并包含要求解释这两项元素所涉及的重要信息:传输带,评定长度或满足评定长度要求的取样长度个数和极限值判断规则。为了简化标注,对这些信息定义了默认值;当其中某一项采用默认定义时,则不需要注出。

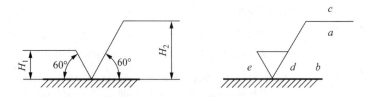

注:1. 表面结构符号的线宽为图样中数字和字母高度的1/10,符号的高度H_1比图样中文字号数即字高大一号,H_2取决于标注内容,但至少等于2倍的H_1高度。

　　2. 位置a:注写表面结构的单一要求;位置a和b:注写两个或多个表面结构要求,位置a注写第一个表面结构要求,位置b注写第二个表面结构要求,如果要注写两个以上表面结构要求,图形符号应在垂直方向扩大以空出空间;位置c:注写加工方法,如车、磨、镀或其他加工工艺要求;位置d:注写表面纹理和方向符号,如"="" ×""M";位置e:注写加工余量,单位mm。

图8.10　表面结构符号的画法及表面各项要求在符号中的注写位置

3)表面结构要求在图样上的注法

零件表面结构代号在图样上的注法应符合GB/T131—2006的规定,标注原则是:在同一张图样上,每一表面一般只标注一次代号,并尽可能注在相应的尺寸及其公差的同一视图上。除非另有说明,所标注的表面结构要求是对完工零件表面的要求。

(1)表面结构符号、代号的标注位置与方向。表面结构的注写和读取方向与尺寸的注写和读取方向一致。表面结构要求可标注在轮廓线上,其符号应从材料外指向并接触表面,如图8.11所示;必要时表面结构符号也可用带箭头或黑点的指引线引出标注,如图8.12所示。

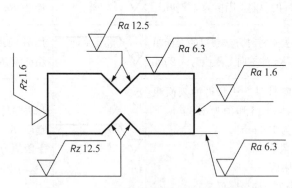

图8.11　表面结构要求在轮廓线上的标注

在不致引起误解时,表面结构要求可以注在给定的尺寸线上,如图8.13所示。

表面结构要求可标注在形位公差框格的上方,如图8.14所示。

表面结构要求可以直接标注在延长线上,或用带箭头的指引线引出标注,如图8.11和图8.15所示。

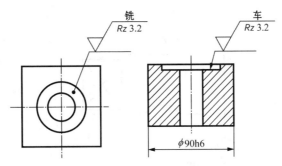

图 8.12　用指引线引出标注表面结构要求

（a）用带黑点的指引线引出标注；（b）用带箭头的指引线引出标注

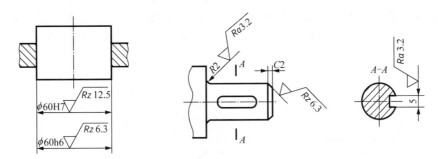

图 8.13　表面结构要求标注在尺寸线上

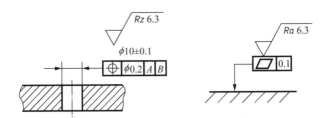

图 8.14　表面结构要求标注在形位公差框格的上方

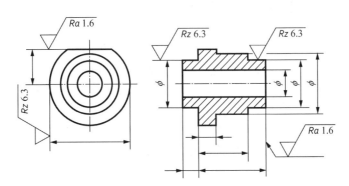

图 8.15　表面结构要求标注在圆柱特征的延长线上

　　圆柱和棱柱表面的表面结构要求只标注一次，如图 8.15；如果每个棱柱表面有不同的表面结构要求，则应分别单独标注，如图 8.16 所示。

　　（2）表面结构要求的简化注法。有相同表面结构要求的简化注法：如果在工件的多数

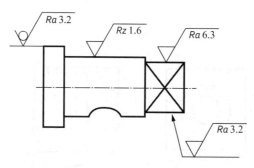

图 8.16　圆柱和棱柱的表面结构要求的标注

（包括全部）表面有相同的表面结构要求,则其表面结构要求可统一标注在图样的标题栏附
近。此时（除全部表面有相同要求的情况外）,表面结构要求的符号后面应有在圆括号内给
出无任何其他标注的基本符号,如图 8.17(a)所示,或在圆括号内给出不同的表面结构要求,
如图 8.17(b)所示,不同的表面结构要求应直接标注在图形中。

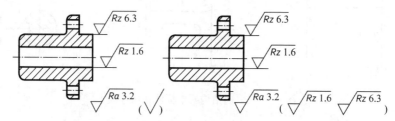

图 8.17　大多数表面有相同表面结构要求的简化标注

多个表面有共同要求的注法:可用带字母的完整符号,以等式的形式,在图形或标题栏
附近,对有相同表面结构要求的表面进行简化标注,如图 8.18 所示。

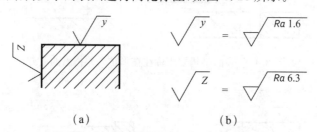

图 8.18　在图纸空间有限时的简化标注

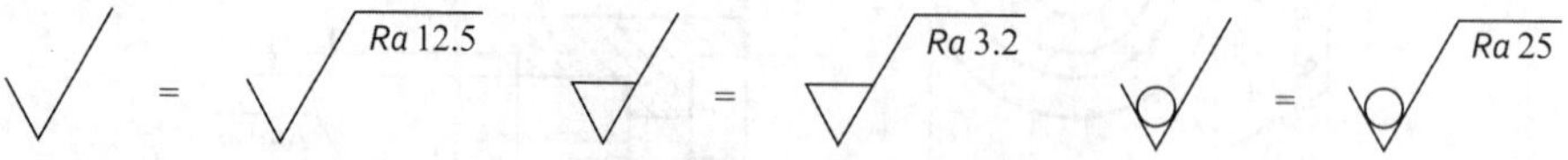

图 8.19　多个表面结构要求的简化标注
(a) 未指定工艺方法;(b) 要求去除材料;(c) 不允许去除材料

只用表面结构符号的简化注法:如图 8.19 所示,用表面结构符号,以等式的形式给出对
多个表面共同的表面结构要求

由几种不同工艺方法获得的同一表面,当需要明确每种工艺方法的表面结构要求时,可
在国家标准规定的图线上标注相应的表面结构代号。图 8.20 表示同时给出镀铬前后的表
面结构要求的注法。

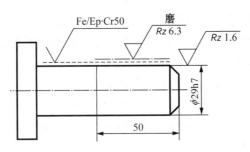

图 8.20 几种工艺获得同一表面的标注

8.4.2 极限与配合(GB/T1800.1—2009、GB/T1800.2—2009)

在批量生产的机器或部件中,相配合的零件只要是根据设计的零件图加工出来的,则装配时必须满足互换性要求,即不经任何选择,它们就能顺利地装配起来,且能达到工作性能要求。零件的这种互换性,既给装配和维修机器带来了方便,也为零件的制造带来了方便。因为加工零件时,尺寸不可能绝对精确,只能控制在一定的误差范围内,所以,根据尺寸的重要性,规定了尺寸的各种允许误差,这就产生了极限与配合的一系列基本概念。

1. 极限的有关术语

以图 8.21 为示例,介绍极限与配合的有关术语。

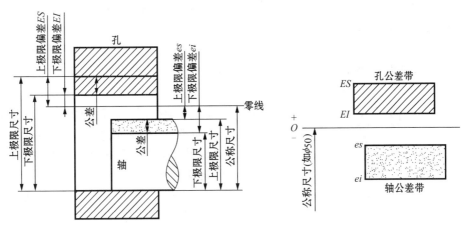

图 8.21 极限与配合的示意图及孔、轴公差带图
(a)示意图;(b)孔、轴公差带图

(1)公称尺寸。指根据零件的性能和结构要求,由设计给定的尺寸。公称尺寸一般注写在零件图上。

(2)实际尺寸。指通过测量获得的零件的尺寸。

(3)极限尺寸。指允许尺寸变动的两个界限值,是以公称尺寸为基数来确定的。其中较大的一个称作上极限尺寸,较小的一个称作下极限尺寸。

(4)偏差。指某一尺寸减去其公称尺寸所得的代数差。

(5)极限偏差。指有上极限偏差和下极限偏差:

$$上极限偏差=上极限尺寸-公称尺寸$$
$$下极限偏差=下极限尺寸-公称尺寸$$

上极限偏差和下极限偏差的数值可正可负,也可以是零。

国家标准规定:孔的上极限偏差代号为 ES,下极限偏差代号为 EI;轴的上极限偏差代号为 es,下极限偏差代号为 ei。

(6) 尺寸公差(简称公差)。指允许尺寸的变动量。

$$尺寸公差= 上极限尺寸 - 下极限尺寸$$
$$= 上极限偏差(ES 或 es) - 下极限偏差(EI 或 ei)$$

尺寸公差是一个没有符号的绝对值。

(7) 标准公差。指在极限与配合制中表格所列的用于确定公差带大小的任一公差。标准公差按公称尺寸和标准公差等级确定。标准公差等级分 20 个级别,即 IT01、IT0、IT1、IT2、…、IT18,其中 IT01 级尺寸精度最高、IT18 级尺寸精度最底。对于一定的公称尺寸而言,要求的尺寸精度越高,公差等级越高,公差数值越小。而属于同一精度的公差等级,则公称尺寸越大,对应的公差数值越大,公称尺寸越小,对应的公差数值也越小。标准公差数值可查阅书后附表。

(8) 公差带图、零线和公差带。公差带图:由于公差或偏差的数值与公称尺寸数值相比相差太大,不便用同一比例表示,同时为了简化,在分析有关问题时,不画出孔轴的结构,只画出放大的孔、轴公差区域和位置。采用这种表达方法的图形,称为公差带图,如图 8.21 (b)所示。

零线:在公差带图中,用于确定偏差位置的一条基准直线。通常零线就代表公称尺寸。零线用水平线绘制,零线上方的偏差为正,零线下方的偏差为负。

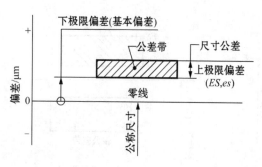

图 8.22 公差带图解

公差带:在公差带图中,由代表上、下极限偏差的两条直线所限定的一个区域,如图 8.21(b)所示。

(9) 基本偏差。指确定公差带相对于零线位置的那个极限偏差,它可以是上极限偏差或下极限偏差,一般为靠近零线的那个极限偏差(见图 8.22)。

国家标准规定了孔、轴的基本偏差代号各 28 个,且用拉丁字母表示,如图 8.23 所示。其中大写字母代表孔的基本偏差代号,小写字母代表轴的基本偏差代号。孔的基本偏差从 $A \sim H$ 为下极限偏差(正值),$J \sim Zc$ 为上极限偏差(负值,J 例外),JS 的上下极限偏差分别为 $\pm IT/2$;轴的基本偏差从 $a \sim h$ 为上极限偏差(负值),$j \sim zc$ 为下极限偏差(正值,j 例外),js 的上下极限偏差分别为 $\pm IT/2$。国标对不同的公称尺寸和基本偏差规定了孔和轴的基本偏差数值,可从有关手册查到。

(10) 公差带代号。由基本偏差代号和公差等级代号组成。如 $H8$,表示基本偏差代号为 H、公差等级为 8 级的孔公差带代号;$k6$ 表示基本偏差代号为 k、公差等级为 6 级的轴公差带代号。当公称尺寸和公差带代号确定时,可根据书后附表"常用及优先用途孔(轴)的极限偏差",查得尺寸的上极限偏差或下极限偏差。

2. 配合的有关术语

(1) 配合。公称尺寸相同的、相互结合的孔和轴公差带之间的关系称为配合。

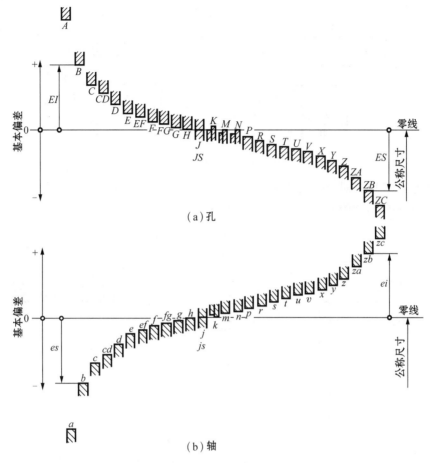

图 8.23　基本偏差系列

由于公称尺寸相同的孔和轴的实际尺寸并不相同,装配后的孔、轴之间就可能产生"间隙"或"过盈"。装配的孔、轴中,当孔的实际尺寸大于轴的实际尺寸时,则称"间隙";而孔的实际尺寸小于轴的实际尺寸时,则称"过盈"。

(2) 配合种类。国家标准将配合分为三类,即间隙配合、过盈配合、过渡配合。

间隙配合:任取一对公称尺寸相同的孔、轴相配,始终能产生间隙(包括间隙为零)的配合。此时,孔的公差带一定在轴的公差带之上,如图 8.24 所示。

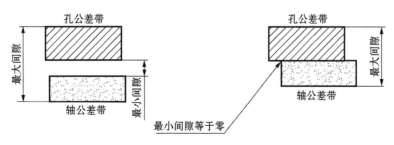

图 8.24　间隙配合公差带

过盈配合:任取一对公称尺寸相同的孔、轴相配,始终具有过盈(包括过盈为零)的配合。此时,孔的公差带一定在轴的公差带之下,如图 8.25 所示。

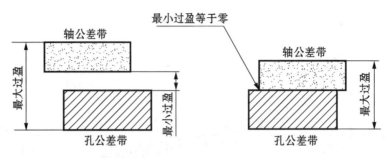

图 8.25　过盈配合公差带

过渡配合：任取一对公称尺寸相同的孔、轴相配，可能产生间隙也可能具有过盈的配合。此时，孔的公差带与轴的公差带相互交叠，如图 8.26 所示。

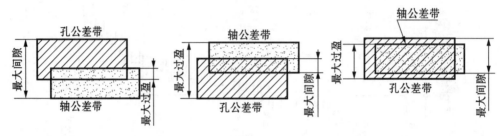

图 8.26　过渡配合公差带

（3）配合制。配合制是同一极限制的孔和轴组成的一种配合制度。国家标准规定配合制度有基孔制、基轴制两种。

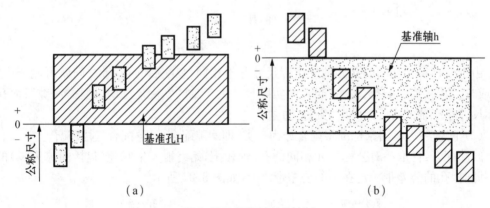

（a）　　　　　　　　　　　　　　　　　　　（b）

图 8.27　基孔制和基轴制
(a) 基孔制；(b) 基轴制

基孔制：基本偏差为一定的孔的公差带与不同基本偏差的轴的公差带构成的各种配合称基孔制配合，如图 8.27(a)所示。基孔制的孔称基准孔，它的基本偏差代号为 H，其下极限偏差为零。

基轴制：基本偏差为一定的轴的公差带与不同基本偏差的孔的公差带构成的各种配合称基轴制配合，如图 8.27(b)所示。基轴制的轴称基准轴，它的基本偏差代号为 h，其上极限偏差为零。

（4）配合代号。配合代号由相配的孔和轴的公差带代号组成，用分数形式表示，分子为孔的公差带代号,分母为轴的公差带代号。例如,$\dfrac{H8}{f7}$ 和 $\dfrac{F7}{h6}$,也可写成 $H8/f7$ 和 $F7/h6$ 形式。在配合代号中,如果分子含有 H,则为基孔制配合;如果分母含有 h,则为基轴制配合。

国家标准规定了优先选用、常用和一般用途的孔轴配合代号。使用时应该根据实际的情况,首先考虑优先和常用系列。一般来讲,孔的加工要比轴的加工困难,因此,国标规定优先选用基孔制配合。

3. 极限与配合的标注

一般零件图上只标注公差,不标注配合代号;装配图中只标注配合代号,不标注公差。

(1) 在零件图中的标注。线性尺寸公差在零件图中的注法有三种形式,如图 8.28 所示。

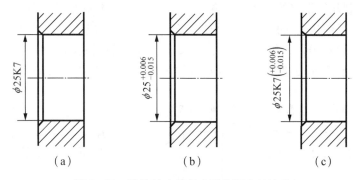

图 8.28　线性尺寸公差在零件图中的注法

一是在公称尺寸后面标注公差带代号,如 $\phi 25K7$。这种注法常用于大批量生产中,适合于采用专用量具检验零件的场合。

二是在公称尺寸后面标注上下极限偏差数值,如 $\phi 25^{+0.006}_{-0.015}$。这种注法常用于小批量或单件生产中,以便加工检验时对照。

值得注意的是,偏差数字的大小应比公称尺寸数字小一号,且偏差数值前应带有正号"+"或负号"−",上下极限偏差的小数点必须对齐,小数点前后的位数也要对齐;上下极限偏差数值相同时,则在公称尺寸后加注符号"±",此时只注写一个偏差数值,且偏差数值与公称尺寸数值相同大小,如 80 ± 0.015;若一个偏差数值为零时,仍需写"0",但"0"前可省略"+"号或"−"号,不标注小数点及其后面的零,如 $\phi 15^{+0.018}_{0}$。

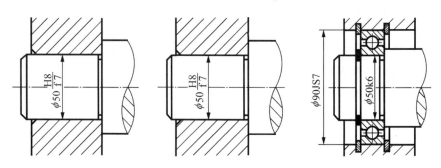

图 8.29　配合在装配图中的标注

三是在公称尺寸后面同时注出公差带代号和偏差数值,如 $\phi 25K7(^{+0.006}_{-0.015})$。这种注法适合于生产批量灵活的场合。此时,上下极限偏差数值应该用圆括号括起来。

(2) 在装配图中的标注。配合在装配图中的标注形式有两种,如图 8.29 所示。

一是在公称尺寸后面标注配合代号,如 $\phi50\dfrac{H8}{f7}$ 或 $\phi50H8/f7$。这种注法应用最多。

二是在公称尺寸后面只标注公差带代号,如 $\phi50k6$。这种注法,仅仅适合于相配的孔、轴两零件中,其中有一个是标准件(如滚动轴承等)或外购件。

8.4.3　几何公差(GB/T 1182—2008)简介

1. 几何公差的基本概念

零件的几何误差是指零件的实际要素相对其理想几何要素的偏离状况。为了保证机器的质量,必须限制几何误差的最大变动量,称为几何公差,允许变动量的值称为公差值。零件的几何公差包括形状、方向、位置和跳动公差,它是针对构成零件几何特征的点、线、面(如图 8.30(a)所示零件的球心、锥顶、轴线、素线、球面、圆柱面、圆锥面、端平面以及图 8.30(b)所示零件的中心平面等)的形状、方向和位置误差所规定的公差。其基本术语有:

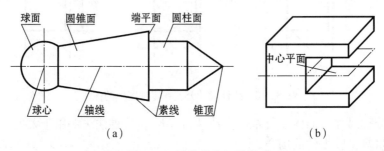

图 8.30　零件的几何要素

(1) 要素。工件上的特定部位,如点、线或面。这些要素可以是组成要素(如圆柱体的外表面),也可以是导出要素(如中心线或中心面)。

(2) 实际要素。零件上实际存在的要素,由无数个点组成,分为实际轮廓要素和实际中心要素。

(3) 提取要素。按规定方法,从实际要素提取的有限数目的点所形成的近似替代。

(4) 被测要素。给出了几何公差要求的要素。

(5) 基准要素。用来确定被测要素方向或(和)位置或(和)跳动的要素。

(6) 单一要素。仅对要素本身给出几何公差的要素。

(7) 关联要素。对其他要素有功能(方向、位置、跳动)要求的要素。

(8) 形状公差。指单一实际要素的形状所允许的变动全量。

(9) 方向公差。指关联实际要素对基准在方向上允许的变动全量。

(10) 位置公差。指关联实际要素对基准在位置上允许的变动全量。

(11) 跳动公差。指关联实际要素绕基准回转一周或连续回转所允许的最大跳动量。

国家标准 GB/T1182—2008 规定,几何公差共有 17 个项目,其中形状公差 6 项,方向公差 5 项,位置公差 6 项,跳动公差 2 项。线轮廓度和面轮廓度按有无基准要求,分属形状、方向和位置公差。几何公差几何特征、项目符号如表 8.5 所示。

表 8.5 几何公差的分类和符号(GB/T1182—2008)

公差类型	几何特征	符号	有无基准	公差类型	几何特征	符号	有无基准
形状公差	直线度	━	无	位置公差	位置度	⊕	有或无
	平面度	▱			同心度(用于中心点)	◎	有
	圆度	○			同轴度(用于轴线)	◎	
	圆柱度	⌭			对称度	=	
	线轮廓度	⌒			线轮廓度	⌒	
	面轮廓度	⌓			面轮廓度	⌓	
方向公差	平行度	∥	有	跳动公差	圆跳动	↗	
	垂直度	⊥			全跳动	↗↗	
	倾斜度	∠					
	线轮廓度	⌒					
	面轮廓度	⌓					

2. 几何公差的标注

图样上的几何公差应包含公差框格、被测要素和基准要素(对有基准要求)三组内容,用细实线绘制。

(1)公差框格。几何公差要求在矩形公差框格中给出,该框格由两格或多格组成。框格的高度应是图样上尺寸数字高度的两倍,框格中符号、数字、字母的高度同图样上尺寸数字的高度。在图样上,公差框格可根据需要水平或铅垂放置。公差框格中填写的内容为:第一格是几何特征符号,第二格是公差值(以线性尺寸单位表示的量值,如果公差带为圆形或圆柱形应加注"ϕ",如果公差带为圆球形应加注"$S\phi$"),第三格及以后各格注写基准(用一个字母表示单个基准或用几个字母表示基准体系或公共基准),如图 8.31 所示。

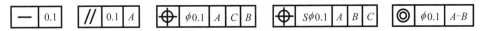

图 8.31 几何公差框格

(2)指引线。用带箭头的指引线将被测要素与公差框格相连,指引线引自框格的任意一侧。当公差涉及轮廓线或轮廓面时,箭头垂直指向被测要素轮廓或其延长线,且必须与相应尺寸线错开,如图 8.32(a)所示;被测要素也可用带黑点的引出线引出,箭头指向引出线的水平线,如图 8.32(b)所示;当公差涉及中心线、中心面或中心点时,箭头应位于相应尺寸线的延长线上,如图 8.32(c)所示。指引线可以不转折或转折一次,不得超过两次。

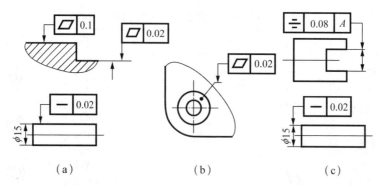

图 8.32　指引线与被测要素

在保证读图方便又不致引起误解时,可采用简化标注方法。例如,某个要素有多项几何特征的公差要求,可在一条指引线的末端画出多个公差框格,如图 8.33(a)所示;当某项公差应用于几个相同要素时,应在公差框格的上方被测要素的尺寸之前注明要素的个数,如图 8.33(b)所示;一个公差框格可以用于具有相同几何特征和公差值的若干个分离要素,如图 8.33(c)所示。

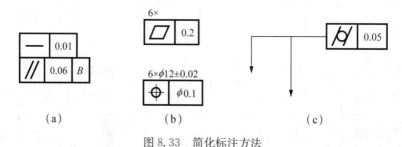

图 8.33　简化标注方法

（3）基准符号。基准,指用来确定被测要素方向和位置的几何要素,如基准点、基准线、基准平面。

基准符号由一个涂黑的或空白的三角形与一个基准方格细实线相连组成,基准方格内是表示基准的大写字母,如图 8.34(a)所示。基准方格内的字母应与相应公差框格内的基准字母一致。

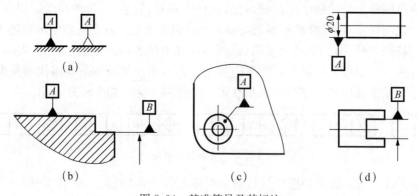

图 8.34　基准符号及其标注

当基准要素是轮廓线或轮廓面时,基准三角形放置在要素的轮廓线或其延长线上,且与尺寸线明显错开,如图 8.34(b)所示;基准三角形也可放置在该轮廓面引出线的水平线上,如图 8.34(c)所示。当基准是尺寸要素确定的轴线、中心平面或中心点时,基准三角形放置在尺寸线的延长线上,如果没有足够的位置标注基准要素尺寸的两个尺寸箭头,则其中一个箭头可用基准三角形代替,如图 8.34(d)所示。

3. 几何公差标注示例

图 8.35 为一轴套的几何公差标注示例,现说明如下:

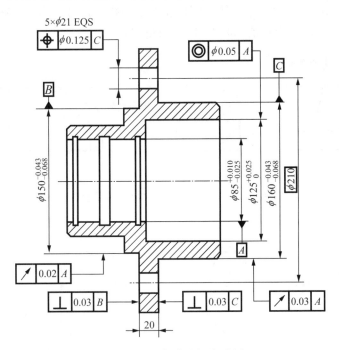

图 8.35　几何公差标注示例

(1) $\phi 160^{-0.043}_{-0.068}$ 圆柱表面对 $\phi 85^{+0.010}_{-0.025}$ 圆柱孔轴线 A 的径向跳动公差为 0.03。

(2) $\phi 150^{-0.043}_{-0.068}$ 圆柱表面对 $\phi 85^{+0.010}_{-0.025}$ 圆柱孔轴线 A 的径向跳动公差为 0.02。

(3) 厚度为 20 的安装板左端面对 $\phi 150^{-0.043}_{-0.068}$ 圆柱面轴线 B 的垂直度公差为 0.03;安装板右端面对 $\phi 160^{-0.043}_{-0.068}$ 圆柱面轴线 C 的垂直度公差为 0.03。

(4) $\phi 125^{+0.025}_{0}$ 圆柱孔轴线与 $\phi 85^{+0.010}_{-0.025}$ 圆柱孔轴线 A 的同轴度公差为 $\phi 0.05$。

(5) $5 \times \phi 21$ 孔对由基准 C 同轴、直径尺寸 $\phi 210$ 确定并均匀分布的理想位置的位置度公差为 $\phi 0.125$。

8.5　零件上的常见工艺结构

一个零件的结构形状,既要满足设计性能要求,还需符合加工工艺要求。因此,有必要了解零件上的常见工艺结构。

8.5.1　铸造零件的工艺结构(包括过渡线的画法)

铸造零件的工艺结构包括起模斜度、铸造圆角、铸件壁厚等。

1. 起模斜度

铸造零件毛坯时,为了方便起模,常在铸件壁上沿起模方向设计出 1:20 的斜度,即起模斜度。对于斜度不大的结构,可不在图形上画出,但须在技术要求中用文字说明起模斜度值。如图 8.36(a)所示。

2. 铸造圆角

铸造零件毛坯时,为防止铸造砂型落砂,避免铸件冷却时产生裂纹,铸造表面相交处均做成圆角过渡,如图 8.36(a)所示。铸造圆角在图中一般应画出,各圆角半径相同或接近时,可在技术要求中统一注写半径值,如未注铸造圆角 $R3 \sim R5$ 等。

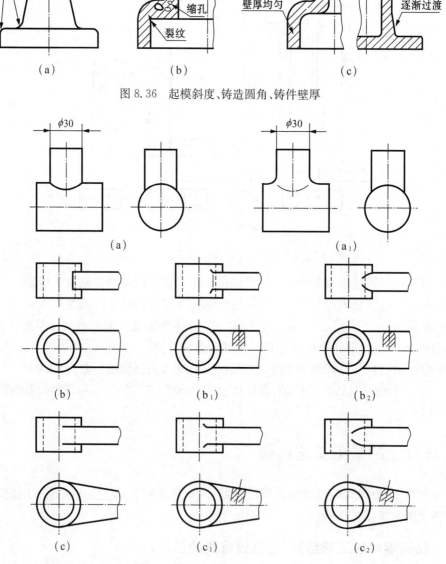

图 8.36 起模斜度、铸造圆角、铸件壁厚

图 8.37 交线与过渡线的区别(a_1)、(b_1)、(b_2)、(c_1)、(c_2)为过渡线的画法

由于铸件表面相交处有铸造圆角存在,这使两两表面的交线变得不太明显。但在零件图上,仍须画出表面的理论交线,只是要求在交线两端或一端留出空白,这种交线通常称为

过渡线。过渡线用细实线绘制。过渡线的画法与没有圆角情况下的相交线画法基本一致，两者的不同处如图 8.37 所示。

3. 铸件壁厚

为避免铸件冷却时产生内应力而造成裂纹或缩孔，如图 8.36(b) 所示。铸件壁厚应尽量均匀一致，不同壁厚间也应均匀过渡，如图 8.36(c) 所示。

8.5.2 零件的机械加工工艺结构

零件的机械加工工艺结构包括：倒角和倒圆，退刀槽或砂轮越程槽，凸台或凹坑，钻孔的合理结构等。

1. 倒角和倒圆

为了便于装配，在轴端或孔口常加工出倒角，如图 8.38(a) 所示。为了避免在阶梯轴或孔上由于应力集中而产生裂纹，在台肩转折处常加工出圆角，如图 8.38(b) 所示。零件倒角和倒圆的型式及尺寸见书后附表。

2. 退刀槽或砂轮越程槽

为了在切削时容易退出刀具，保证加工质量，常在加工表面的台肩处加工出退刀槽或砂轮越程槽，如图 8.38(c) 所示。砂轮越程槽的结构和尺寸见书后附表 20。

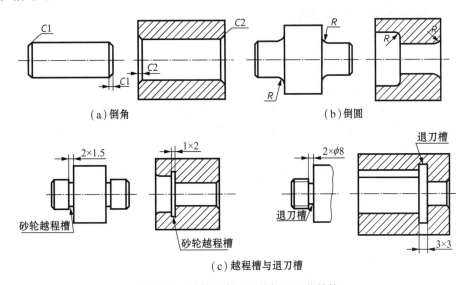

图 8.38　零件的常见机械加工工艺结构

3. 凸台或凹坑

为了降低机械加工量和保证装配时零件间接触良好，常在零件表面作出凸台或凹坑，如图 8.39 所示。

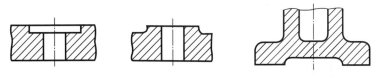

图 8.39　凸台和凹坑

4. 钻孔的合理结构

为了避免钻孔时轴线偏斜和钻头折断,孔的轴线应垂直于孔的端面。因此,倾斜表面上有钻孔结构时,应设计与钻孔方向垂直的平面、凸台或凹坑,如图 8.40 所示。

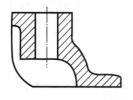 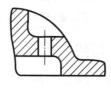

图 8.40   钻孔的合理结构

8.6   读零件图的方法

在设计、制造零件的过程中,读零件图是非常重要的。读零件图的目的是:了解零件的名称、用途、材料等情况;了解零件的各部分结构形状特点和相对位置关系;了解零件的大小、制造方法和技术要求。

8.6.1   读零件图的方法和步骤

读零件图的一般方法和步骤如下:

1. 首先看标题栏,大致了解零件

看标题栏,了解零件的名称、材料、数量、比例等,大体了解零件的功用。对于复杂的零件,可以查阅有关的技术资料,如该零件所在部件的装配图、与该零件相关的其他零件图和技术说明等,以便了解该零件在机器或部件中的功用、结构特点和工艺要求。

2. 分析视图,明确表达目的

看视图,就是要分析零件图中有哪些视图、视图之间的关系等。首先应从主视图着手,根据投影关系识别出其他视图的名称和投影方向,找出局部视图或斜视图的投影部位以及剖视或断面的剖切位置,从而弄清各视图的表达方法和表达目的。

3. 综合想象出零件的结构形状

在了解视图数量和各视图的表达方法的基础上,接下来应利用形体分析法,对零件进行分部位对投影,想象出各部分的形状及它们之间的相对位置、组合方式;对于较难看懂的部位,还需应用线面分析法分析。最后,综合想象出零件的结构形状。

4. 分析尺寸,明确零件的重要结构尺寸

零件图上的尺寸是制造、检验零件的重要依据。应根据零件的结构特点和制造工艺要求,首先找出三个方向的尺寸基准,分析主要结构的主要尺寸,再弄清每个尺寸的尺寸性质,是属于定形尺寸还是定位尺寸,从而理解图上所注尺寸的作用。

5. 分析技术要求,了解零件的质量指标

零件图的技术要求,既是制造零件时的加工质量要求,又是零件性能的重要保证。看图时,主要分析零件的表面粗糙度、尺寸公差和几何公差要求,先分析重要表面(如配合面、主要加工面)的加工质量要求,了解各符号的意义,再分析其他加工面或不加工面的加工要求,以了解零件的加工工艺特点和性能要求;然后阅读技术要求文字说明,了解零件的材料热处理、表面处理或修饰、检验等其他技术要求。

6. 综合归纳

根据以上分析,对于零件的作用、形状结构和加工要求,已经有了较全面的了解,也抓住了零件的关键。审核图纸时,可以确定结构是否合理、表达是否完整清晰、尺寸标注是否齐全合理、技术要求是否恰当,并考虑在合适的产品成本下,进一步完善图纸内容。

8.6.2 读零件图举例

图 8.41 为某一泵体的零件图,读图分析如下:

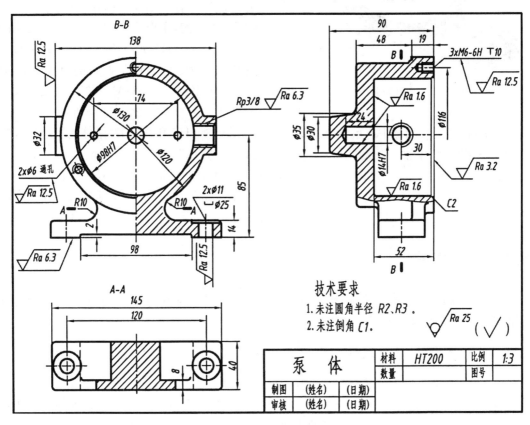

图 8.41 泵 体 零 件 图

（1）从标题栏可知,该零件的名称是泵体,属于箱体类零件,是油泵部件的主体零件,主要起支承、容纳其他零件的作用;泵体的材料是灰口铸铁 HT200,其毛坯应是铸件。

（2）表达泵体共用了主、俯、左三个基本视图,其中主视图采用了半剖形式,既表达了泵体的主要外形结构,又表达了它的部分内部结构;左视图采用了局部剖视,剖切部分主要表达泵体的内部空腔结构;俯视图主要表达泵体的中下部结构形状。三个视图的表达目的各有侧重,反映了泵体的结构形状。对于其他复杂类零件,除了基本视图表达了零件的主要结构形状外,可能还有一些辅助视图,以补充表达基本视图表达不清楚的零件结构,学习看图时应注意这一点。

（3）用形体分析法看图可知,泵体的上部结构主要是由共轴线的两个圆柱筒和一个圆

图 8.42　泵体轴侧图

锥凸台组成的,其中,前面那个圆柱筒的端面上有三个螺纹孔,圆柱筒的左右两侧又有圆柱形凸台;泵体的下部是一块开有两个光孔的长方形底板;中间部分是 T 字形连接板,起连接泵体上下部分结构的作用。由此,综合想象出泵体的结构形状,如图 8.42 所示。

(4) 从图中可知,泵体的长度方向主要尺寸基准是泵体的左右对称中心线,主要定位尺寸有 138、120 等;宽度方向主要尺寸基准是泵体的前端面,主要定位尺寸有 52、30 等;高度方向主要尺寸基准是泵体的底面,主要定位尺寸是 85。泵体的重要定形尺寸有 ϕ98H7、ϕ14H7、Rp3/8、ϕ130、ϕ120 等,还有其他尺寸如左右圆柱凸台的直径 ϕ32、前端面上的三个螺纹孔尺寸 3xM6−6H、底板的尺寸 145、40、14 及尺寸 90、19、2×ϕ11 等等。

(5) 可以看出,图样中有尺寸公差要求的尺寸只有 ϕ98H7 和 ϕ14H7,泵体的整体尺寸精度要求不很高;泵体加工表面的表面粗糙度参数 Ra 的值有 1.6 μm、3.2 μm、12.5 μm,可知 Ra 值为 1.6 μm 的表面是泵体的重要加工面,其他表面是一般加工面和不加工面。

(6) 通过以上看图分析,我们对泵体有了全面的了解。如有必要,就可对泵体提出在图形表达、尺寸标注、技术要求等方面的完善意见。

8.7　画零件图

在设计、测绘机器或部件时,都要画零件图。零件图的准确与否,直接影响机器或部件的性能。本节介绍画零件图的一般方法。

8.7.1　分析零件,确定表达方案

画图前,先要了解零件的名称、功用以及它在机器或部件中的位置和装配连接关系。在弄清零件的结构形状的前提下,结合其工作位置和加工位置,确定它是属于前面所述四类典型零件中的哪一种,再根据这类零件的表达特点,确定合适的表达方案。

在选定表达方案时,应注意以下两点:

1. 视图数量要恰当

应考虑尽量减少视图中的虚线和恰当运用少量虚线,在满足表达清楚零件各部分形状的前提下,力求表达简洁,视图数量恰到好处,尽可能避免重复表达。

2. 表达方法要恰当

根据零件的内外结构形状,每个视图的表达都应有其侧重点和目的,主体结构与局部结构的表达也要分明。同时,需考虑图形的合理布局,如基本视图按规定方式配置等。

8.7.2 画零件草图

零件草图即徒手所画的零件图,它是画零件图和部件测绘时画装配图的重要依据。画零件草图时,要求目测零件的大小,确定绘图比例,且徒手绘制。一般步骤如下:

1. 了解分析零件,确定表达方案

根据零件的大小、复杂程度和表达方案,确定恰当的绘图比例和图幅。画草图最好用方格纸。

图 8.43 表示一泵盖的轴测图。它是一个结构比较简单的盘盖类零件。根据其形状特点,选择 A 向为主视图方向,为了反映泵盖的内部结构,主视图可采用全剖形式;而为了表达泵盖的端面形状和端面上六个螺栓孔、两个销孔的分布情况,又需要一个左视图。这样,主、左两个视图就把泵盖表达清楚了。由泵盖的大小和复杂程度,选定绘图比例为 1:1。

2. 画图框线和标题栏,定出主要视图的位置线

定位线主要由轴线、中心线和作图基准线等组成,如图 8.44 所示。

3. 目测徒手绘图

先画主要结构的轮廓线,后画次要结构的轮廓线。每个结构的相关视图应联系起来画,以符合投影特性。相邻结构组合处,应考虑图线的增减问题(如相交处有交线,相切处无线等)。最后完成全部图形,如图 8.45 所示。

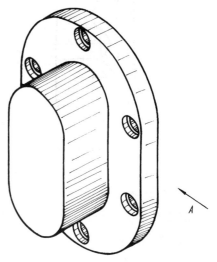

图 8.43　泵盖的轴侧图

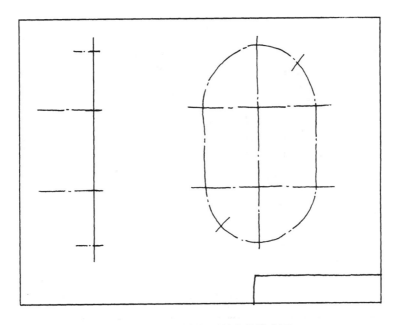

图 8.44　泵盖各视图的定位线草图

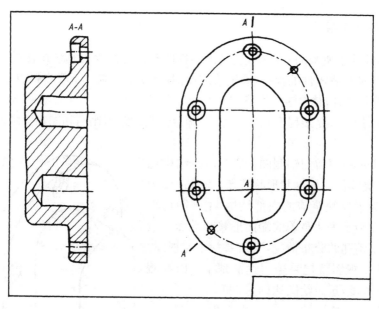

图 8.45　泵盖各视图的草图

4. 检查、修正全图

擦掉不必要的图线；确定三个方向的尺寸基准，画出所有尺寸的尺寸界线、尺寸线和尺寸箭头；画剖面线。

5. 测量并确定所有尺寸

对于标准结构(如键槽、倒角等)的尺寸，应查阅有关手册或进行计算后再填写。

6. 注写必要的技术要求，填写标题栏，完成零件草图

泵盖的零件草图如图 8.46 所示。

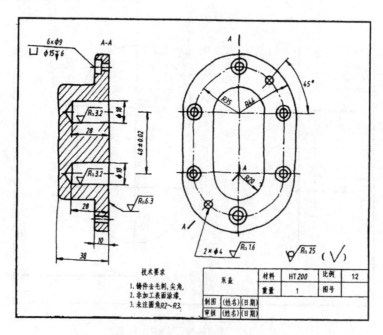

图 8.46　泵盖的零件草图

8.7.3 画零件工作图

在完成零件草图的基础上,结合生产实际情况和加工工艺经验,先对零件草图进行全面校核,再绘制零件图。

校核草图时,通常注意几个问题,例如:表达方案是否合理、完整,尺寸标注是否清晰齐全、正确合理,所提出的技术要求是否既能满足工艺要求又能实现零件的性能要求等。

草图校核修正后,开始画零件工作图。零件工作图的绘制步骤如下:

(1) 分析零件,选定表达方案。

(2) 确定绘图比例和图幅,画图框线、主要视图的定位线。

(3) 画底稿图。

(4) 检查修正底稿,无误后加深全部图形,画剖面线。

(5) 画尺寸界线、尺寸线和尺寸箭头,注写尺寸数值和技术要求。

(6) 填写标题栏,校核,完成零件工作图。泵盖的零件工作图(见图 8.3)。

思 考 题

1. 试述零件图的内容和作用。

2. 试述各类零件在视图表达上的特点。

3. 通常选择零件的哪些要素作为零件图的尺寸基准?

4. 在制造业中,怎样实现零件的互换性?

5. 金属零件的工艺结构主要有哪几类?

6. 怎样识读零件图样?

第 9 章 标准件和常用件

学习要点:

(1) 了解螺纹的形成及五要素;掌握螺纹的规定画法和标注;掌握螺纹紧固件连接后的规定画法及标记。

(2) 了解键、销连接的规定画法及标记;掌握齿轮各部分参数计算及规定画法;掌握滚动轴承的规定画法及基本代号组成;了解弹簧的规定画法。

(3) 学会在零件图和装配图中正确绘制标准件、常用件图样;能正确识读或标注标准件标记;并能根据标准件的标记查阅机械设计手册确定标准件的结构和大小。

在各种机械设备中,除一般零件外,常用到的有螺栓、螺钉、螺母、垫圈、键、销和齿轮、滚动轴承、弹簧等标准件和常用件。

这些零件用途广、用量大,为了设计、生产、使用方便,对它们的结构与尺寸实行了标准化。在绘图时,为了提高画图效率,对上述零件某些形状和结构不必按真实投影画出来,而应根据国家标准《机械制图》制订的相应规定画法、代号和标记进行绘图和标注。

本章主要介绍标准件和常用件的有关基本知识、规定画法、代号、标记以及几个零件连接后的装配画法。

9.1 螺纹和螺纹紧固件

9.1.1 螺纹

螺纹是机械零件上常用的一种结构要素,有外螺纹与内螺纹两种,成对使用,起连接或传动作用。加工螺纹有许多种方法,图 9.1 为车床和丝锥加工内、外螺纹的情况。

1. 螺纹的形成

一平面图形(如三角形、梯形、锯齿形等)沿回转表面上的螺旋线运动所形成的,具有相同断面的连续凸起和沟槽就称为螺纹。在圆柱面上形成的螺纹为圆柱螺纹。在圆锥面上形成的螺纹为圆锥螺纹。

螺纹在回转体外表面时为外螺纹,在内表面时为内螺纹。如图 9.2 所示。

2. 螺纹的要素

(1) 牙型。常用的牙型有三角形、梯形、锯齿形等。不同的牙型有不同的用途。

(2) 螺纹直径。螺纹的直径有大径、小径、中径之分。大径是指与外螺纹牙顶或内螺纹牙底相重合的假想圆柱面直径,通常称为公称直径。内外螺纹大径分别用 D、d 表示,如图 9.2 所示。

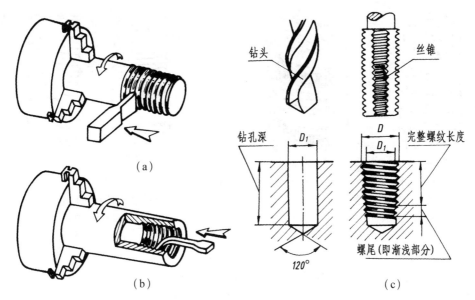

图 9.1　螺纹加工方法示例

（a）车削外螺纹；（b）车削内螺纹；（c）丝锥攻内螺纹

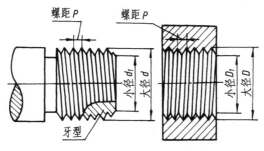

图 9.2　螺 纹 的 要 素

（a）外螺纹；（b）内螺纹

　　小径是指与外螺纹牙底或内螺纹牙顶相重合的假想圆柱面直径,内外螺纹小径分别用 D_1、d_1 表示。

　　中径是指一个假想圆柱面直径,该圆柱的母线通过牙型上的凸起宽度和沟槽宽度相等的地方。内外螺纹中径分别用 D_2、d_2 表示。

　　（3）线数 n。螺纹有单线与多线之分,如图 9.3 所示。沿一条螺旋线形成的螺纹称单线螺纹。沿两条或两条以上螺旋线形成的螺纹称多线螺纹。

　　（4）螺距 P 和导程 P_h。相邻两牙对应两点间的轴向距离称螺距,以 P 表示,同一条螺旋线上的相邻两牙对应两点间的轴向距离称导程,以 P_h 表示。

$$P_h = n \cdot P$$

　　（5）旋向。螺纹分左旋和右旋两种。顺时针旋转时旋入的螺纹,称为右旋螺纹。逆时针旋转时旋入的螺纹,称为左旋螺纹,如图 9.4 所示。工程上常用右旋螺纹。

　　只有这五个要素相同的内外螺纹才能相互旋合。

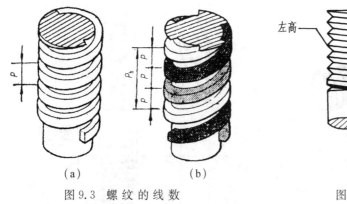

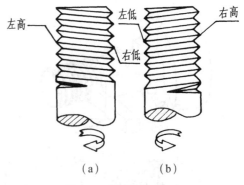

图 9.3 螺纹的线数   图 9.4 螺纹的旋向

(a) 单线螺纹;(b) 三线螺纹   (a) 左旋;(b) 右旋

3. 螺纹的分类

螺纹由牙型、公称直径、螺距三要素是否标准化而分为三类。

(1) 标准螺纹——牙型、公称直径、螺距三要素均已标准化的螺纹。

(2) 特殊螺纹——牙型标准化、公称直径或螺距不符合标准的螺纹。

(3) 非标准螺纹——牙型未标准化的螺纹。

4. 螺纹的规定画法

国家标准规定了螺纹和螺纹紧固件的简化画法。采用简化画法作图并加上螺纹的标记,就能清楚地表示螺纹及其规格。

1) 外螺纹的画法

图 9.5 表示外螺纹的画法,图中编号说明如下:

(1) 外螺纹的大径用粗实线表示。

(2) 外螺纹的小径用细实线表示,一般按 $d_1 \approx 0.85d$ 绘制。

(3) 表示小径的细实线在螺杆的倒角部分也应画出。

(4) 表示小径的细实线圆只画约 3/4 圈,此时轴上倒角省略不画。

(5) 完整螺纹的终止界线用粗实线表示。

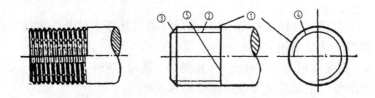

图 9.5 外螺纹的画法

2) 内螺纹的画法

图 9.6 表示内螺纹的画法,一般非圆视图画成剖视,图中编号说明如下:

(1) 内螺纹的小径用粗实线表示,一般按 $D_1 \approx 0.85D$ 绘制。

(2) 内螺纹的大径用细实线表示。

(3) 表示大径的细实线圆只画约 3/4 圈,孔口倒角省略不画。

(4) 螺纹终止线用粗实线表示。

（5）不穿通的螺孔，一般将钻孔深度与螺纹部分的深度分别画出，孔底顶角 120°。

（6）剖面线画到粗实线。

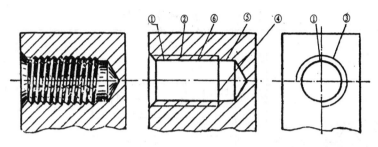

图 9.6　内螺纹的画法

3）螺纹连接的画法

如图 9.7 所示，剖视图表示内外螺纹连接时，其旋合部分应按外螺纹绘制，其余部分仍按各自的画法表示。应注意的是，表示大、小径的粗实线和细实线应分别对齐，剖面线画到粗实线。

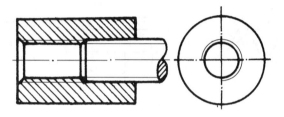

图 9.7　内、外螺纹的连接画法

5．螺纹的标记

1）螺纹的标注

普通螺纹的标记为：螺纹特征代号　公称直径×螺距　旋向－公差带代号－旋合长度。

梯形螺纹的标记为：螺纹特征代号　公称直径×导程（P 螺距）旋向－公差带代号－旋合长度。

2）螺纹标注说明

（1）螺纹公称直径是指螺纹的大径。

（2）粗牙普通螺纹不标注螺距，细牙普通螺纹必须注螺距。梯形螺纹的导程与螺距相等时，可省略标注螺距。

（3）当线数为 1 时，导程与线数允许不注。

（4）普通螺纹旋合长度为中等，省略注 N，长注 L，短注 S。

（5）右旋螺纹不必标注，左旋螺纹标注代号"LH"。

（6）管螺纹的公称直径不是它的大径，而近似地等于外螺纹管子的孔径，其单位为英寸，从大径线引出标注。

（7）螺纹公差带代号是对螺纹制造精度的要求。普通螺纹标注中径和顶径公差带代号，如果中径与顶径公差带代号相同，则只标注一个代号。传动螺纹（梯形螺纹、锯齿形螺纹）只标注中径公差带代号。标注时中径公差带代号在前，顶径公差带代号在后，小写字母表示外螺纹公差带代号，大写字母表示内螺纹公差带代号。非密封管螺纹的外螺纹公差等级分 A、B 两种,而内螺纹只有一种;密封管螺纹只有一种公差带,故不注公差带代号。各种常用螺纹的分类和标记示例如表 9.1 所示。

表 9.1　常用螺纹的种类和标注

螺纹种类		牙型放大图	特征代号	标记示例		说　　明
连接螺纹	普通螺纹	60°	M	粗牙	M20-6g	粗牙普通螺纹,公称直径 20 mm,右旋。螺纹公差带:中径、大径均为 6 g。旋合长度属中等的一组
				细牙	M20×1.5-7H-L	细牙普通螺纹,公称直径 20 mm,螺距为 1.5 mm,右旋。螺纹公差带:中径、小径均为 7H。旋合长度属长的一组
	管螺纹	55°	G	55°非密封管螺纹	G1/2A	55°非密封圆柱外螺纹,尺寸代号 1/2,公差等级为 A 级,右旋。用引出标注
		55°	R_p R R_1 R_c R_2	55°密封管螺纹	Rc1$\frac{1}{2}$	55°密封的与圆锥外螺纹旋合的圆锥内螺纹,尺寸代号 1 $\frac{1}{2}$,右旋。用引出标注。 与圆锥内螺纹旋合的圆锥外螺纹的特征代号为 R_2。 圆柱内螺纹与圆锥外螺纹旋合时,前者和后者的特征代号分别为 R_p 和 R_1
传动螺纹	梯形螺纹	30°	Tr		Tr40×14(p7)LH-7H	梯形螺纹,公称直径 40 mm,双线螺纹,导程 14 mm,螺距 7 mm,左旋(代号为 LH)。螺纹公差带:中径为 7H。旋合长度属中等的一组
	锯齿形螺纹	30° 3°	B		B32×6-7e	锯齿形螺纹,公称直径 32 mm,单线螺纹,螺距 6 mm,右旋。螺纹公差带:中径为 7e。旋合长度属中等的一组

9.1.2　螺纹紧固件

　　常用螺纹紧固件有:螺栓、双头螺柱、螺钉、螺母及垫圈等。螺纹紧固件的类型和结构形式多样,大多已标准化,并由有关专业工厂大量生产。根据规定标记,就能在相应的标准中查出有关尺寸。表 9.2 列出常用的几种紧固件的名称、型式、标准代号及标记示例。

表 9.2　螺纹紧固件的型式和标记

序号	名称(标准号)	图例及规格尺寸	标 记 示 例
1	六角头螺栓—A 和 B 级 (GB/T5782—2000)	40　M8	螺纹规格 d＝M8、公称长度 l＝40 mm、性能等级为 8.8 级、表面氧化、A 级的六角头螺栓： 螺栓　GB/T5782　M8×40
2	双头螺柱 b_m＝1d(GB/T897—1988)	35　M8	两端均为粗牙普通螺纹，d＝8 mm、l＝35 mm、性能等级为 4.8 级、不经表面处理、B 型、b_m＝1d 的双头螺柱： 螺柱　GB/T897　M8×35
3	1 型六角螺母—A 和 B 级 (GB/T6170—2000)	M8	螺纹规格 D＝M8、性能等级为 10 级、不经表面处理、A 型的 1 型六角螺母： 螺母　GB/T6170　M8
4	平垫圈—A 级 (GB/T97.1—2002)	公称尺寸 8 mm	标准系列、公称尺寸 d＝8 mm、性能等级为 140HV 级、不经表面处理的平垫圈： 垫圈　GB/T97.1　8—140HV
5	标准型弹簧垫圈 (GB/T93—1987)	规格 8 mm	规格 8 mm、材料为 65 Mn、表面氧化的标准型弹簧垫圈： 垫圈　GB/T93　8
6	开槽盘头螺钉 (GB/T67—2000)	25　M8	螺纹规格 d＝M8、公称长度 l＝25 mm、性能等级为 4.8 级、不经表面处理的开槽盘头螺钉： 螺钉　GB/T67　M8×25

（续表）

序号	名称(标准号)	图例及规格尺寸	标 记 示 例
7	开槽沉头螺钉 (GB/T68—2000) 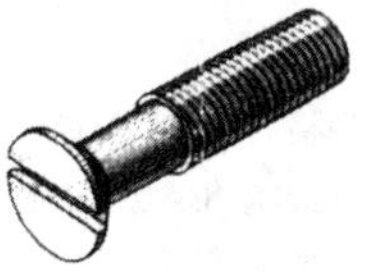	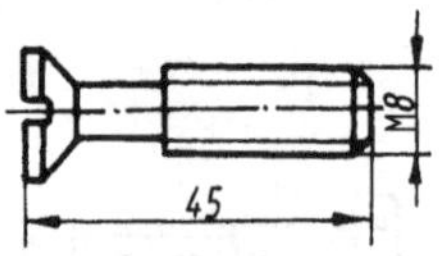 45　M8	螺纹规格 d＝M8、公称长度 l＝45 mm、性能等级为 4.8 级、不经表面处理的开槽沉头螺钉： 螺钉　GB/T68　M8×45
8	内六角圆柱头螺钉 (GB/T70.1—2000) 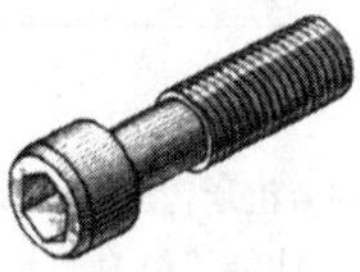	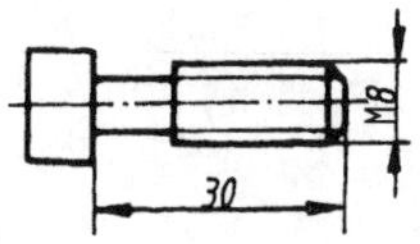 30　M8	螺纹规格 d＝M8、公称长度 l＝30 mm、性能等级为 8.8 级、表面氧化的内六角圆柱头螺钉： 螺钉　GB/T70.1　M8×30
9	开槽锥端紧定螺钉 (GB/T71—1985) 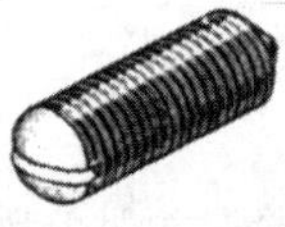	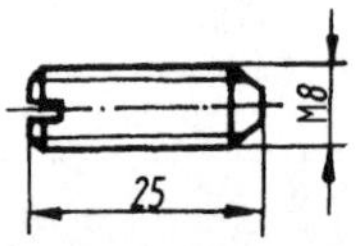 25　M8	螺纹规格 d＝M8、公称长度 l＝25 mm、性能等级为 14H 级、表面氧化的开槽锥端紧定螺钉： 螺钉　GB/T71　M8×25

注：平垫圈的公称尺寸与弹簧垫圈的规格尺寸是指与之相配用的螺纹直径，并非垫圈的内径或外径。

1. 螺栓连接的画法

螺栓连接由被连接件、螺栓、螺母和垫圈组成，如图 9.8(a)所示。螺栓连接的装配画法及简化画法如图 9.8(b)、(c)。为了清晰表达内部连接关系，主视图按全剖视绘制。被连接的两块板上钻有直径比螺栓略大的孔，其孔径近似按 $1.1d$ 绘制，如图 9.8(a)所示。

螺纹紧固件的连接实际上是一个简单的装配体，其连接画法均应符合装配画法的基本规定：

(1) 两零件的接触表面或配合表面只画一条轮廓线，不接触表面或非配合表面应各画一条轮廓线。

(2) 在剖视图中相邻两零件的剖面线方向应相反，或者方向一致、间隔不等。

(3) 对于紧固件和实心零件(如螺钉、螺栓、螺母、垫圈、键、销、球、轴等)，若剖切平面通过它们的基本轴线时，则这些零件均按不剖绘制，仍画外形。需要时，可采用局部剖视。

螺栓连接中的两个被连接件均不太厚，并允许钻成通孔。螺栓的有效长度 L 为：

$$L \geqslant \delta_1 + \delta_2 + h + m + a$$

式中：δ_1 为被连接件厚度，δ_2 由设计给定；h 为垫圈厚度，h＝0.15d；m 为螺母厚度，m＝0.8d；a 为螺栓引出长度 a＝0.3d。

按上式算出后，查标准长度系列选取最接近的 L 值。

单个螺纹紧固件的画法可根据公称直径查附录附表 4 至附表 10 或有关手册，得出各部分尺寸。在绘制螺栓、螺母、垫圈时，通常按螺栓的螺纹规格 d、螺母螺纹规格 D、垫圈的公称直径 d 进行比例折算，得出各部分尺寸后按近似画法画出，如图 9.9 所示。

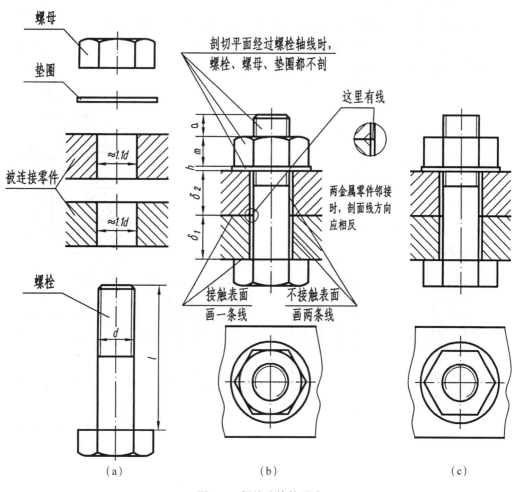

图 9.8 螺栓连接的画法

(a) 连接前;(b) 连接后;(c) 简化画

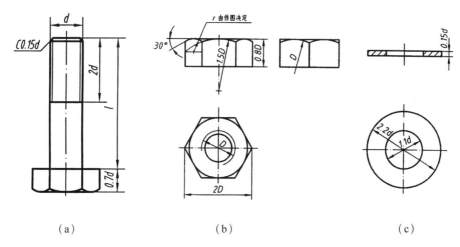

图 9.9 单个紧固件的近似画法

(a) 螺栓;(b) 螺母;(c) 垫圈

2. 双头螺柱连接画法

当被连接件中的一个较厚,不允许钻成通孔时,可采用双头螺柱连接。

如图 9.10(a)双头螺柱的两端都制有螺纹,旋入螺孔(一般为不通孔)的一端称旋入端 (b_m),另一端称为紧固端 (L)。

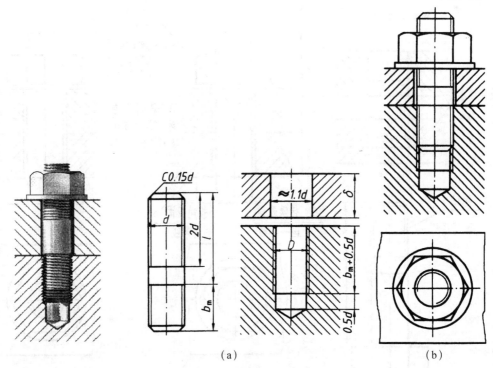

图 9.10　螺柱连接的画法

(a) 连接前;(b) 连接后

根据旋入端长度 b_m 的不同,双头螺柱有四种标准,一般与旋入零件材料有关:

钢、青铜	$b_m=d$
铸铁	$b_m=1.25d$ 或 $b_m=1.5d$
铝、有色金属及软材料	$b_m=2d$

螺孔深度一般取 $b_m+0.5d$;钻孔深度一般取 b_m+d;螺柱有效长度 L 应按下式确定:

$$L \geqslant \delta+h+m+a$$

式中:h 为垫圈厚度;m 为螺母厚度;a 为螺柱引出长度。

根据算出的 L 在螺柱长度系列中选用接近的标准长度。双头螺柱连接简化画法如图 9.10(b)。

3. 螺钉连接画法

螺钉连接按用途可分为连接螺钉和紧定螺钉两种。连接螺钉与螺柱连接画法相似,如图 9.11 所示。

国家标准规定,在垂直于螺钉轴线的视图中,螺钉头部的槽要画成与水平线呈 45°(右高左低)。当一字旋具槽槽宽小于等于 2mm 时允许涂黑表示。

紧定螺钉连接用于固定两零件的相对位置,使它们不产生相对运动。如固定轴上的轮类零件,画法如图 9.12 所示。

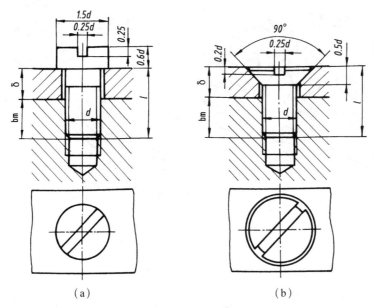

图 9.11 螺钉连接的画法

(a) 圆柱头螺钉连接;(b) 沉头螺钉连接

图 9.12(a)中,紧定螺钉下端锥部应画入轴上的锥孔中,使螺钉端部 90°锥顶与轴上 90°锥坑压紧。

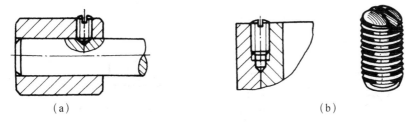

图 9.12 紧定螺钉连接的画法

9.2 键连接、销连接

为了使齿轮、皮带轮等零件和轴一起转动,通常在轮孔和轴上分别切制出键槽,用键将轴、轮连接起来,传递转矩,如图 9.13 所示。

9.2.1 键连接

键是标准件,其种类较多,如图 9.14 所示,有普通平键、半圆键、钩头楔键,平键应用最广。平键的结构和尺寸如附表 12 所示。

国家标准分别规定了平键的尺寸和键槽的断面尺寸与公差,普通平键的型式有 A、B、C 三种,并附有标记示例,如附表 11、附表 12 所示,在标记时,只有 A 型平键可省略 A 字。键槽的画法与尺寸标注如图 9.15 所示。

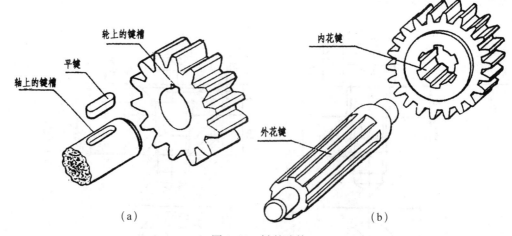

(a)   (b)

图 9.13　键的连接

(a) 普通平键连接；(b) 花键连接键连接

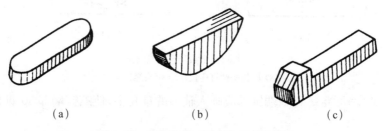

(a)   (b)   (c)

图 9.14　普通平键、半圆键、钩头楔键

(a) 平键；(b) 半圆键；(c) 钩头楔键

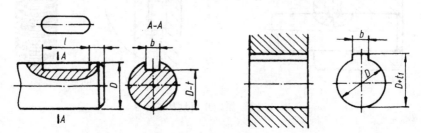

图 9.15　平键键槽画法与尺寸标准(图中 b、t、t_1 的数值由附表 11 查得)

平键连接画法及其编号说明如下(如图 9.16 所示)：

(1) 平键顶面为非工作面，它与轮毂键槽顶面之间有间隙，图中用两条线表示。

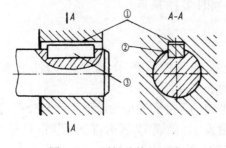

图 9.16　平键连接的画法

（2）平键的侧面是工作面，它与键槽两侧面接触应画成一条线。

（3）在剖视图中，当剖切面纵向通过键的对称平面时，键按不剖绘制。

9.2.2　销连接

销主要用于零件之间的连接或定位。常用的有圆锥销、圆柱销、开口销等，如图 9.17 所示。它们都属标准件，其结构型式和尺寸可在有关标准中查得，并附有标记示例，见附表 13～15。

圆锥销	圆柱销	开口销
（a）	（b）	（c）

图 9.17　销 的 种 类

销的连接画法如图 9.18、图 9.19 所示。图 9.18 所示为利用圆柱销连接轴和齿轮。图 9.19 所示的为利用圆锥销来保证减速器的箱盖和底座间的定位，故常称为定位销。

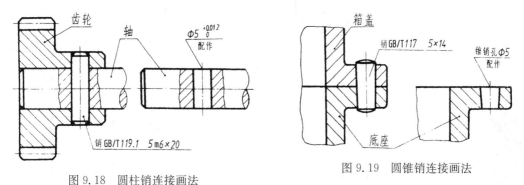

图 9.18　圆柱销连接画法

图 9.19　圆锥销连接画法

9.3　滚动轴承

9.3.1　滚动轴承的结构及画法

滚动轴承是支承轴的一种标准组件。由于结构紧凑、摩擦力小、寿命长等优点，在现代机械设备中得到广泛使用。滚动轴承由外圈、内圈、滚动体、隔离架等四部分组成，如表 9.3 所示。表中列出了三种常用的滚动轴承：深沟球轴承，主要承受径向载荷；推力轴承，主要承受轴向载荷；圆锥滚子轴承，主要承受径向和轴向载荷。

滚动轴承可采用规定画法、通用画法及特征画法，如表 9.3 所示。在表 9.3 的规定画法中，滚动轴承的下侧为通用画法。当无须图示轴承的结构特征时，一般采用通用画法。此时，上侧也像规定画法中的下侧一样，均用粗实线在矩形线框中央画一个"＋"字线。

9.3.2　滚动轴承的代号

（1）滚动轴承（后面简称轴承）代号是用字母加数字来表示轴承的结构、尺寸、公差等级、技术性能等特征的产品符号。

表 9.3　滚动轴承的结构、类型与规定画法

轴承名称	由标准中查出的数据	规 定 画 法		特 征 画 法
深沟球轴承 外圈 滚子 内圈 保持架	D d B		(1) 由 D、B 画出轴承外轮廓 (2) 由 $\dfrac{D-d}{2}=A$ 画出内外圈断面 (3) 由 $\dfrac{A}{2}$、$\dfrac{B}{2}$ 定出滚子的球心；以 $\dfrac{A}{2}$ 为直径画滚子 (4) 由球心向上、向下作 60° 斜线，求出斜线与滚子外形的两个交点 (5) 由所求两点即可作出外(内)圈的内(外)轮廓	
单列圆锥滚子轴承 外圈 圆锥滚子 内圈 保持架	D d T B C		(1) 由 D、d、T、B、C 画出轴承外轮廓 (2) 由 $\dfrac{D-d}{2}=A$ 画出内外圈剖面 (3) 由 $\dfrac{A}{2}$、$\dfrac{T}{2}$ 定出圆锥滚子的中心，再作倾斜 15° 线画出滚子轴线 (4) 由 $A/2$、$A/4$、C 作圆锥滚子的外形线 (5) 最后作出内外圈的轮廓	
平底推力球轴承 上圈 滚子 保持架 下圈	D d T		(1) D、T 画出轴承外轮廓 (2) 由 $\dfrac{D-d}{2}=A$ 画出内外圈剖面 (3) 由 $\dfrac{A}{2}$、$\dfrac{T}{2}$ 定出滚子的中心，以 $\dfrac{T}{2}$ 为直径作滚子 (4) 由球心向上、向下作 60° 斜线，求出斜线与滚子外形的两个交点 (5) 由所求两点即可作出左、右圈的轮廓线	

轴承代号由基本代号、前置代号和后置代号构成,排列如下:

前置代号　　基本代号　　后置代号

前置代号用字母表示,后置代号用字母(或加数字)表示,由有关标准规定。

(2)基本代号表示轴承的基本类型、结构和尺寸,是轴承代号的基础。轴承基本代号由轴承类型代号、尺寸系列代号和内径代号构成,排列如下:

类型代号　　尺寸系列代号　　内径代号

① 内径代号。在基本代号中右起第一、二位数字表示内径代号,如表 9.4 所示。

② 尺寸系列代号。在基本代号中右起第三位数字表示直径系列代号,用以区分结构及内径相同而外径不同的轴承;右起第四位数字表示宽度系列代号,用以区分内、外径相同而宽度(高度)不同的轴承。

③ 类型代号。在基本代号中右起第五位数字或字母表示类型代号,如表 9.5 所示。

对深沟球轴承,其宽度系列代号为 0 而省略时,其类型号代号 6 实际上变为右起第四位数字。

表 9.4　内　径　代　号

轴承公称内径/mm		内　径　代　号	示　　　例
10~17	10	00	深沟球轴承 6200
	12	01	
	15	02	$d=10$ mm
	17	03	
20~480 (22,28,32 除外)		公称内径除以 5 的商数,商数为个位数,需在商数左边加"0",如 08	调心滚子轴承 23208 $d=40$ mm
大于或等于 500 以及 22,28,32		用公称内径毫米数直接表示,但在与尺寸系列之间用"/"分开	调心滚子轴承 230/500 $d=500$ mm 深沟球轴承 62/22 $d=22$ mm

表 9.5　类　型　代　号

代　　号	轴　承　类　型	代　　号	轴　承　类　型
0	双列角接触球轴承	N	圆柱滚子轴承
1	调心球轴承		双列或多列用字母 NN 表示
2	调心滚子轴承和推力调心滚子轴承	U	外球面球轴承
3	圆锥滚子轴承	QJ	四点接触球轴承
4	双列深沟球轴承		
5	推力球轴承		
6	深沟球轴承		
7	角接触球轴承		
8	推力圆柱滚子轴承		

注:在表中代号后或前加字母或数字表示该类轴承中不同结构。

例 9.1　轴承代号为 23224。其中,2 表示轴承类型为调心滚子轴承;32 为尺寸系列代号;24 为内径代号,其内径 $d=24\times5=120$(mm)。

例 9.2 轴承代号为 6210。其中，6 表示轴承类型为深沟球轴承；尺寸系列代号为 02，其中宽度系列代号"0"省略；10 为内径代号，其内径 $d = 10 \times 5 = 50$(mm)。

9.4 齿轮

齿轮是传动零件，它可传递动力，也可以改变传动速度和旋转方向。齿轮有圆柱齿轮、圆锥齿轮、蜗杆蜗轮。齿轮的轮齿有直齿、斜齿、人字齿和螺旋齿，如图 9.20 所示。齿轮参数中只有模数、齿形角已标准化，因此它属常用件。

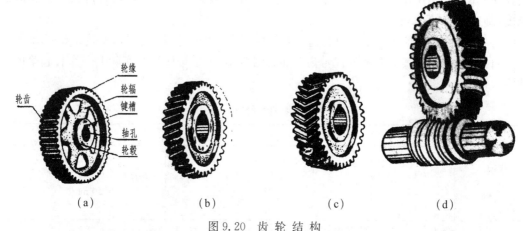

图 9.20 齿 轮 结 构

(a) 直齿圆柱齿轮；(b) 斜齿圆柱齿轮；(c) 人字齿轮；(d) 蜗杆和蜗轮

9.4.1 直齿圆柱齿轮

1. 直齿圆柱齿轮各部分名称(见图 9.21)

(1) 齿顶圆直径 d_a 为各齿顶所在的圆的直径。

(2) 齿根圆直径 d_f 为各齿根所在的圆的直径。

(3) 分度圆直径 d 是在齿顶圆与齿根圆之间的一个假想圆的直径。对标准齿轮来说，是齿厚与齿槽相等处的圆，它是设计制造齿轮时计算各部分尺寸的基准圆。

(4) 节圆直径 d' 是指两齿轮啮合时，位于连心线 O_1O_2 上的两齿廓接触点 P，称为节点。分别以 O_1、O_2 为圆心，O_1P、O_2P 为半径所作的两个相切的圆称为节圆，其直径用 d' 表示。一对正确安装的标准齿轮，分度圆与节圆重合，即 $d = d'$。

(5) 齿距 P 为分度圆上相邻两齿对应点之间的弧长称为齿距，分度圆上齿厚 $s = $ 槽宽 $e = P/2$。

(6) 齿顶高 h_a 为从齿顶圆到分度圆的径向距离。

(7) 齿根高 h_f 为从齿根圆到分度圆的径向距离。

(8) 齿高 h 为从齿顶圆到齿根圆的径向距离。

(9) 中心距 a 为两啮合齿轮轴线之间的距离，$a = (d_1 + d_2)/2$。

(10) 模数 m 为齿轮设计的重要参数。由于分度圆的周长 $\pi d = pz$，即 $d = \dfrac{p}{\pi}z$，令

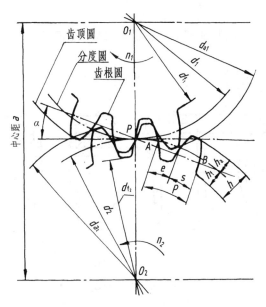

图 9.21　直齿圆柱齿轮的有关术语和代号

$m = \dfrac{p}{\pi}$，m 称为模数，由于 π 是一个无理数，为设计制造方便，国家标准规定了一系列标准模数值，如见表 9.6 所示。

(11) 齿形角 α 为两齿轮啮合时，在节点 P 处两齿廓的公法线(受力方向)与两节圆的切线方向(速度方向)之间的夹角，如图 9.21 所示，我国标准渐开线齿廓齿轮的齿形角 $\alpha = 20°$。

标准直齿圆柱齿轮的各基本尺寸计算公式见表 9.7。

表 9.6　渐开线圆柱齿轮模数(摘自 GB1357—1987)　　　　　　mm

第一系列	1　1.25　1.5　2　2.5　3　4　5　6　8　10　12　16　20　25　32　40　50
第二系列	1.75　2.25　(3.25)　3.5　(3.75)　4.5　5.5　(6.5)　7　9　(11)　14　18　22　28　36　45

表 9.7　标准直齿圆柱齿轮各基本尺寸计算公式

基本参数：	模数 m	齿数 z	齿形角 $\alpha = 20°$	
名　　称	计 算 公 式	名　　称	计 算 公 式	
齿距 p	$P = \pi m$	分度圆直径 d	$d = mz$	
齿顶高 h_a	$h_a = m$	齿顶圆直径 d_a	$d_a = m(z+2)$	
齿根高 h_f	$h_f = 1.25\,m$	齿根圆直径 d_f	$d_f = m(z-2.5)$	
齿高 h	$h = 2.25\,m$	中心距 a	$a = \dfrac{1}{2}m(z_1 + z_2)$	

2. 单个直齿圆柱齿轮的画法(图 9.22)

国家标准规定：

(1) 齿轮的齿顶线和齿顶圆用粗实线绘制。

(2) 分度线和分度圆用细点画线绘制。

(3) 齿根线在剖视图中用粗实线绘制，不剖时用细实线绘制或省略不画，齿根圆用细实线绘制或省略不画。

（4）齿轮上除轮齿以外的其他部分(孔、键槽)结构按正投影法绘制。

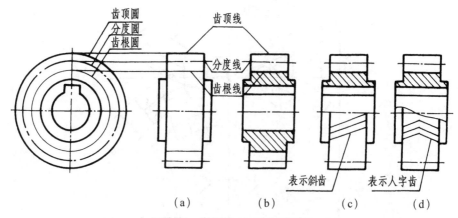

图 9.22　圆柱齿轮的规定画法

(a) 直齿(外形视图)；(b) 直齿(全剖视图)；(c) 斜齿(半剖视图)；(d) 人字齿(局部剖视图)

3. 直齿圆柱齿轮的啮合画法

齿轮的啮合画法是在单个齿轮规定画法的基础上进行的。图 9.23(a)是啮合区的剖视画法。

（1）两齿轮的分度圆应相切,啮合区内齿顶圆均用粗实线绘制,如图 9.23(a)所示；或按省略画法,如图 9.23(b)所示。

（2）假想被遮挡的齿轮的齿顶线用虚线绘制。

（3）不剖画法如图 9.23(c)所示,在啮合区节线位置处用粗实线绘制。

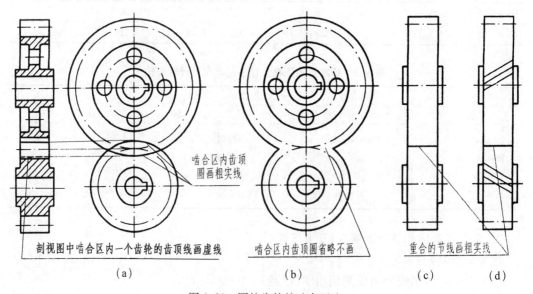

图 9.23　圆柱齿轮的啮合画法

(a) 规定画法；(b) 省略画法；(c) 外形画法(直齿)；(d) 外形画法(斜齿)

4. 齿轮的零件图示例

图 9.24 是一个直齿圆柱齿轮的零件图,它的内容包括一组视图,一组完整的尺寸,必需的技术要求,以及制造齿轮所需的基本参数。

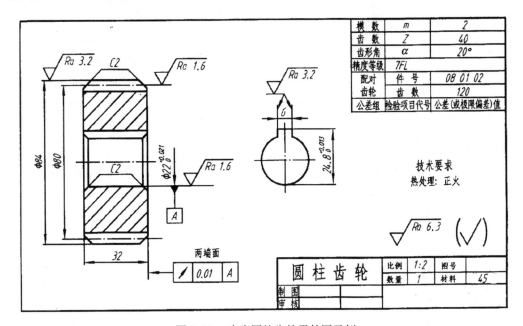

图 9.24　直齿圆柱齿轮零件图示例

9.4.2　斜齿圆柱齿轮

斜齿圆柱齿轮,简称斜齿轮。这种齿轮的轮齿做成螺旋形状。它与直齿圆柱齿轮的区别在于其轮齿排列方向与齿轮轴线间有一倾斜角(又称螺旋角)β,如图 9.25 所示。

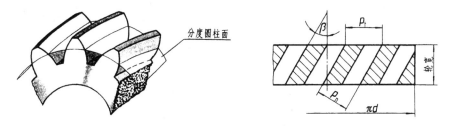

图 9.25　斜齿圆柱齿轮

由于轮齿倾斜,斜齿轮的端面齿形与法面齿形不同,因此斜齿轮有端面齿距 P_t 和法面齿距 P_n,有 $p_n = p_t \cos\beta$,如图 9.25 所示;与之对应的也有端面模数 m_t 和法面模数 m_n,有 $m_n = m_t \cos\beta$。法面模数 m_n 仍按表 9.7 选取标准模数。斜齿轮各部分间的关系及尺寸计算公式,如表 9.8 所示。

单个斜齿轮的画法与直齿轮的画法基本相同,斜齿轮一般需用三条平行的细实线表示轮齿的螺旋方向,如图 9.22(c)所示。

斜齿轮的啮合画法与直齿轮的啮合画法基本相同,要注意的是两轮的螺旋线旋向相反,两轮需用三条平行的细实线分别表示轮齿的螺旋方向,如图 9.23(d)所示。

　　斜齿圆柱齿轮零件图的画法与直齿圆柱齿轮零件图的画法基本相同。

表 9.8　斜齿轮的尺寸计算公式

名　　称	计 算 公 式	名　　称	计 算 公 式
法向齿距 p_n	$p_n=\pi m_n$	分度圆直径 d	$d=m_t z=m_n z/\cos\beta$
齿顶高 h_a	$h_a=m_n$	齿顶圆直径 d_a	$d_a=d+2h_a=m_n(z/\cos\beta+2)$
齿根高 h_f	$h_f=1.25\,m_n$	齿根圆直径 d_f	$d_f=d-2h_f=m_n(z/\cos\beta-2.5)$
齿高 h	$h=2.25\,m_n$	中心距 a	$a=\dfrac{1}{2}(d_1+d_2)=\dfrac{m_n}{2\cos\beta}(z_1+z_2)$

9.4.3　直齿圆锥齿轮

　　直齿圆锥齿轮通常用于垂直相交的两轴之间的传动。由于齿轮位于圆锥面上,所以圆锥齿轮的轮齿一端大,另一端小,齿厚是逐渐变化的,直径和模数也随着齿厚的变化而变化。规定以大端模数为标准参数来计算大端轮齿的各部分尺寸。一对相互啮合的直齿圆锥齿轮也必须有相同的模数。直齿圆锥齿轮各部分几何要素的名称如图 9.26 所示。

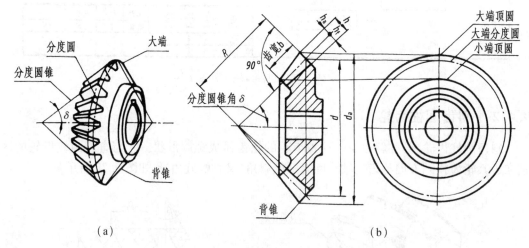

（a）　　　　　　　　　　　　　　　　　　（b）

图 9.26　直齿圆锥齿轮各部分名称
(a)直齿圆锥齿轮;(b)锥齿轮各部分名称及画法

　　圆锥齿轮各部分几何要素的尺寸也都与模数 m、齿数 z 及分度圆锥角 δ 有关,其计算公式如表 9.9 所示。

表 9.9　直齿圆锥齿轮的计算公式

名称及代号	公　式	名称及代号	公　式
分度圆锥角 δ_1（小齿轮）	$\tan\delta_1=z_1/z_2$	齿顶高 h_a	$h_a=m$
δ_2（大齿轮）	$\tan\delta_2=z_2/z_1$	齿根高 h_f	$h_f=1.2m$
分度直径 d	$d=mz$	齿高 h	$h=2.2m$
齿顶圆直径 d_a	$d_a=m(z+2\cos\delta)$	外锥距 R	$R=mz/2\sin\delta$
齿根圆直径 d_f	$d_f=m(z-2.4\cos\delta)$	齿宽 b	$b\leqslant R/3$

直齿圆锥齿轮的规定画法与圆柱齿轮基本相同。

（1）单个直齿圆锥齿轮的画法。如图 9.26(b)所示为单个圆锥齿轮的画法,一般用主、左视图表示,主视图画成剖视图,在投影为圆的左视图中,用粗实线绘制锥齿轮大端和小端的齿顶圆,用细点画线绘制大端的分度圆,不画齿根圆。

（2）圆锥齿轮的啮合画法,如图 9.27 所示。主视图画成剖视图时,由于两齿轮的分度圆锥面相切,因此其分度线重合,画成细点画线。在啮合区内,应将其中一个齿轮的齿顶线画成粗实线,而将另一个齿轮的齿顶线画成虚线。左视图画成外形视图。

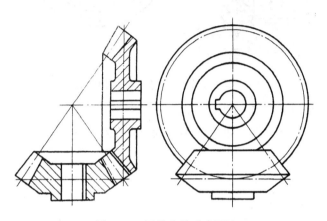

图 9.27　圆锥齿轮啮合画法

9.4.4　蜗杆蜗轮

蜗杆与蜗轮用于垂直交叉两轴之间的传动。通常蜗杆是主动的,蜗轮是从动的。蜗杆、蜗轮的传动比大,结构紧凑,但效率低。蜗杆和蜗轮的轮齿是螺旋形的,蜗杆的头数 z 相当于螺杆上螺纹的线数。蜗轮的齿顶面和齿根面常制成圆环面。一对相互啮合的蜗杆蜗轮的模数相同,且蜗轮的螺旋角和蜗杆的螺旋升角大小相等,方向相同。

蜗杆和蜗轮各部分几何要素的代号和规定画法,如图 9.28 和图 9.29 所示。

蜗杆、蜗轮的画法与圆柱齿轮基本相同,但在蜗轮投影为圆的视图中,只画出分度圆和最外圆,不画齿顶圆与齿根圆。在外形视图中,蜗杆的齿根圆和齿根线用细实线绘制或省略不画。

图 9.28 中 P_x 是蜗杆的轴向齿距;图 9.29 中 d_{e2} 是蜗轮齿顶的最外圆直径,即顶圆柱面的直径;d_2 是蜗轮的分度圆直径。

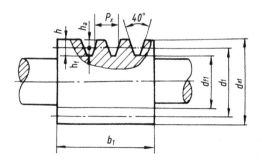

图 9.28　蜗杆的几何要素代号和画法

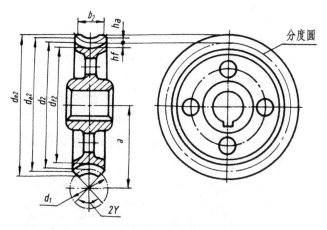

图 9.29   蜗轮的几何要素代号和画法

蜗杆和蜗轮的啮合画法,如图 9.30 所示。

在主视图中,蜗轮被蜗杆遮住的部分不必画出。在左视图中,蜗轮的分度圆与蜗杆的分度线相切,其余见图中所示。

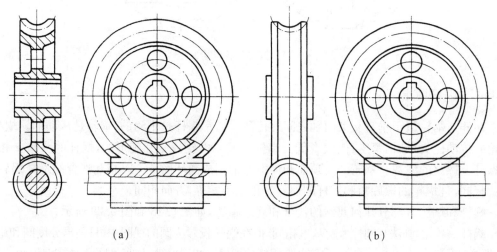

(a)   (b)

图 9.30   蜗杆、蜗轮的啮合画法
(a) 剖视图;(b) 外形视图

9.5   弹簧

弹簧是一种用来减振、夹紧、承受冲击和储存能量的零件,种类很多,用途很广,如图 9.31所示。本节只介绍圆柱螺旋弹簧的画法。

1. 圆柱螺旋弹簧的计算

圆柱螺旋压缩弹簧各部分名称及尺寸计算,如图 9.32 所示。

(1) 簧丝直径 d。制造弹簧的钢丝直径。

(2) 弹簧外径 D。弹簧的最大直径。

(3) 弹簧内径 D_1。弹簧的最小直径 $D_1 = D - 2d$。

（4）弹簧中径 D_2。弹簧的平均直径 $D_2 = \dfrac{D+D_1}{2} = D_1 + d = D - d$。

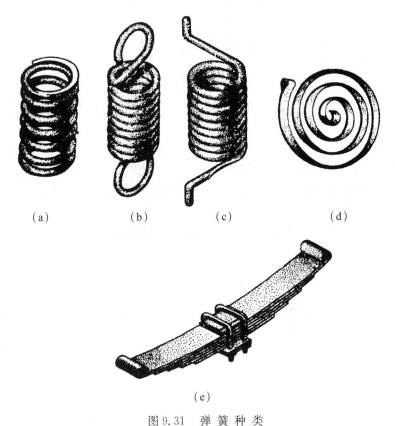

（a）　　　　（b）　　　　（c）　　　　　（d）

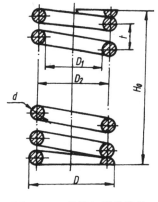

（e）

图 9.31　弹 簧 种 类

（a）压缩弹簧；（b）拉伸弹簧；（c）扭力弹簧；（d）蜗卷弹簧；（e）板弹簧

（5）节距 t。除支承圈外，弹簧上相邻两圈在对应两点之间的轴向距离。

（6）有效圈数 n。实际参加工作（变形）的圈数。

（7）支承圈数 n_2。为使弹簧两端受力均匀，放置平稳，弹簧两端各有 3/4～5/4 圈并紧磨平的支承圈，使支承平稳，通常支承圈数 $n_2 = 2.5$ 圈。

图 9.32　弹簧各部分代号　　　　　　　　　图 9.33　弹簧视图

（8）弹簧总圈数 n_1。弹簧的支承圈数与有效圈数之和，有 $n_1＝n＋n_2$

（9）弹簧的自由高度 H_0。弹簧不受外力时的高度。有

$$H_0＝nt＋(n_2-0.5)d$$

（10）弹簧展开长度 L。制造时弹簧丝的长度 $L＝n_1\sqrt{(\pi D_2)^2＋t^2}$

2. 圆柱螺旋弹簧的规定画法

（1）单个圆柱弹簧的规定画法，可画成视图、剖视图。如图 9.32、图 9.33 所示。

（2）在平行于弹簧轴线的投影面的视图中，各圈轮廓线画成直线。

（3）有支承圈时均按 2.5 圈绘制，必要时也可按支承圈的实际结构绘制。

（4）有效圈在四圈以上的螺旋弹簧，允许每端只画出其两端的 1～2 圈（不包括支承圈），中间只需用过簧丝剖面的细点画线连起来，且可适当缩短图形的长度。

（5）不论弹簧旋向如何，均可画成右旋，但左旋弹簧在图上要注明"左"字。

3. 圆柱螺旋弹簧的作图步骤

圆柱螺旋弹簧的作图步骤，如图 9.34 所示。圆柱螺旋弹簧的零件图如图 9.35 所示。

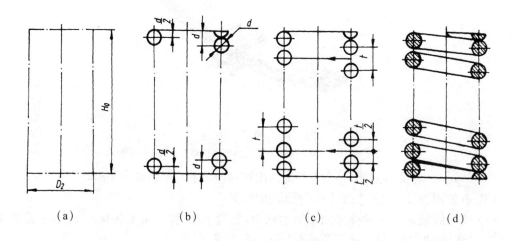

图 9.34　螺旋压缩弹簧的作图步骤

(a) 根据 D2 与 H0 画出长方形；(b) 画出支承圈部分簧丝断面的圆和半圆；(c) 根据 t 做有效圈部分断面；(d) 按右旋方向作簧丝断面的切线，加深，画剖面线

4. 装配图中弹簧的画法

在装配图中，被弹簧挡住的结构一般不画出，可见部分应从弹簧外轮廓线或从弹簧丝剖面区域的中心线画起，如图 9.36(a) 所示。当弹簧被剖切时，簧丝剖面区域的直径或厚度在图形上小于或等于 2 mm 时，可以用涂黑表示，如图 9.36(b) 所示。型材直径或厚度在图形上小于或等于 2 mm 的螺旋弹簧允许用示意图绘制，如图 9.36(c) 所示。

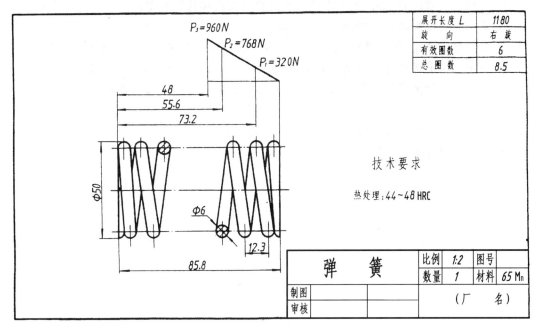

展开长度 L	1180
旋　　向	右旋
有效圈数	6
总圈数	8.5

技 术 要 求

热处理：44~48 HRC

弹　　簧	比例	1:2	图号	
	数量	1	材料	65 Mn
制图			（厂　　名）	
审核				

图 9.35　圆柱螺旋弹簧的零件图

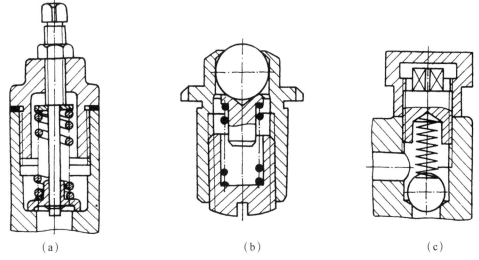

（a）　　　　　　　　　　　（b）　　　　　　　　　　　（c）

图 9.36　装配图中弹簧的规定画法

（a）不画挡住部分的零件轮廓；（b）簧丝断面涂黑；（c）簧丝示意画法

思　考　题

1. 为什么要对广泛使用的零件如螺纹紧固件、键、销、滚动轴承等实行标准化？

2. 螺纹要素有哪几个？它们的含义是什么？内、外螺纹旋合时，它们的要素应符合哪些要求？

3. 试述内外螺纹的规定画法,怎样绘制内外螺纹连接的装配图?

4. 常用的螺纹紧固件有哪些? 如何标记?

5. 绘制螺栓连接、螺柱连接、螺钉连接的装配图时要注意哪三项装配图的规定?

6. 常用的键有哪几种? 绘制安装平键的轴和轮毂上的键槽时应注意什么?

7. 滚动轴承的主要构造有哪几部分? 滚动轴承的基本代号由哪些组成? 试述其装配时的画法。

8. 齿轮有哪几种? 试述圆柱齿轮及其啮合的规定画法。

9. 试述圆柱螺旋弹簧的规定画法。

第 10 章 装 配 图

学习要点：

(1) 掌握装配图的规定画法、特殊表达法及简化画法。

(2) 掌握装配图的视图选择原则，了解合理的装配结构。

(3) 掌握画装配图的方法与步骤。

(4) 掌握阅读装配图的方法和步骤，掌握由装配图拆画零件图的方法和步骤。

10.1 装配图的作用和内容

在设计、测绘机器(仪器)或部件时，一般先画出装配图，然后根据装配图拆画零件图。因此，装配图要充分反映设计者的总体意图，表达完整机器或部件的工作原理、性能结构、零件之间的装配关系和必要的技术数据。

10.1.1 装配图的作用

装配图是用来表达机器(仪器)或部件的一种图样，是机器设计、制造的重要技术文件。在机器或部件的设计、制造、装配、维修时，都需要装配图。装配图的主要作用如下：

(1) 在设计过程中，首先要画出装配图，以表达装配体的结构、工作原理和装配关系，并以此确定各零件的结构形状、协调和校核零件的尺寸。

(2) 在制造过程中，要根据装配图制定装配工艺规程，把各个零件依次装配起来，成为一台机器(仪器)或部件，再进行机器技术性能检测和调试。

(3) 在使用和维修中，可以根据装配图来了解机器或部件的工作原理、结构性能、总体尺寸等技术资料，从而能正确地使用、维修、保养机器。

10.1.2 装配图的内容

图 10.1 是一球阀的装配图。可以看出，一张完整的装配图应具备如下内容：

(1) 一组图形。是指用一组图形(包括图样的各种表达方法)正确、完整、清晰地表达出机器或部件的工作原理、零件间的装配关系及各零件的主要结构形状。

(2) 必要的尺寸。是指在装配图上要注出表示机器或部件的性能、规格尺寸，以及装配、检验、安装时所必需的一些尺寸，如配合尺寸、相对位置尺寸、外形尺寸等。

(3) 技术要求。装配图要提出对机器或部件的性能、装配、检验、调整、试验、验收等方面的技术要求，主要用文字和符号说明。

(4) 零件的序号和明细栏。装配图上必须对每种零件编制序号，并填写明细栏。明细栏中要依次填写各种零件的序号、名称、数量、材料等内容。

（5）标题栏。用于说明机器或部件的名称、图号、使用的绘图比例等。

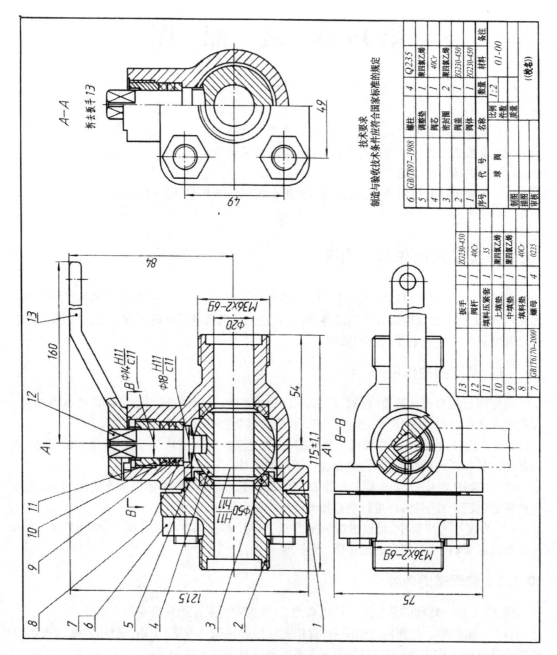

图 10.1　球 阀 装 配 图

10.2　装配图的表达方法

机器或部件的装配图与零件图一样，都要表示它们的内外结构形状。所以，第 7 章介绍的各种表达方法和选用原则,既适用于零件图,也适用于装配图。但装配图也有它本身独特的表达方法,现介绍如下。

10.2.1　装配图的规定画法

装配图以表达机器的工作原理和装配关系为主,国标在图样画法中列出了它的三种规定画法:

(1) 两相邻零件的接触面和配合面只画一条线;当两零件表面不接触时,即使间隙很小,也必须画出两条线。如图 10.1 所示,扳手的左侧底面与阀体的顶面不接触,画两条线,扳手的右侧底面与阀体的顶面接触,只画一条线。

(2) 相邻两零件的剖面线应以倾斜方向相反或方向一致、间距不同来加以区别。但是,同一个零件在各视图中的剖面线方向、间距必须保持一致。如图 10.1 所示。

(3) 画装配图的剖视图时,对于紧固件(如螺栓、螺柱、螺母、销、键等标准件)和实心零件(如轴、手柄、连杆等)等零件,当剖切平面通过它们的轴线或对称平面时,则这些零件均按不剖处理,只画其外形轮廓线,如图 10.2 中的螺栓、螺母画法。如果这些零件的局部位置有孔、槽等内部结构需要表达时,可采用局部剖视表达。

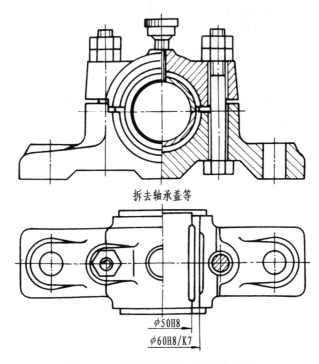

图 10.2　滑动轴承沿结合面剖切画法

10.2.2　装配图的特殊表达方法

1. 沿结合面剖切和拆卸画法

在装配图中,当某些零件遮住需要表达的装配关系和其他需表达的结构时,可假想沿这些零件的结合面(或称接触面)进行剖切或假想拆去这些零件,然后绘制视图。这种画法称为沿结合面剖切画法或拆卸画法。需要指出的是,此时在结合面上不画剖面线,但被剖切到的其他零件如螺栓、销等则必须画出剖面线。需要说明时,可在该视图上方加注"拆去××等"。如图 10.2 所示,俯视图就是沿滑动轴承的轴承盖和底座的结合面剖切后而画出的半剖视图。

2. 展开画法

为了表示传动机构的传动路线和零件间的装配关系,可假想把空间轴系按传动顺序展开在一个平面上,然后沿各轴线剖切,画出剖视图,这种画法称为展开画法,这种图称为展开图。如图 10.3 所示是三星齿轮传动机构的展开画法。

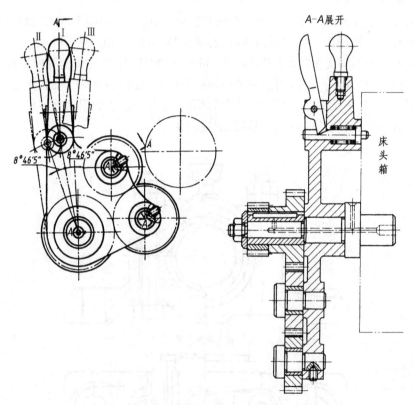

图 10.3　三星齿轮传动机构的展开画法

3. 单独表达某一个或几个零件

在装配图中,必要时可以单独画出某一个零件或几个零件的视图。但必须在所画视图的上方标注出该零件的视图名称,在装配图上相应零件的附近用箭头指明投影方向,并注上同样的字母。如图 10.4 所示转子泵装配图中,"泵盖 *B*"图即是单独表达泵盖零件的 *B* 向视图。

4. 夸大画法

在装配图中,对于直径或厚度小于 2 mm 的孔、圆柱或薄片等零件以及较小的斜度和锥度,允许将该部分不按原绘图比例而夸大画出。

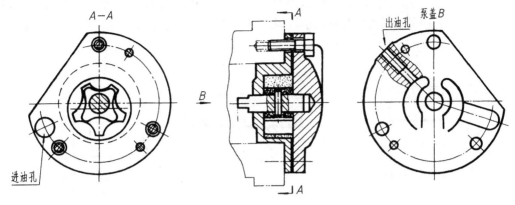

图 10.4 转子泵装配图

5. 假想画法

在装配图中当需要表示某些零件的运动范围和极限位置时,可用双点画线画出这些零件的极限位置。如图 10.3 所示的三星齿轮传动机构中扳手的运动极限位置画法。

在装配图中,当需要表达本部件与相邻零部件的装配关系时,可用双点画线画出相邻零部件的部分轮廓线,如图 10.3 中床头箱的画法。

6. 简化画法

(1) 对于装配图中若干相同的零件组(如螺栓连接等),可详细地画出一组或几组,其余只需用点画线表示装配位置。

(2) 在装配图中,零件的工艺结构如小圆角、倒角、退刀槽等可不画出,如图 10.2 中螺母的倒角及因倒角产生的曲线就省略。

(3) 在装配图中,当剖切平面通过的某个部件为标准化产品或该部件已有其他图形表示清楚时,可按不剖绘制,如图 10.2 中的油杯,即按不剖画出。

(4) 在装配图的剖视图中,若零件的厚度在 2 mm 以下(如垫片等零件)时,允许用涂黑代替剖面符号。

(5) 在装配图的剖视图中,当不致引起误解时,剖切平面后不需表达的部分可省略不画。

10.2.3 零件的序号、明细栏

1. 零件的序号

装配图中所有的零件、部件都必须编号(序号或代号),以便读图时根据编号对照明细栏找出各零件或部件的名称、材料以及在图上的位置,同时也为图样管理和生产准备工作提供方便。

编号时应该遵守如下国标规定:

(1) 相同的零件、部件用一个序号,且只标注一次。在图上标注序号时,应从表示该零件较明显的视图上画一指引线(细实线),在指引线的起端画一小黑圆点,点在被编号零件的投影轮廓内,而在指引线的另一端(必须在视图轮廓线之外)用细实线画一短横线或一个小圆,如图 10.5(a)所示。对薄片、细小零件,不便画小圆点时,可在指引线起端画箭头,如图 10.5(b)所示。

（2）序号写在横线上方或小圆内，序号字高应比图中尺寸数字高度大一号或二号，如图 10.5(a)所示；序号也可直接写在指引线附近，其字高比尺寸数字大二号，如图 10.5(c)所示。

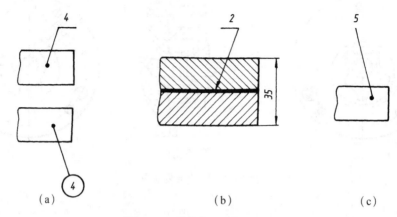

图 10.5　零件序号的注写方式

（3）对于一组紧固件或装配关系清楚的零件组，可以采用公用指引线，如图 10.6 所示。

（4）各指引线彼此不能相交。当指引线通过有剖面线的区域时，指引线不应与剖面线平行；必要时，指引线可画成折线，但只允许曲折一次，如图 10.7 所示。

序号应沿水平或垂直方向排列整齐，且按顺时针或逆时针方向顺序排列，如图 10.1 所示；一张装配图上，编制序号的形式应一致。

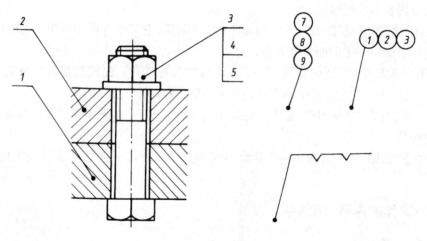

图 10.6　公用指引线

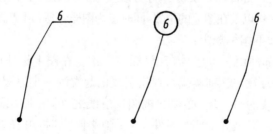

图 10.7　转折一次的指引线

2. 明细栏

装配图的明细栏是机器或部件中全部零件的详细目录,内容一般包括序号、代号、名称、数量、材料以及备注等项目。

明细栏一般画在标题栏的上方,外框为粗实线,内格及顶线为细实线;假如地方不够时,也可在标题栏左边再画一排。

明细栏中,零件序号编写顺序是由下而上,应注意明细栏中的序号必须与图中所注的序号一致。

特殊情况下,明细栏不画在图上时,可作为装配图的续页按 A4 幅面单独给出。

明细栏由 GB/T10609.2—1989 规定。此处推荐的学生用明细栏已进行了简化,如图 10.8所示。

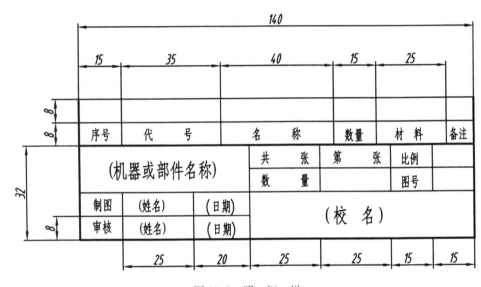

图 10.8　明　细　栏

10.3　装配图的尺寸和技术要求

装配图和零件图一样,需要标注尺寸和注明技术要求。但是,它们的要求各不相同。零件图上的尺寸,是制造、检验零件时所需的全部尺寸;而装配图的尺寸,一般与机器或部件的装配、安装等有关。零件图的技术要求,主要围绕制造、检验零件时的一些要求而提出;装配图的技术要求,则与机器或部件的性能、装配等有关。

10.3.1　装配图上标注的尺寸

在装配图上,不需注出每个零件的全部尺寸,要标注出哪些尺寸,是根据装配图的作用决定的。通常,装配图上应标注出反映部件的性能要求及装配、调整试验时要用到的尺寸,大致可分为五类尺寸:特征尺寸(规格尺寸)、装配尺寸、外形尺寸、安装尺寸及其他重要尺寸。

1. 特征尺寸(规格尺寸)

特征尺寸表示部件的性能和规格,因此亦称为规格尺寸。它是设计、了解和选用机器的依据。如滑动轴承的轴孔直径、阀门的进出口径、车床主轴的中心高等,都属于这类尺寸。如图 10.1 中球阀的管口直径 $\phi20$,及图 10.14 中滑动轴承的内孔直径 $\phi50H8$。

2. 装配尺寸

装配尺寸表示部件内部相关零件间的装配要求和工作精度的尺寸,包括配合尺寸和相对位置尺寸。

(1)配合尺寸。表示零件间配合性质的尺寸,一般在尺寸数字后面注明配合代号。配合尺寸是装配和拆画零件图时确定零件尺寸偏差的依据。如图 10.1 所示的球阀中的 $\phi50H11/h11$ 和 $\phi18H11/c11$ 等。

(2)相对位置尺寸。即设计和装配机器时,需要保证零件间相对位置的尺寸,也是装配、调整和校对时所需要的尺寸。如图 10.1 中的尺寸 115 ± 1.10。

3. 安装尺寸

表示将部件安装在机器上或机器安装在基础上所需确定的尺寸,通常为机器底座上安装螺栓的螺栓孔孔径和它们的中心距。如图 10.1 中的尺寸 $2\times M36\times2-6g$ 就属此种尺寸。

4. 外形尺寸

表示机器或部件总体的长、宽、高尺寸。它反映了机器或部件的大小,是机器或部件在包装、运输和安装过程中所必需的尺寸。如图 10.1 中的尺寸 160、121.5、75 等。

5. 其他重要尺寸

是设计过程中经过计算确定或选定的尺寸,如主要零件的结构尺寸、活动零件的极限位置尺寸等。

事实上,上述五类尺寸并不是每张装配图上都全部具有,有些尺寸有时兼有多重意义。因此,应根据具体情况具体分析,尽可能地使尺寸标注完整、合理。

10.3.2 装配图上的技术要求

装配图上的技术要求,可从以下几方面考虑:

(1)装配过程中的技术要求,如装配前的清洗,装配时的加工,指定的装配方法,装配后必须保证的精度、间隙要求等,如轴要转动灵活、润滑方法、密封要求等。

(2)检验、试验过程中的技术要求,如检验条件,试验方法,操作规范及要求等。

(3)性能、安装、调试、使用和维护等方面的要求,如产品的基本性能、规格,使用时的注意事项,表面涂刷等。

技术要求中的文字应准确、简练,一般写在标题栏上方或左方的空白处,也可另写成技术要求文件作为图样的附件。

10.4 装配结构的合理性

装配结构的合理性与装配工艺结构紧密相关。为了满足机器或部件的性能要求,制造时顺利装配,维修时容易拆装,在设计绘画装配图时,应考虑装配结构的合理性。

10.4.1　轴孔配合结构

如图 10.9 所示,为保证 ϕA 已经形成的配合,ϕB 与 ϕC 就不能形成配合,即 ϕB 应小于 ϕC;如图 10.10 所示,圆锥面接触应有足够的长度,同时不能再与其他端面接触,以保证配合的可靠性。

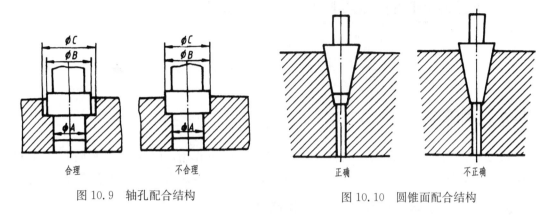

图 10.9　轴孔配合结构　　　　　　　　图 10.10　圆锥面配合结构

10.4.2　两零件接触的合理结构

两零件在同一方向上只能有一对接触面,这样既能保证接触良好,又能降低加工要求,如图 10.11(a)、(b)所示。不同方向接触面的交界处,不能做成尖角或相同的圆角,否则接触不良,如图 10.11(c)所示。

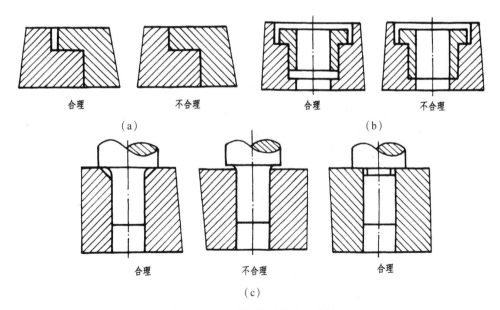

图 10.11　两零件接触的合理结构

10.4.3　沉孔与凸台

在螺纹连接中,为保证连接件和被连接件的良好接触,被连接件上应加工沉孔或做成凸台,如图 10.12 所示。

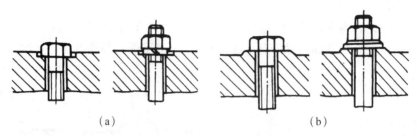

图 10.12　沉 孔 与 凸 台

10.5　画装配图

由于装配图和零件图在设计、制造过程中起着不同的作用,这就决定了它们在表达方面的差异。零件图以表达零件的结构形状为主,装配图则以表达工作原理、装配关系为主。

10.5.1　了解部件的装配关系和工作原理

由于装配图是以表达机器或部件的工作原理、装配关系为主的,因此,画装配图之前,首先要对部件进行分析研究,阅读有关的说明书、资料,了解部件的用途、工作原理、结构特点和零件间的装配关系,才能选择好合理的表达方案,满足装配图的表达要求。

10.5.2　视图选择

画装配图前,首先必须选好主视图,同时兼顾其他视图,最后通过综合分析对比后,确定一组图形表达方案。

1. 主视图选择

机器或部件的安放位置,应与机器或部件的工作位置相符合,这样对设计和指导装配都会带来方便。当机器或部件的安放位置确定后,便可选择主视图投射方向。主视图投射方向的确定应使主视图最能充分地反映出机器或部件的特征,充分表达机器或部件的主要装配干线和工作原理,并采取适当的剖视。

图 10.13 为一球阀的装配轴侧图,它由阀体、阀盖、阀芯、阀杆、密封圈、扳手等 13 种零件组成,主要有两条装配干线:一条是阀杆、阀芯工作部分,一条是气体或液体的进出口部分。主视图选择时,球阀应按工作位置放置,为了反映两条装配干线的内部结构,主视图可采用全剖视,能比较清晰地表达各个主要零件以及零件间的相互关系。

2. 其他视图的选择

根据已确定的主视图,再选取反映其他装配关系、外形及局部结构的视图。一般应先从机器或部件的整体考虑,看看需要哪几个基本视图;再考虑还需要采用哪些局部视图、断面图等,以便把那些在基本视图上仍然未表达清楚的局部结构和装配关系表达出来。考虑各视图时,应尽可能使机器的每一部分结构完整地表达在一个视图或相邻的一个视图上,同时又要使每个视图都有其表达重点。

当然,对主视图与其他视图的选择,必须结合进行,以便选择一个较好的综合表达方案。

至于每个视图是否需要剖视？如何剖切？都要具体分析，目的是要把机器或部件的内部和外部结构都能全面表达出来，并且表达得清晰、简练，便于看图。

仍以图 10.13 的球阀为例，为了反映阀体、扳手的外部形状，需要画一个俯视图，而为了兼顾表达阀体上端口和阀杆的上部结构，俯视图可采用局部剖视；此外，为反映阀盖的端面形状和阀杆与阀芯的接触部分形状，还需要一个左视图，根据球阀的前后对称性，左视图可采用半剖视。由此，三个基本视图表达各有侧重，相互补充，构成了对球阀的一个较完整的表达方案。球阀的表达方案如图 10.1 所示。

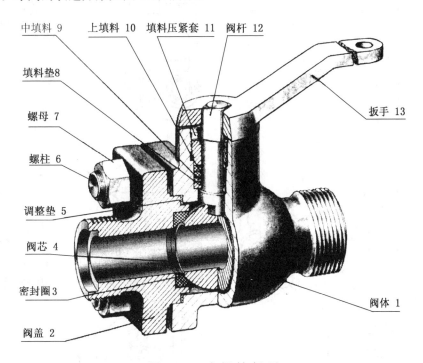

图 10.13 球 阀 轴 侧 图

10.5.3 画装配图的步骤

在画装配图之前，必须先做好以下工作，即选择好视图表达方案，确定画图比例和图幅，考虑各视图在图面上的配置方式，画出图框线和标题栏。然后，着手画装配图，具体步骤如下：

（1）根据表达方案，画出各主要视图的作图基准线（通常用主要支撑零件或起定位作用的主要零件的轴线和端面轮廓线、装配体的对称线等作为各视图的画图主要基准线）。应注意在视图之间留出必要的间距，以便标注尺寸和编排零件序号。

（2）画出各基本视图。一般可从主视图或反映较多装配关系的视图着手，按照视图之间的投影关系，联系起来画。在画每个视图时，应先从主要装配干线的装配定位面开始，先画最明显的零件或主要大件的轮廓线，再沿这些装配干线按定位和相邻的装配关系，依次画出各个零件的投影。

（3）画出其他视图，如局部视图、局部放大图、断面图等，完成装配图全部底稿。

（4）画剖面线，编写零、部件序号。

（5）校核并修改全图，无误后按线型规格加深图形。

（6）标注尺寸，注写技术要求，填写标题栏，并编制明细栏。

（7）最后一次全面校核，完成装配图。图 10.14 为球阀的装配图底稿作图过程。

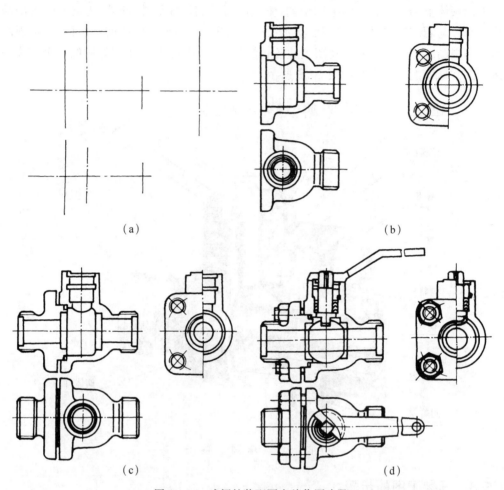

（a）　　　　　　　　　　　　　　　　　　　（b）

（c）　　　　　　　　　　　　　　　　　　　（d）

图 10.14　球阀的装配图底稿作图步骤

（a）画出各视图的主要轴线、对称中心线及作图基线；（b）先画主要零件阀体的轮廓线，

三个视图要联系起来画；（c）根据阀盖和阀体的相对位置画出阀盖的三视图；

（d）画出其他零件，再画出扳手的极限位置（图中因地位不够未画）

10.6　读装配图与拆画零件图

在设计、制造、装配、检验、使用、维修机器或部件以及技术革新、技术交流等生产活动中都要读装配图。工程技术人员必须具备熟练读图的能力。读装配图的基本要求是：

（1）了解机器或部件的性能、功用、工作原理和结构特点。

（2）弄清各零件之间的装配关系及拆装顺序。

（3）看懂各零件的主要结构形状和作用。

（4）了解其他组成部分，如润滑系统、防漏系统的原理和构造，了解主要尺寸、技术要求和操作方法等。

10.6.1 读装配图的方法和步骤

根据读装配图的基本要求,读装配图的一般步骤和方法如下:

1. 概括了解

看装配图的标题栏,了解机器或部件的名称;再看明细栏,了解组成机器或部件的各零件名称、数量、材料以及标准件的规格代号。然后根据画图比例、视图大小和外形尺寸,了解机器或部件的大小。条件许可的话,还可查阅相关的说明书和技术资料,联系生产实践知识,了解机器或部件的性能、用途和工作原理,从而对装配图的内容有一个概括的了解。

如图 10.15 所示,由标题栏可知,该部件的名称是滑动轴承,主要起支承轴的作用。而

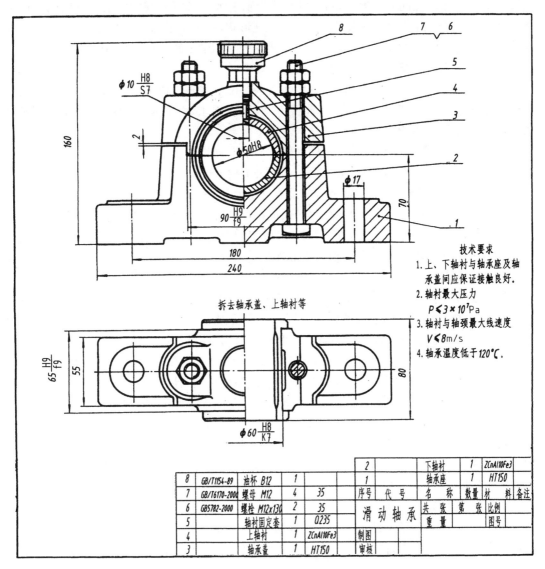

图 10.15 滑动轴承装配图

由明细栏及所编的零件序号,可知该滑动轴承由轴承座、轴承盖、上轴衬、下轴衬、油杯等 8 种零件组成。根据其外形尺寸 240、80、160,知道它是一个小型部件。

2. 分析视图

分析视图主要是要搞清楚装配图中共有哪些视图? 采用了哪些表达方法? 找出各个视图之间的投影关系,并分析各个视图所表达的内容和画该视图的目的。

分析视图一般从主视图开始,按照投影关系识别其他视图,找出剖视图、断面图所对应的剖切位置,各视图的表达方法,从而明确各视图表达的重点和意图,为下一步深入读图做准备。

由图 10.15 看出,滑动轴承的装配图采用了两个视图表达方式,其中主视图采用了半剖视的表达方式,既反映了滑动轴承的外形,又清楚表达了主要的装配关系,如轴衬固定套 5、上轴衬 4、轴承盖 3 之间的装配关系,下轴衬 2 与轴承座 1、油杯 8 与轴承盖 3 之间的连接关系,螺栓连接组件的装配关系;俯视图也是半剖视形式,且采用了部件的特殊表达方法“沿零件的结合面剖切和拆卸画法”,主要表达轴承座的外形和轴承座、下轴衬的内部结构。

3. 工作原理和装配关系的分析

这是深入阅读装配图的重要阶段。要按各条装配干线来分析机器或部件的装配关系和工作原理,搞清楚各零件的定位形式、连接方式、配合要求,有关零件的运动原理和装配关系,润滑、密封系统的结构形式等。

图 10.15 滑动轴承的作用是支承回转轴,当轴旋转时,轴会把由油杯中滴下的润滑油带到上下轴衬的内圆柱表面,保证轴衬内孔与轴外圆柱面之间有润滑油润滑。

主要装配关系:轴承座 1 与轴承盖 3 是通过螺栓 6、螺母 7 连接的,它们之间的定位装配主要靠配合尺寸 90H9/f9(属于间隙配合)保证;上下轴衬与轴承座、轴承盖的装配靠配合尺寸 ϕ60H8/k7(属于过渡配合)及配合尺寸 65H9/f9(属于间隙配合)保证,轴衬固定套主要起防止上下轴衬的转动作用;油杯与轴承盖的连接是螺纹连接。

4. 零件分析

随着看图的逐步深入,进入了分析零件的阶段。这一步主要是根据装配图,分离出各零件,进一步分析每个零件的结构形状和作用。一台机器或部件上,有标准件、常用件和专用件。对于前两种零件,通常是容易看懂的;对于专用件,其结构有简有繁,它们的作用和位置又各不相同,可根据对应的投影关系、同一零件的剖面线方向和间隔相同等特点,再结合形体分析、线面分析、零件常见工艺结构的分析,就能想出它们的形状。

下面,结合图 10.15 的装配图,简单介绍分离装配图中零件 1 的过程。

(1) 利用序号和剖面线。由序号 1,先查明细栏,知道 1 号零件的名称是轴承座,制造材料是灰铸铁 HT150,属于铸件;再由序号 1 的指引线起端小黑圆点在主视图中的位置,根据同一零件的剖面线方向和间隔应一致的特点,找到轴承座 1 的位置和其大致轮廓范围,知道轴承座 1 位于滑动轴承的下部。

(2) 利用投影关系和形体分析法。看主视图中轴承座的投影,联系俯视图,对投影用形体分析法可知,轴承座的下部是一长方形底板,底板左右侧顶面都有半圆形凸台;轴承座的上部是左右侧为半圆锥面的四棱柱体,其上部中间位置开有半圆柱孔,前后有半圆柱形凸台。

(3) 利用规定画法。由主视图看出,轴承座中有螺栓连接,根据螺栓连接的规定画法可知,轴承座上有螺栓穿过的部位,一定是个光孔。

　　综合上述方法和分析过程,再利用装配图表达上的一些特点,就可完整地想象出轴承座的轮廓形状,也就将轴承座从装配图中分离了出来,图 10.16 为轴承座的结构形状。同样,利用上述分析方法,也可将其他零件从装配图中分离出来。

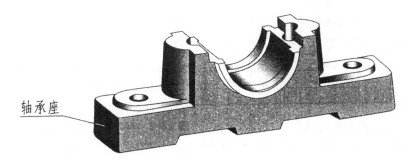

图 10.16　轴承座的轴测图

5. 归纳总结

　　通过以上的读图分析,应该先对机器或部件装配图有了比较完整的了解;接下来结合图上所标注的尺寸(如图 10.15 中,尺寸 $\phi50H8$ 是滑动轴承的性能尺寸,而尺寸 70 是滑动轴承的设计重要尺寸)及技术要求,对全图有一综合认识;最后,通过归纳总结,加深对机器或部件的认识,完成读装配图的全过程,为拆画零件图奠定基础。本例题想象出的滑动轴承的完整形状,如图 10.17 所示。

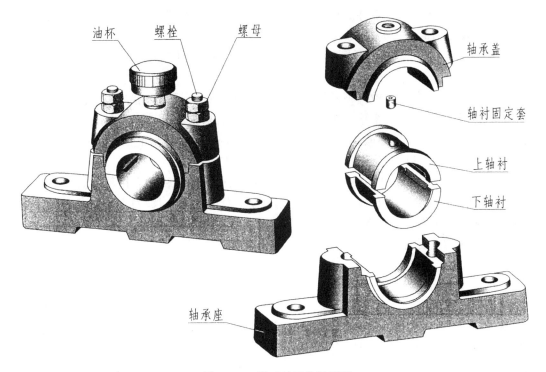

图 10.17　滑动轴承的轴测图

10.6.2　拆画零件图

由装配图拆画零件图,是机器或部件设计过程中的一个重要环节,应在读懂装配图的基础上进行,一般可按如下步骤进行:

1. 读懂装配图,了解装配体的装配关系和工作原理

以如图 10.18 所示的齿轮油泵装配图为例。从明细栏可知,该齿轮油泵由泵体、左右端盖、传动齿轮轴等 15 种零件装配而成。全剖的主视图表达了零件间的装配关系,反映泵体内有一对互相啮合的传动齿轮轴,它们由油泵的左右端盖支承。左右端盖与泵体依靠 4 个圆柱销定位、12 个螺钉连接。为防止泵体与泵盖结合面及齿轮轴伸出端漏油,分别用垫片及密封圈、轴套、压紧螺母等密封。沿左端盖与泵体结合面剖开的半剖视的左视图,表示油泵的吸、压油的工作原理及其外部特征。油泵的吸、压油的工作原理如图 10.19 所示,当主动齿轮逆时针方向转动时,带动从动齿轮顺时针方向转动,两齿轮啮合区右边的油因被齿轮带走而压力降低形成负压,油池中的油在大气压力作用下进入该低压区,形成吸油口。随着齿轮的转动,齿槽中的油不断地被带至左边的压油口把油压出,使油源源不断地被送到机器需要润滑的部位。

2. 分析零件,确定被拆画零件的结构形状

在读懂装配图的基础上,对装配体中主要零件进行结构形状分析,进一步了解各零件在装配体中的功能以及零件间的装配关系,为拆画零件图打下基础。分析零件的目的就是弄清每个零件的结构形状,一般先从主要零件着手,然后是其他零件,逐个把需被拆画的零件从装配图中分离出来。有可能的话,先徒手画出从装配图中分离出来的被拆画零件的各个图形,由于在装配图中一个零件的可见轮廓线可能要被其他零件的轮廓线遮挡,所以,分离出来的零件图形有时是不完整的,必须补全。以拆画图 10.18 中泵体为例,其分离出来的两个图形如图 10.20(a)所示,分析想象出来的泵体结构形状如图 10.20(b)所示。

3. 确定被拆画零件的视图表达方案。

在拆画零件图时,每个被拆画零件的主视图选择和视图数量的确定,仍应按该零件的结构形状特点考虑,即按第 8 章第 2 节所述的原则和方法来选定。装配图中该零件的表达方法,可以作为参考,但不能照搬。因为装配图的视图选择是从整体出发的,不一定符合每个零件的表达方案,零件的表达须根据其本身结构形状重新考虑。

仍以图 10.18 中的泵体为例,可以看出,泵体在装配图中的视图表达基本满足零件图的要求,但考虑到泵体结构的具体特点,最后选定的表达方案如图 10.21 所示,该方案保留了泵体在油泵中的工作位置状态,但主视图投射方向却是装配图的左视图方向,因为这个方向更能反映泵体的主要结构形状。同时,为了表示泵体上安装底板的结构,采用了一个局部视图。

4. 画出零件图形

画出被拆画零件的各视图,不要漏线,也不要画出与其相邻零件的轮廓线。由于装配图不侧重表达零件的全部结构形状,因此某些零件的个别结构在装配图中可能表达不清楚或未给出形状,对于这种情况,一般可根据与其接触的零件的结构形状及设计和工艺要求加以确定;而对于装配图中省略不画的标准结构,如倒角、圆角、退刀槽等,在拆画零件图时必须画出,使零件的结构符合工艺要求。

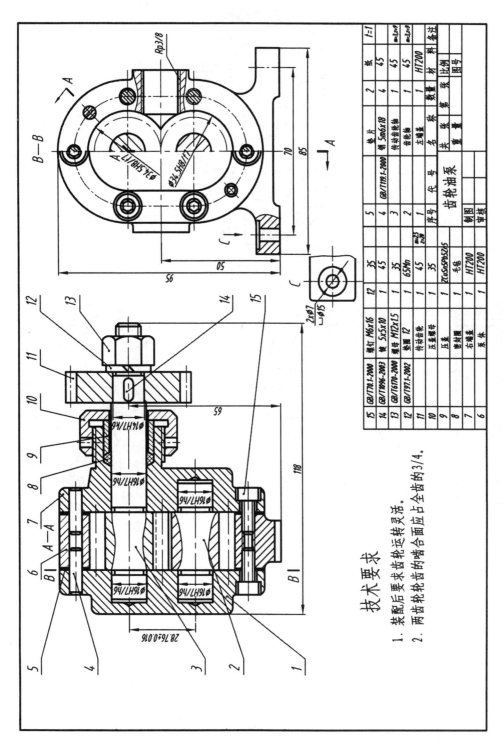

技术要求

1. 装配后要求齿轮运转灵活。
2. 两齿轮轮齿的啮合面应占全齿的 3/4。

15	GB/T78.1-2000	填钉 M6x16	2		
14	GB/T1096-2003	键 5x5x10	4		
13	GB/T6170-2000	螺母 M12x1.5	1		
12	GB/T97.1-2002	垫圈 12	1		
11		传动齿轮	1	45	m=2,z=9
10		压盖螺母	1	35	
9		压盖	1	35	
8		密封圈	1	毛毡	
7		右端盖	1	HT200	
6		泵体	1	HT200	
5		垫片	2	纸	
4		销 5M6x18	1	45	
3		传动齿轮轴	1	45	m=2,z=9
2		齿轮轴	1	45	m=2,z=9
1	GB/T119.1-2000	左端盖	1	HT200	
序号	代号	名 称	数量	材 料	备注

齿轮油泵

			共 张	第 张	比例 1:1
制图					图号
审核					

图 10.18　齿轮油泵装配图

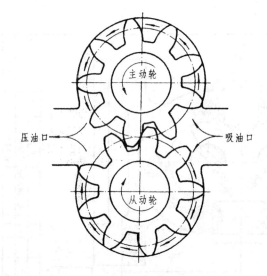

图 10.19 齿轮油泵工作原理

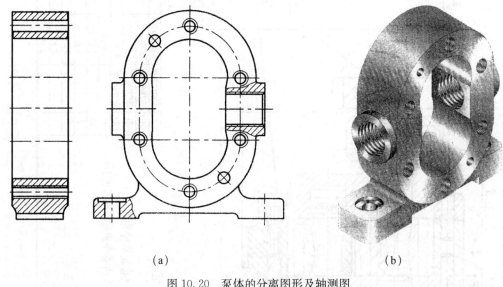

(a)   (b)

图 10.20 泵体的分离图形及轴测图

(a) 分离出泵体;(b) 泵体轴测图

5. 确定被拆画零件的尺寸

根据零件图上尺寸标注的原则,标注被拆画零件的全部尺寸。被拆画零件的尺寸来源,主要有以下四个方面:

(1) 装配图上已经标注的尺寸与被拆画零件相关的,可直接标注到零件图上,如图 10.18 所示的泵体底板长度方向尺寸 85,两个安装孔的定形尺寸 $2\times\phi7$、定位尺寸 70,油孔的中心高尺寸 50,两啮合齿轮的中心距 28.76 ± 0.02,进出油孔的管螺纹尺寸 G3/8 等。凡注有配合代号的尺寸,则应根据配合类别、公差等级,在零件图上直接注出公差带代号或极限偏差数值(由查表确定),如尺寸 $\phi34.5H8/f7$ 等。

(2) 有些标准的结构,如倒角、圆角、退刀槽、螺纹、销孔、键槽等,它们的尺寸应该通过查阅有关的手册来确定。

（3）被拆画零件的某些尺寸,应根据装配图所给定的有关尺寸和参数,由标准公式进行计算,再注写。如齿轮的分度圆直径,可根据给定的模数、齿数或中心距,根据公式进行计算得到。

（4）对于其他尺寸,应按照装配图的绘图比例,在装配图上直接量取并计算,再按标准圆整后标注。需要注意的是,此处对有装配关系的两零件,它们的基本尺寸或有关的定位尺寸相同,避免发生矛盾,从而造成生产损失。

泵体的具体尺寸,如图 10.21 所示。

6. 拆画零件技术要求的确定

技术要求直接影响所拆画零件的加工质量和使用要求,应根据设计要求和零件的功用,参考有关的资料和相近产品图样,查阅有关手册,慎重地进行注写。技术要求一般包括拆画零件各表面的粗糙度数值、尺寸公差、形位公差要求,热处理、表面处理等。

7. 填写标题栏

标题栏应填写完整,零件名称、材料等要与装配图中明细栏所填写的内容一致。

总之,经过上述 7 个步骤后,即完成了所拆画零件的零件图工作。当然,为了防止差错,在拆画过程中必须加强校核,除了校核每一张零件图以外,还要把相关零件图联系起来校核,看它们结合面处的结构形状、相关尺寸是否协调等。

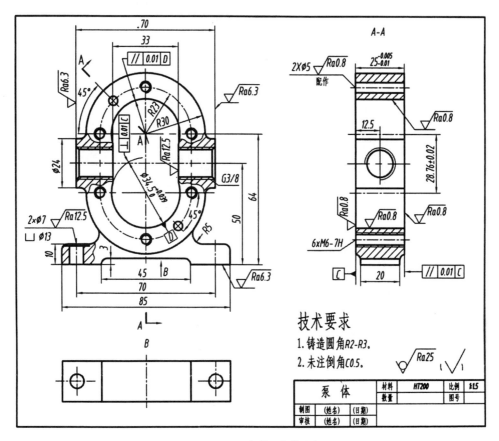

图 10.21 泵体零件图

思 考 题

1. 试述装配图的主要用途。
2. 试述装配图的视图表达特点。
3. 装配图上一般必须标注哪几类尺寸?
4. 编注装配图中零、部件序号,应遵守哪些规定?
5. 为什么在设计和绘制装配图的过程中,要考虑装配结构的合理性?
6. 在设计新产品时,先有零件图还是先有装配图? 为什么?

第 11 章 计 算 机 绘 图

学习要点:
    (1) 熟悉 AutoCAD 的工作环境。
    (2) 熟悉并掌握基本绘图命令的操作。
    (3) 熟悉并掌握基本编辑命令的操作。
    (4) 了解 AutoCAD 的其他常用命令。

    计算机辅助绘图(Computer Assist Drawing)是计算机辅助设计(Computer Assist Design)软件中的一个重要功能。实际上人们通常所讲的计算机绘图只是计算机辅助设计的功能之一,掌握计算机绘图技术是对现代工程技术人员的基本要求。

    AutoCAD 是由美国 Autodesk 公司开发的计算机辅助设计软件,是当今最流行的计算机辅助绘图软件之一。它是集二维绘图、三维设计、渲染及关联数据库管理和互联网通信功能为一体的计算机辅助设计软件包,被广泛用于机械、建筑、电子、化工等众多领域。本章将简要介绍 AutoCAD 2016 绘图软件的基本绘图技术。

11.1 AutoCAD 2016 的启动和用户操作界面

    启动 AutoCAD 2016 后进入用户界面,用户界面的开始选项卡上包括"了解"和"创建"两个标签。"了解"是了解新特性、观看快速入门视频、查看学习提示、使用联机资源的入口;"创建"是快速入门、打开文件、打开最近使用的文档等快速启动文件的入口。

    通过单击界面左上角"新建"图标 ▣ ,打开某一"样板文件"后就可进入工作界面,如图 11.1 所示。AutoCAD 2016 工作界面上各部分的内容和功能简述如下:

    1. 应用程序按钮

    它位于应用程序的左上角 ▲ ,单击后可进行文件的管理,如新建、打开或保存文件;打印或发布文件;访问"选项"对话框;检查、修复和清除文件;关闭应用程序等。

    2. 标题栏和快速访问工具栏

    它位于应用程序的最上一行,标题栏中间显示软件的名称 AutoCAD 2016 和当前编辑的图形文件名称。在标题栏的左侧是快速访问工具栏,包括文件新建、打开、保存等图标和工作空间列表框;右侧有搜索、登录、联机、帮助等按钮。

    单击工作空间列表框右侧的"▼"符号,显示"草图与注释""三维基础""三维建模"三个工作空间,用户可根据绘图需要选择工作空间。

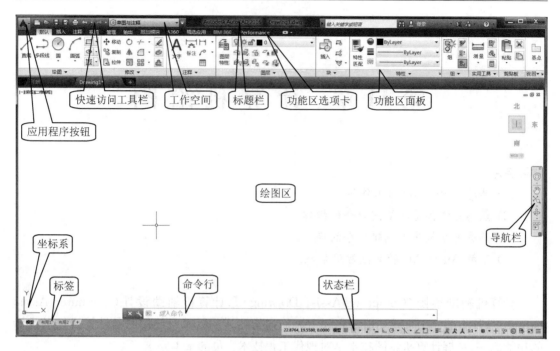

图 11.1　AutoCAD 2016 工作界面

3. 菜单栏

菜单栏位于标题栏的下方,由文件、编辑、视图等菜单组成。每个菜单都有自己的一组命令,打开菜单选择其中的命令,就会执行相应的功能。它包含了 AutoCAD 中绝大部分的命令。

说明:AutoCAD 2016 默认界面中没有显示菜单栏,打开方法是单击快速工具栏中最右边的" ▼ "符号,在弹出的选项中单击"显示菜单栏"。

4. 功能区选项卡

功能区选项卡用于控制各类命令的显示和调用。系统提供了默认、插入、注释等 12 个选项卡,每个功能区选项卡均由一些相关的同类功能区面板组成。其中"默认"功能选项卡最为常用,它涵盖了大部分绘制二维图形所需的相关命令。

5. 功能区面板

功能区面板是一些同类常用命令的图标按钮的集合,单击这些图标按钮就可执行相应的 AutoCAD 命令。将鼠标光标悬停(不要点击,仅放在图标按钮上)在面板中任一命令的图标按钮上,就会显示出该命令的名称、功能、操作示例等。若图标按钮下方有"▼"符号,表示单击该符号后会出现与此命令相关的更多同类命令。若面板的右下角带有一个小箭头" ↘ ",则说明单击该箭头后还会弹出相关的设置对话框。

6. 绘图区

工作界面中最大的区域是绘图区,也称绘图窗口,它显示绘图的过程和结果,类似于手工绘图时的图纸。绘图区左下角有当前坐标系,在其附近有"模型/布局"切换标签,一般情况下选择在模型空间中绘图。

7. 命令行

命令行在屏幕的下部区域,该区域有两部分组成:其一是命令行,它是通过键盘输入

AutoCAD 命令、参数以及显示系统提示信息的区域;其二是命令历史记录区域,位于命令行的上方,该区可上下滚动,列出用户所进行的全部操作,同时也显示 AutoCAD 的命令提示。

8. 状态栏

状态栏位于命令行下方,它主要用于显示或设置当前绘图方式的操作状态和工作状态。

11.2　AutoCAD 2016 的基本操作

11.2.1　AutoCAD2016 的命令输入方法

1. 在命令行输入命令或命令缩写

在命令窗口的"命令:"提示下直接用键盘输入命令,如"命令: line(直线)",回车确认后,系统在命令行继续提示"_line 指定第一点:",用户在命令行的继续提示下完成全部操作。所以,在调用 AutoCAD 命令时,要时刻注意命令行的提示,依据命令的不断提示完成操作。

为了提高效率,也可以直接在命令行窗口中输入命令缩写,如 L(Line)、C(Circle)、A(Arc)、Z(Zoom)、R(Redraw)、M(More)、CO(Copy)、PL(Pline)、E(Erase)等。

2. 选择菜单命令

选择菜单命令时,先用鼠标单击菜单栏的主菜单命令,然后从弹出的下拉菜单中选择所需命令。下拉菜单有时(右侧有黑三角标记)也有下一级和再下一级菜单(级联菜单),应再单击选项或子命令,有些命令还要求在命令行作相应的配合操作。若命令后面带有"...",则该命令将以窗口形式要求用户输入相关内容。

3. 图标按钮输入

单击功能区面板上的图标按钮输入命令,然后根据命令行里的提示完成操作。例如,单击"绘图"面板上的直线按钮图标" ✏ ",命令行中就会提示"_line 指定第一点:",然后根据提示完成操作。

此外还有几种常用的命令操作:

(1)重复输入命令:在出现提示符"命令:"时,按回车键或空格键,可重复执行上一次的命令,也可按鼠标右键弹出快捷菜单,选择"重复××"命令。绘图过程中用回车键的频率很高,所以实际上将鼠标右键设置成等待命令时右击为回车功能,是相当省时快捷的。

(2)中止当前命令:按下"Esc"键可中止或退出当前命令,如果直接选择执行其他命令也会自动中止当前命令,执行新命令。

(3)撤销上一个命令:输入"U"命令或单击快速访问工具栏上的" ↩ "图标后可撤销上一次执行的命令。

(4)重做命令:输入"REDO"命令或单击快速访问工具栏上的" ↪ "图标后可恢复被撤销的命令。

11.2.2　基本绘图环境设置

1. 设置绘图单位

绘图前应该先设置合适的图形单位,主要是设置长度和角度的类型、精度以及角度增加

图 11.2　图形单位对话框

的方向。

调用命令方式：单击"应用程序按钮" →图形实用工具→单位；在命令行键入命令"UNITS"或"UN"；单击菜单"格式"→单位。调用命令后弹出如图 11.2 所示"图形单位"对话框，一般情况下都是用系统默认值。

（1）设置"长度"：类型选项中提供了五种长度单位类型：分数、工程、建筑、科学、小数，系统默认为小数；精度选项中提供了各种长度类型的最高和最低精度。

（2）设置"角度"：角度选项中提供了五种角度类型：百分度、度/分/秒、弧度、勘测单位、十进度单位，系统默认为十进度单位；精度选项中提供了各种角度类型的最高和最低精度。精度选项下侧有选择角度正负方向的复选框，默认逆时针方向为正，启用该选项（框内有勾），则顺时针方向为正；角度基准，系统默认为"东"，即 X 轴正方向为角度基准。

（3）设置插入时的缩放单位：此选项用于控制插入到当前图形中的块和图形的测量单位。

设置完后，单击"确定"，完成设置并加载到当前绘图设置中。

2. 设置绘图界限

图形界限是 AutoCAD 中的一个假想矩形绘图区域，相当于图纸的图幅。

调用命令方式：在命令行键入命令"LIMITS"；单击菜单"格式"→图形界限。

调用命令后，命令行显示：

指定左下角点或[开(ON)/关(OFF)]<0.0000,0.0000>：（直接回车认可默认值，也可键入自己设定的数值后回车）

指定右上角点<420.0000,297.0000>：（直接回车为默认值，也可键入自己设定的数值后回车）

说明：ON(开)——打开图形界限检查，限制拾取点在绘图界限范围内。

OFF(关)——关闭图形界限检查，图形绘制允许超出图形界限，系统默认为关。

3. 设置图层

AutoCAD 中的图层可看作透明的纸，绘图时可使用多张透明重叠的纸。每一层可设定默认的一种线型、颜色和线宽。我们可以把图样中的各种线型、尺寸、技术要求等内容分别置于不同的图层上，这样既便于管理和修改，还可加快绘图速度。

调用命令方式：在功能区选项卡"默认"→"图层"面板上单击"图层特性"图标；在命令行键入命令"LAYER"或"LA"；单击菜单"格式"→图层。

调用命令后弹出如图 11.3 所示"图层特性管理器"窗口，设置图层包括创建新图层，设置图层颜色、线型和线宽等。

1) 创建新图层

单击"新建图层"图标 ，在图层列表框中即会自动生成一个名为"图层 1"的新图层，用户可以给图层重命名，如"粗实线""虚线""尺寸标注"等，如图 11.3 所示。

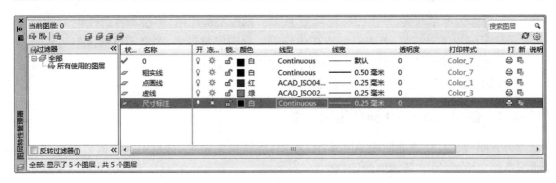

图 11.3　图层特性管理器对话框

设置图层颜色：单击图 11.3 中的"颜色"列中的颜色块，出现"选择颜色"对话框如图 11.4 所示，选择一种颜色后单击"确定"按钮，推荐选用上方的"标准颜色"。

设置线型：单击图 11.3 中的"线型"列中的线型块，出现"选择线型"对话框，如图 11.5 所示，在列表中单击选择线型后单击"确定"按钮。若该列表中没有所需线型，可单击"加载"按钮，打开"加载或重载线型"对话框加载新的线型。

图 11.4　选择颜色对话框

图 11.5　选择线型对话框

设置线宽：单击图 11.3 中的"线宽"列中的线宽块，出现"线宽"对话框，如图 11.6 所示，在列表中单击选择线宽后单击"确定"按钮。系统默认任何线宽小于 0.25 的图线在屏幕上都显示为一个像素单位宽。

所有图层设置完成后，关闭"图层特性管理器"对话框。当需要在某个图层绘图时，单击功能区选项卡"默认"→"图层"面板上图层下拉框中该图层的名称，即可将该图层设置为当前图层。

2）控制图层状态

主要用以下几个按钮进行控制，其按钮含义为

💡 图标用于控制图层的显示，单击图标使其变为

💡,则图层不显示，

图 11.6　线宽对话框

☼ 图标为冻结开关,单击图标使其变为 ❅ ,则图层被冻结,图层不可修改也不显示;

🔓 图标为锁定开关,单击图标使其变为 🔒 ,则图层被锁定,图层不可修改但可显示;

🖶 图标控制图层的打印,单击图标使其关闭时不打印该图层;

🖻 图标用于控制新视口的冻结状态。

11.2.3 使用 AutoCAD 辅助绘图功能

为方便、快捷、精确地使用 AutoCAD 绘图,应该预先设置"对象捕捉""极轴追踪""对象捕捉追踪""推断约束"等辅助绘图功能。

1. 对象捕捉

对象捕捉是指用鼠标在屏幕上捕捉某个特殊点时,能将该点的精确位置显示并确定下来。实现对象捕捉的常用方法有两种:

(1) 单击状态栏中的"对象捕捉"按钮右边的"▼",在弹出的快捷菜单中勾选捕捉模式,然后把光标移到需要捕捉对象的附近,即可捕捉到相应的特殊点。

(2) 右击状态栏中的"对象捕捉"按钮,在快捷菜单中选择"对象捕捉设置…"项,打开如图 11.7 所示"草图设置"窗口,在"对象捕捉"选项卡中可以同时设定多种捕捉模式,在需选中的项目上打"√"后单击"确定"按钮。开启对象捕捉功能后,只要把光标放到操作对象上,系统就会自动捕捉符合设置条件的特殊点。

"草图设置"对话框共提供了 14 种对象捕捉模式,常用的对象捕捉模式有端点、中点、圆心、交点、垂足等。

2. 极轴追踪(角度追踪)

极轴追踪是指根据预先设定的角度增量来追踪特殊点。绘图时,系统会预设角度增量显示一条无限延伸的辅助线(需启用状态栏中的"极轴追踪"按钮),当给出距离或沿辅助线方向追踪就可得到所需点的位置。系统默认的极轴追踪角度为 90°,可以方便地画出水平(X 方向)、竖直(Y 方向)方向的直线。

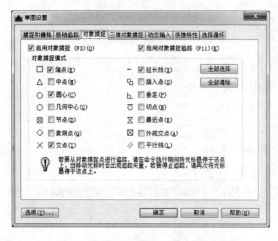

图 11.7 草图设置中的对象捕捉选项卡

图 11.8 草图设置中的极轴追踪选项卡

还可以自行设定极轴追踪角度,设置方法是右击状态栏中的"极轴追踪"按钮,在快捷菜单中选择"正在追踪设置…"项,打开如图 11.8 所示"草图设置"窗口,在"极轴追踪"选项卡中,若设置"角增量"为 30°,系统可提供其整数倍(如 60°、90°等)方向的辅助线。启用极轴追踪后,当光标处于直线的终点方向时,只要输入线段的长度值即可实现快速绘图。

3. 对象捕捉追踪

对象捕捉追踪是以对象捕捉功能所定位的某几何点来追踪其上方(或下、或左、或右)一定距离的点。在使用对象捕捉追踪时,必须先启用对象捕捉追踪功能。

极轴追踪是按事先给定的角度增量来追踪点,而对象捕捉追踪是按与基点的某种关系来追踪点。如果已知要追踪的方向,则使用极轴追踪;如果已知与基点的某种坐标关系,则使用对象捕捉追踪。极轴追踪功能和对象捕捉追踪功能可以同时使用。

4. 几何约束

几何约束用于确定已绘出的图元的几何关系,如平行、垂直、同心或重合等。例如,可添加平行约束使两条线段平行,添加重合约束使两端点重合。通过单击状态栏中的"推断约束"按钮可以开启和关闭约束状态。右击"推断约束"按钮,在快捷菜单中选择"推断约束设置..."项,可打开如图 11.9 所示"约束设置"窗口,设置约束选项。通过"参数"菜单栏也可添加几何约束。

图 11.9 约束设置对话框

11.2.4 图形显示工具

当进行设计绘图时,常会根据不同需求,调整设计方案的整体或局部在计算机屏幕上显示的情况,为此 AutoCAD 提供了一系列的显示控制方法。应注意,任何一种显示控制方法只改变图形在屏幕上的显示大小和位置,并未改变其图形的实际大小和空间位置。

二维图形中常用的显示控制方法为平移和缩放,通过平移可重新确定图形显示的位置,通过缩放可更改图形的显示比例。常用的平移和缩放功能可通过以下方法实现:

1. 鼠标滚轮

使用鼠标可快速地完成图形的平移和缩放,直接滚动滚轮可缩放图形,按住滚轮同时拖动鼠标则可平移图形。

2. 导航栏

导航栏中提供的平移和缩放工具如图 11.10(a)所示。屏幕控制的操作方法如下:

(1) 全导航控制盘:除平移和缩放外,还包含了其他一些常用的导航工具,如图 11.10(b)所示。将鼠标移到"平移"或"缩放"控制区,按住鼠标左键进行平移、滚动滚轮按钮可进行放大和缩小。

(2) 平移:单击平移图标按钮,光标形状变为手形,按住鼠标左键并拖动实现实时平移。

(3) 缩放:单击缩放图标按钮,将显示前一次操作的缩放方式。单击缩放按钮下方"▼"符号将提供更多缩放选项,如图 11.10(c)所示。各缩放选项含义如下:

① 缩放范围. 用于将当前图形尽可能大的显示在窗口内,与图形界限无关。

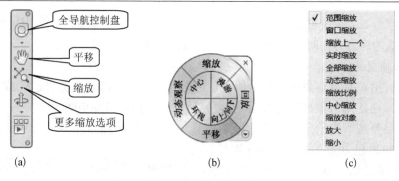

图 11.10　导 航 栏

② 窗口缩放：用于缩放通过框选方式选择的图形，单击后框选图形将充满整个屏幕。

③ 缩放上一个：用于快速恢复上一次显示的图形。

④ 全部缩放：用于缩放显示整个图形。若图形未超出图形界限，则显示全部绘图区域，反之，只显示全部图形。

⑤ 动态缩放：用于使用矩形框进行平移和缩放。可以更改矩形框的大小，或在图形中移动。移动矩形框或调整它的大小，将其中的图形平移或缩放，以充满整个视口。

⑥ 缩放比例：用于按输入的比例值缩放图形。

3. 输入命令

在命令行输入图形缩放命令"Zoom"或"Z"，命令行中会出现如下提示信息："指定窗口的角点，输入比例因子（nX 或 nXP），或者［全部（A）/中心（C）/动态（D）/范围（E）/上一个（P）/比例（S）/窗口（W）/对象（O）］＜实时＞："，选择需要的选项实现缩放功能。

在命令行输入图形平移命令（PAN），光标形状变为手形，按住鼠标左键并拖动实现实时平移。用 ESC 键或 Enter 键结束平移的操作，也可右击，在弹出的快捷菜单中单击"退出"选项结束操作。

11.3　部分绘图命令

绘图命令是让计算机进行绘图操作的指令，AutoCAD 提供了丰富的绘图命令，利用这些命令可以绘制出各种基本图形对象。绘图命令可以通过键盘、图标按钮以及菜单启动。如图 11.11 所示，在功能区选项卡"默认"→"绘图"面板上，有许多绘图命令图标按钮，单击

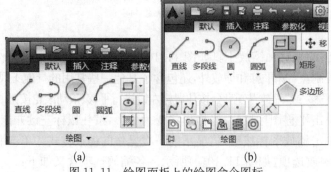

图 11.11　绘图面板上的绘图命令图标

(a) 常用绘图命令图标；(b) 更多绘图命令图标

这些按钮即可启动相应的绘图命令。

11.3.1　点(POINT)的输入方法

点的坐标输入方式有绝对直角坐标、绝对极坐标、相对直角坐标和相对极坐标方式。

(1) 点的绝对直角坐标输入形式:"x 坐标,y 坐标✓"。

(2) 点的绝对极坐标输入形式:"距离<角度✓"。其中,距离是指该点到坐标原点的距离,角度指该点到坐标原点的连线与 X 轴正向的夹角。

(3) 点的相对直角坐标输入形式:"@x 坐标,y 坐标✓"。当动态输入处于"开"状态,可省略@。

(4) 点的相对极坐标输入形式:"@距离<角度✓"。其中,距离是指该点到上一点的距离,角度是指该点到上一点的连线与 X 轴正向的夹角。默认逆时针角度为正,顺时针角度为负。

11.3.2　直线(LINE)命令

直线命令用于绘制直线段,要求输入线段两端点(可用输入点坐标的方式)。直线命令也可以绘制多段连续的直线段,前一条直线的终点是下一条直线的起点。

单击功能区选项卡"默认"→"绘图"面板→直线命令,命令行窗口提示如下:

指定第一点:100,100 ✓(输入第一个点的坐标)

指定下一点或[放弃(U)]:200,200 ✓(输入另一个点的坐标)

指定下一点或[放弃(U)]:✓

执行结果是画出由端点(100,100)和(200,200)相连的直线段。

11.3.3　矩形和正多边形命令

1. 矩形(RECTANG)命令

单击功能区选项卡"默认"→"绘图"面板→矩形(或多边形)命令右边的"▼"符号,选择矩形命令,命令行窗口提示如下:

指定第一个角点或[倒角(C)/标高(E)/圆角(F)/厚度(T)/宽度(W)]:100,100 ✓(输入矩形第一个角的坐标)

指定另一个角点或[面积(A)/尺寸(D)/旋转(R)]:200,200 ✓(输入矩形另一个角的坐标)

执行结果是画出一个角在点(100,100),另一角在点(200,200)的边长为 100 的正方形。

命令提示中的其他选取项的含义是:

倒角(C):设置倒角距离,此后画出的矩形带倒角。

标高(E):设置矩形的高度(三维绘图中用)。

圆角(F):设置矩形的倒圆角的半径,此后画出的矩形带圆角。

厚度(T):设置矩形的厚度(三维绘图中用)。

宽度(W):设置绘制矩形时线的宽度。

2. 正多边形(POLYGON)命令

单击功能区选项卡"默认"→"绘图"面板→矩形(或多边形)命令右边的"▼"符号,选择

多边形命令,命令行窗口提示如下:

　　输入侧面数<4>: 6✓

　　指定正多边形的中心点或[边(E)]:(用鼠标在屏幕上拾取一个点)

　　输入选项[内接于圆(I)/外切于圆(C)]<I>: C✓

　　指定圆的半径: 100✓

　　执行结果是画出一个外切于半径为100的圆的正六边形。

11.3.4　圆弧(ARC)命令

　　圆弧命令用于绘制圆弧。调用画圆弧命令后,根据命令行提示的各选项分别画圆弧,共有11种方式,这里只介绍常用的两种。

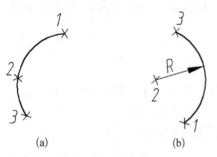

图 11.12　圆弧画法

　　1. 3点(默认的方式)

　　单击功能区选项卡"默认"→"绘图"面板→圆弧命令,命令行窗口提示如下:

　　指定圆弧的起点或[圆心(C)]:(鼠标在1点处单击)

　　指定圆弧的第二个点或[圆心(C)/端点(E)]:(鼠标在2点处单击)

　　指定圆弧的端点:(鼠标在3点处单击)

　　图 11.12(a)图形绘制完成。

　　2. 起点、圆心、端点

　　单击功能区选项卡"默认"→"绘图"面板→圆弧命令,命令行窗口提示如下:

　　指定圆弧的起点或[圆心(C)]:(鼠标在1点处单击)

　　指定圆弧的第二个点或[圆心(C)/端点(E)]: C✓(也可用鼠标在"圆心(C)"选项上单击)

　　指定圆弧的圆心:(鼠标在2点处单击)

　　指定圆弧的端点(按住Ctrl键以切换方向)或[角度(A)/弦长(L)]:(鼠标在3点处单击)

　　图 11.12(b)图形绘制完成。

　　说明:单击功能区选项卡"默认"→"绘图"面板→圆弧命令下方的"▼"符号,选择"起点,圆心,端点"命令,也可绘制此圆弧。

11.3.5　圆(CIRCLE)命令

　　圆命令用于绘制圆。调用画圆命令后,根据命令行提示的各选项分别进行画圆,共有6种方式,这里只介绍有代表性的两种:

　　1. 圆心、半径(默认方式)

　　单击功能区选项卡"默认"→"绘图"面板→圆命令,命令行窗口提示如下:

　　指定圆的圆心或[三点(3P)/两点(2P)/切点、切点、半径(T)]:(鼠标在1点处单击)

　　指定圆的半径或[直径(D)]:(随光标移动出现一动态圆,光标在合适位置单击,此例鼠标在2点处单击)

　　图 11.13(a)图形绘制完成。

　　说明:在命令行提示指定圆的半径时,也可输入半径数值后回车,即可画出指定半径值的圆。

2. 切点、切点、半径

例如,作与两直线都相切,并且半径为 10 的圆,如图 11.13(b)所示。

单击功能区选项卡"默认"→"绘图"面板→圆命令,命令行窗口提示如下:

指定圆的圆心或[三点(3P)/两点(2P)/切点、切点、半径(T)]:T↙(或用鼠标在"切点、切点、半径(T)"选项上单击)

指定对象与圆的第一个切点:(打开"对象捕捉"中的"切点"捕捉选项,将鼠标移动到直线附近,在出现捕捉切点的浮动标志时单击,如 1 点)

指定对象与圆的第二个切点:(按上述方法,在另一条直线上捕捉切点,如 2 点)

指定圆的半径<20.0000>:10↙

图 11.13(b)图形绘制完成。

说明:单击功能区选项卡"默认"→"绘图"面板→圆命令下方的"▼"符号,选择"相切,相切,半径"命令,也可绘制此圆。

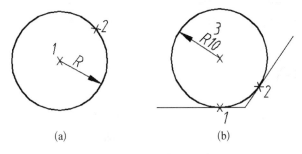

图 11.13　圆 的 画 法

11.3.6　多行文字(MTEXT)和单行文字(TEXT)命令

多行文字是用来注写每段作为一个实体的文字,单行文字是用来注写每行作为一个实体的文字。

调用命令方式:在功能区选项卡"默认"→"注释"面板中选择,单击"文字"图标按钮下方的"▼"符号,选择单行文字(或多行文字);在功能区选项卡"注释"→"文字"面板中选择,单击"多行文字"图标按钮下方的"▼"符号,选择单行文字(或多行文字);单击菜单"绘图"→文字→单行文字(或多行文字)。

在书写文字之前需要先指定文字样式,文字样式应预先设置好。

标注文字时应遵照国家标准《技术制图　字体》(GB/T 14691—1993)和《机械工程CAD 制图规则》(GB/T 14665—2012)中对于文字字体的规定。在 AutoCAD 中设置文字,使其符合 GB 规定是通过文字样式来实现的。

调用命令方式:单击功能区选项卡"注释"→"文字"面板文字图标右下角"⬛"符号;也可单击功能区选项卡"默认"→"注释"面板上注释图标右边的"▼"符号,在展开的选项中单击"文字样式"下拉框左侧的"文字样式..."按钮;在命令行键入命令"STYLE"或"ST";单击菜单"格式"→文字样式(S)...

调用命令后弹出如图 11.14 所示"文字样式"对话框。单击"新建"按钮,将打开"新建文字样式"对话框,如图 11.15 所示,输入新样式的名称(如工程字 3.5),单击"确定"按钮返回"文字样式"对话框,按需设置文字的字体、字号、倾斜角度、排列方向和其他文字特性,单击

"应用"按钮完成该文字样式设置。在图形文件中可以创建多种文字样式,继续单击"新建"按钮,可创建其他新的文字样式。

图 11.14   文字样式对话框   图 11.15   新建文字样式对话框

11.4   部分编辑命令

编辑命令是 AutoCAD 的另一类重要命令,主要功能是对图形进行修改。在功能区选项卡"默认"→"编辑"面板上的编辑命令如图 11.16 所示。编辑命令较多,本节只介绍几种常用的命令。

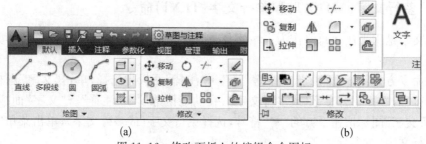

(a)   (b)
图 11.16   修改面板上的编辑命令图标
(a) 常用编辑命令图标;(b) 更多编辑命令图标

11.4.1   构造选择集

当对图形进行编辑修改时,需要选取操作对象(泛指任何图形对象:如点、线、面、图块和实体等),被选中的图形对象的集合称为选择集。AutoCAD 选取对象的方法很多,常用的方法有单击对象选择方法、窗口选择方法和窗交选择方法。

(1) 单击对象选择方法:是指单击鼠标选取单个对象的方法。使用时,可以将鼠标光标或拾取框"□"移动到需要被选取的对象上,单击后若该对象以加粗的方式显示,则表明其被选中。本方法的特点是可以连续选取相同或不同的操作对象。

(2) 窗口选择方法:是指构建一个区域选择多个对象的方法。该区域可以是矩形(由指定两点的窗口创建），也可以是任意形状（由套索窗口构建）。只有当图形对象全部处于框内时才被选中。

创建矩形区域的方法：先单击指定矩形框左侧角点，从左向右拖动光标（此时屏幕上显示出一动态实线矩形窗口），单击确定矩形框右侧角点。

创建套索区域的方法：单击且不释放鼠标按钮，从左向右拖动光标，然后释放鼠标按钮，可创建窗口套索选择区。

（3）窗交选择方法：构建一个区域选择多个对象，该区域可以是矩形，也可以是任意形状。只要图形对象有一部分处于框内即被选中。

创建矩形区域的方法：先单击指定矩形框右侧角点，从右向左拖动光标（此时屏幕上显示出一动态虚线矩形窗口），单击确定矩形框左侧角点。

创建套索区域的方法：单击且不释放鼠标按钮，从右向左拖动光标，然后释放鼠标按钮，可创建窗叉套索选择区。

11.4.2　删除和恢复命令

1. 删除（ERASE）命令

单击功能区选项卡"默认"→"修改"面板→删除命令，系统提示"选择对象"，选完对象后回车确认，被选择的实体将被删除。

2. 恢复（OOPS）命令

在命令窗口输入"OOPS✓"，系统将恢复最后一次删除的实体。恢复命令必须紧跟在删除命令后使用才有效，且只能恢复最后一次被删除的实体。

11.4.3　移动（MOVE）和复制（COPY）命令

1. 移动（MOVE）命令

移动命令可以使图形位置发生改变，重新定位。单击功能区选项卡"默认"→"修改"面板→移动命令，系统提示"选择对象"，选好后按回车键，系统继续提示"指定基点或［位移（D）］"，选择基点后系统会继续提示"指定第二个点或＜使用第一个点作为位移＞"，指定第二个点后可将实体移动到指定的位置。

说明：使用该命令时最好打开状态栏中的对象捕捉开关，以便利用实体捕捉功能找到准确的基点和将实体移动到指定的位置。

2. 复制（COPY）命令

复制命令是从已有的图形复制出副本，并放到指定的位置上，方向和大小均不改变。单击功能区选项卡"默认"→"修改"面板→复制命令，系统提示"选择对象"，并显示当前复制模式设置，选好后按回车键，系统继续提示"指定基点或［位移（D）/模式（O）］＜位移＞"，选择基点后系统会继续提示"指定第二个点或［阵列（A）］＜使用第一个点作为位移＞"，指定第二个点后可将实体复制到指定的位置。

如果复制模式是默认的"多个"，系统会继续提示"指定第二个点或［阵列（A）/退出（E）/放弃（U）］＜退出＞"，单击其他位置会继续复制，用回车等方式可结束复制命令。

11.4.4　偏移(OFFSET)和镜像(MIRROR)命令

1. 偏移(OFFSET)命令

单击功能区选项卡"默认"→"修改"面板→偏移命令,系统提示:

指定偏移距离或[通过(T)/删除(E)/图层(L)]<通过>:50✓

选择要偏移的对象,或[退出(E)/放弃(U)]<退出>:用拾取框"□"拾取被偏移的对象(一次只能选一个)。

指定要偏移的那一侧上的点,或[退出(E)/多个(M)/放弃(U)]<退出>:用鼠标在要偏移那一侧的任意位置单击。

执行结果是将指定实体偏移了50个屏幕单位。

系统会继续提示"选择要偏移的对象,或[退出(E)/放弃(U)]<退出>",可选择其他对象继续进行该距离的偏移,或用回车等方式结束偏移命令。

2. 镜像(MIRROR)命令

镜像是以指定的镜像线对称地复制或移动对象。单击功能区选项卡"默认"→"修改"面板→镜像命令,系统提示:

选择对象:选择所有要镜像的对象后按回车,系统继续提示:

指定镜像线的第一点:(鼠标单击"镜像线"的某一点)

指定镜像线的第二点:(鼠标单击"镜像线"的第二点)

要删除源对象吗?[是(Y)/否(N)]<N>:(Y 删除;N 不删除)

说明:镜像命令中镜像线是一条辅助线,实际上并不存在。执行命令完成后是看不到镜像线的,它是一条直线,既可以水平或垂直,又可以倾斜。

11.4.5　旋转(ROTATE)和缩放(SCALE)命令

1. 旋转(ROTATE)命令

旋转命令可以将图形绕基点旋转指定的角度。单击功能区选项卡"默认"→"修改"面板→旋转命令,系统提示:

UCS 当前的正角方向:ANGDIR=逆时针　　ANGBASE=0

选择对象:选择所有要旋转的对象后回车,系统继续提示:

指定基点:选择基点后,系统会继续提示:

指定旋转角度,或[复制(C)/参照(R)]<0>:一般直接键入角度值,回车确认后,被选择的实体将旋转指定的角度,从而完成操作。

说明:"ANGDIR=逆时针"为默认状态,键入的角度为正时实体按逆时针方向旋转,键入的角度为负时实体按顺时针方向旋转。

2. 缩放(SCALE)命令

缩放命令可以将图形按指定的比例因子相对于基点进行尺寸缩放。单击功能区选项卡"默认"→"修改"面板→缩放命令,系统提示:

选择对象:选择所有要缩放的对象后回车,系统继续提示:

指定基点:选择基点后,系统会继续提示:

指定比例因子或[复制(C)/参照(R)]:一般直接键入比例数值,回车确认后,被选择的实体将比例因子缩小或放大。

11.4.6　修剪(TRIM)命令

修剪命令用于去除相交线段的多余线段。单击功能区选项卡"默认"→"修改"面板→修剪(或延伸)命令右边的"▼"符号,选择修剪命令,系统提示:

当前设置:投影＝UCS,边＝无

选择剪切边…

选择对象或<全部选择>:找到 1 个(选取一个剪切边对象,如图 11.17(a)所示)

选择对象:找到 1 个,总计 2 个(再选取一个剪切边对象,如图 11.17(a)所示)

选择对象:↙(回车确认,表示剪切边对象选择结束)

选择要修剪的对象,或按住 Shift 键选择要延伸的对象,或[栏选(F)/窗交(C)/投影(P)/边(E)/删除(R)/放弃(U)]:(选取被修剪的实体对象,如图 11.17(b)所示)

选择要修剪的对象,或按住 Shift 键选择要延伸的对象,或[栏选(F)/窗交(C)/投影(P)/边(E)/删除(R)/放弃(U)]:(继续选取被修剪的实体对象,如图 11.17(b)所示)

系统会继续提示"选择要修剪的对象,或按住 Shift 键选择要延伸的对象,或[栏选(F)/窗交(C)/投影(P)/边(E)/删除(R)/放弃(U)]:",用回车等方式可结束修剪命令。上述命令结果如图 11.17(c)所示。

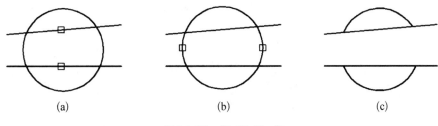

(a)　　　　　　　　　　(b)　　　　　　　　　　(c)

图 11.17　修 剪 操 作

说明:在修剪命令中选择对象时既可以单个拾取(如图例 11.17),也可以采用栏选、窗交等方式。

11.4.7　打断(BREAK)命令

打断命令用于将指定的实体的多余部分去除或打断某些实体。单击功能区选项卡"默认"→"修改"面板上"修改"按钮右边的"▼"符号展开更多的编辑命令,单击打断命令按钮,系统提示:

选择对象:(选择被打断的实体,注意:点击处为系统默认的第 1 切断点)

指定第二个打断点或[第一点(F)]:如果输入 F↙(或用鼠标在"第一点(F)"选项上单击),那么系统将提示用户重新指定第一个打断点和指定第二个打断点,指定第二个点后可将实体切断。

如果第一切断点在实体上,第二切断点在实体外,那么系统将会把从第一切断点向外的所有实体全部切去;如果切断圆或圆弧,系统认定第 1 点与第 2 点之间的弧按逆时针方向选定。

11.5 AutoCAD 的其他常用命令及作用简介

AutoCAD 的功能强大,命令很多,限于篇幅,本章不能全部讲述。如有需要,读者可参阅 AutoCAD 专门教材,这里只介绍一些常用功能。

1. 尺寸标注

在尺寸标注时,尺寸标注样式用于控制尺寸线、标注文字、尺寸界线、箭头的外观形式和方式。标注样式是一组尺寸变量设置的结合,可以用对话框的方式直观地设置这些变量。

AutoCAD 提供的 ISO-25 标注样式不能满足我国关于尺寸注法的标准,必须对它进行修改,以建立符合我国国家标准"尺寸标注"(GB/T 16675.2—2012、GB/T 4458.4—2003)的样式。

1) 新建标注样式

调用命令方式:单击功能区选项卡"注释"→功能区面板"标注"右下角的"⬊"符号;单击功能区选项卡"默认"→"注释"面板上"注释"按钮右边的"▼"符号,在展开的选项中单击"标注样式"下拉框左侧的"标注样式"按钮;在命令行键入命令"DIMSTYLE";单击菜单"格式"→标注样式(D)...。

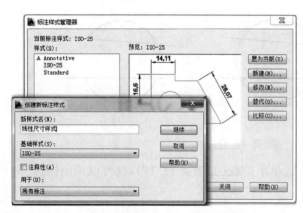

图 11.18　标注样式管理器对话框

图 11.19　新建标注样式对话框

调用命令后弹出如图 11.18 所示"标注样式管理器"对话框。单击"新建"按钮,将打开"创建新标注样式"对话框,如图 11.18 所示,输入新样式的名称(如线性尺寸样式),单击"继续"按钮,打开"新建标注样式"对话框,如图 11.19 所示。

按照图 11.20 依次设置尺寸样式的"线""符号和箭头""文字"以及"调整"等选项卡的选项,单击"确定"按钮返回"标注样式管理器"对话框,关闭"标注样式管理器"对话框结束设置。

说明:本节对尺寸样式具体内容的设置不做详细介绍,请参照 AutoCAD 专门教材和国标执行。

2) 尺寸标注命令

AutoCAD 为我们提供了两个选择尺寸标注工具图标按钮的入口,一是从功能区选项卡"默认"→"注释"面板中选择,其优点是不切换选项卡即可直接进行尺寸标注;二是从功能区选项卡"注释"→"标注"面板或"引线"面板中选择图标按钮。

说明：标注尺寸前要将所需尺寸标注样式"置为当前"，才能标注相应的尺寸格式。标注尺寸时，最好将尺寸放置在一个图层，以便对其进行管理。

2. 图案填充命令

用一种图案填充某一区域称之为图案填充。执行图案填充命令就可以用一些规定的符号(图案)为机械图样中的剖视图或断面图的剖切区域进行剖面符号的绘制。

图案填充必须在一个封闭的区域进行，围成该封闭区域的边界称为填充边界。边界可以是直线、圆、圆弧、样条曲线等对象或由这些对象组成的块。

3. 图块及其属性

图块是由一组图形对象组成的整体。图块一旦创建，就可以根据需要多次插入图样中，并能任意缩放和旋转，一些非图形信息也能够以属性的方式附带在图块上。

图块是一组图形对象的集合，一旦一组图形对象组合成块，这组对象就必须给予一个块名，用户可以根据作图需要将该组对象插入到指定的图中的任意位置，而且在插入时还可以指定不同的比例因子(用于控制图块的大小)和旋转角。

图块分为带属性图块(附带一些非图形信息的图块)和不带属性图块两大类。图块的操作包括建立图块和插入图块两个方面。建立图块，必须先绘制好图块中的对象，然后才能建立图块；插入图块，图块必须插入在相应的图层上，以便进行控制和管理。

11.6 平面图形绘制示例

绘制平面图形是绘制工程图样的基础，平面图形包含直线和圆弧的连接，可以利用AutoCAD提供的绘图工具、编辑工具和对象捕捉工具精确地完成图形的绘制。下面通过绘制具体的平面图形(见图11.20)说明绘图的方法和步骤。

(1) 调用"格式\图形界限"命令，设置绘图区域为缺省设置，即为 A3(420×297)图幅大小。绘图单位和角度单位均为十进制单位，精度为整数。

(2) 调用"格式\图层"命令，除了0层外再设置三个图层。粗实线图层：线型为Continuous，线宽为0.5，颜色默认；点画线图层：线型为CENTER，线宽为0.25，颜色为红色；尺寸标注图层：线型为Continuous，线宽为0.25，颜色自定。

(3) 设置文字样式、尺寸标注样式等。

(4) 将点画线图层设置为当前层，在中心位置用"直线"命令画两条相互垂直的中心线，垂直中心为C；此为作图基准线。

(5) 调用"偏移"命令，将水平线向上偏移203至E处，竖直线向右偏移19至D处，再向左偏移(38+46)至B处，再将圆R89的竖直线向中心线向左偏移(89+44)至A处。如图11.21所示。

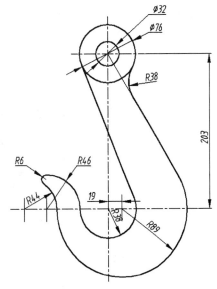

图 11.20 绘图实例

（6）调用"圆"命令，捕捉 E 为圆心分别以 16 和 38 为半径画圆；用"圆"命令捕捉 D 为圆心，以 89 为半径画圆；用"圆"命令捕捉 C 为圆心，以 38 为半径画圆；用"圆"命令捕捉 B 为圆心，以 46 为半径画圆；用"圆"命令捕捉 A 为圆心，以 44 为半径画圆，如图 11.22 所示。

（7）画图形中的两条直线：调用"直线"命令，当系统提示"指定第一点"时捕捉圆心 E，系统继续提示"指定下一点或［放弃(U)］"时，将十字光标移置半径为 89 的圆的右上部捕捉切点，当出现切点光标时单击鼠标，完成一条直线段画线命令。回车重复直线命令，当系统提示"指定第一点"时，再将十字光标移置直径为 76 的圆的左下部捕捉切点，单击后当系统提示"指定下一点或［放弃(U)］"时，再将十字光标移置半径为 38 的圆的右上部捕捉切点并单击完成另一条直线的作图。

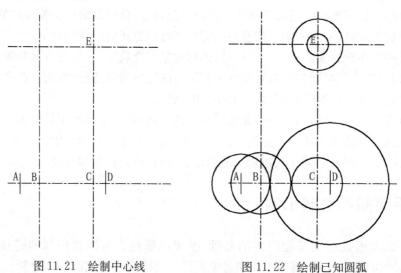

图 11.21 绘制中心线　　　　图 11.22 绘制已知圆弧

（8）画两条连接圆弧：画 R38 圆时调用"绘图\圆\切点、切点、半径"命令，捕捉直径为 76 圆右下方和与之相连接的直线的上部为切点，然后当系统提示"指定圆的半径"时输入 38 回车确认，完成与直径为 76 的圆和直线相切圆的作图。R6 小圆的作图方法和 R38 圆的作图方法相同，见图 11.23。

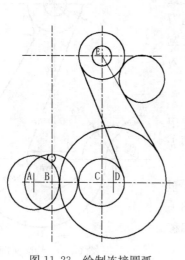

图 11.23 绘制连接圆弧

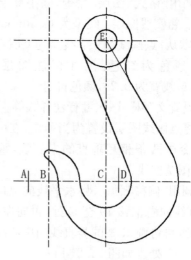

图 11.24 修 剪

　　(9) 利用"修剪"命令去除多余的图线：调用"修改\修剪"命令,在命令行提示选择实体时,将所有实体全部选上,回车后光标拾取要被去除的实体,即可完成,如图 11.24 所示。

　　(10) 将尺寸标注图层设置为当前层,所需尺寸标注样式置为当前,利用尺寸标注命令标注尺寸完成作图。

思 考 题

　　1. 与手工绘图相比较,计算机绘图主要有哪些优点?

　　2. 如何定制合适的绘图工作界面?

　　3. AutoCAD 系统为我们提供了哪几种输入命令的方法? 各有什么特点?

　　4. 在绘图及图形编辑过程中,捕捉图形的特殊点的意义何在? 如何设置"对象捕捉""极轴追踪""对象捕捉追踪"?

　　5. 在命令执行过程中,如何选择命令选项中相应的选项? 例如,指定圆的圆心或[三点(3P)/两点(2P)/切点、切点、半径(T)]。

　　6. 系统要求选取对象的提示是什么? 怎样构造选择集?

　　7. 编辑命令操作的基本步骤是什么?

第 12 章　立体表面的展开

学习要点：
　　(1) 了解平面立体的表面展开方法。
　　(2) 了解圆柱、圆锥、球等曲面立体的表面展开方法。
　　(3) 了解方圆过渡管的展开方法。

　　在工业生产设备和日常生活用品中，经常遇到用板料制成的构件和物品，如集粉筒、管接头、铁皮漏斗等。在制造这些零件时，首先要根据零件图样画出展开后的平面图形，然后再下料、制作、校核。

　　展开就是将立体表面按其实际大小，推平在一个平面上的过程；展开后所得的图形称为表面展开图。

　　立体表面分为可展表面和不可展表面，可展立体表面指平面立体和曲面立体中相邻两直素线是平行或相交的两直线，或者说立体表面能全部平整地摊在一个平面上，而不发生撕裂或皱褶，如柱表面不能自然平整地展开在一个平面上，如圆环、球等的表面。

　　画展开图的方法经常用图解法。

12.1　旋转法求一般位置直线的实长

　　在作立体表面的展开图时常常要求出组成立体的各个表面的真实形状，而求平面图形的真实形状，就必须求出组成平面图形的各条线段的真实长度。由于立体表面不一定和投影面平行，所以从视图上就不能直接得到线段的真实长度，也就不能得到表面的真实大小。线段实长的求解方法可用直角三角形法，下面介绍另一种一般位置线段实长的求法（旋转法）：

　　如图 12.1 所示，将空间一般位置直线 AB 的 B 端绕着铅垂轴 AO 旋转至 AB_1 位置，该位置和正投影面平行，水平投影的长度不变，将 ab 绕 a 点旋转到 OX 轴平行的 ab_1 位置。正投影中的 b' 沿着水平方向移动到 b_1'，则 $a'b_1'$ 就是该线段的实长。

12.2　平面立体的表面展开

12.2.1　棱柱体表面的表面展开

　　棱柱面的各个表面都是平面，而且它的棱线是一组相互平行的直线，作其展开图时可以用投影变换的方法，依次求出各个表面的实形，并拼接在一个平面上。

　　正棱柱的各个侧面一般都为矩形,展开时只要作出一个侧面实形,就可以画出其他所有侧面的展开图。

　　见图 12.2,棱柱中的前后两侧面在主视图中反映真实形状,左右两侧面为宽度相同高度不同的两个矩形,俯视图中 ad 为其宽,主视图中的 $1'd'$ 和 $3'c'$ 分别是它们的高度。将其表面的真实形状依次展一,得到表面的展开图形。

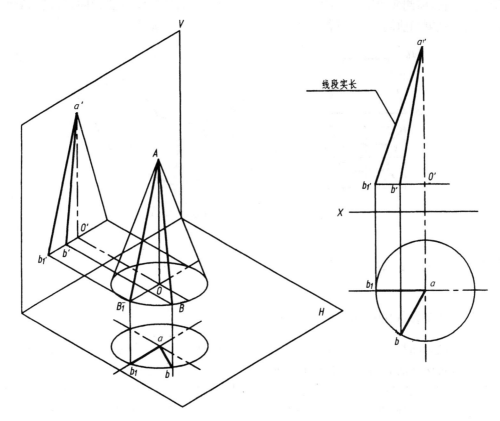

图 12.1　旋转法求一般位置线的实长

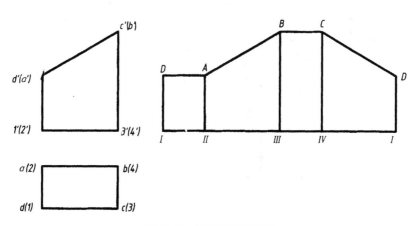

图 12.2　斜切棱柱的展开

12.2.2 棱锥台表面的展开

直棱锥体的表面为等腰三角形,展开时求出各个表面的真实大小,依次画出各侧面就可得到展开图。棱台的各侧面是梯形,展开时依次求出各面的实形,如图 12.3 所示,棱锥台的表面展开是作出左侧面的实形 $ABCD$,$ABCD$ 为等腰梯形,其中 $AB=ab$,$CD=cd$,梯形的高等于 $a'd'$ 的长,前侧面的实形 $AEFD$ 的作图方法和左侧面的作图方法相同,右侧和后侧的表面分别和左侧和前侧相同,将各侧面的实形依次作出后即得展开图。

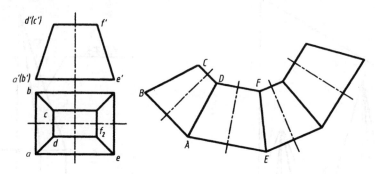

图 12.3　棱锥台表面的展开

12.3　可展曲面的表面展开

12.3.1 圆柱表面的展开

圆柱的展开图是一个矩形,其长度等于圆柱端面圆的周长。宽度等于圆柱的高。一些圆桶或圆柱形管件的表面都可用圆柱表面的展开方法得到。

图 12.4 为一斜切圆柱,其表面的展开方法是在圆柱上画出若干条素线,将端面圆展开后,再把素线的位置画在展开图上,并根据主视图画出各条素线的长度。作图步骤如下:

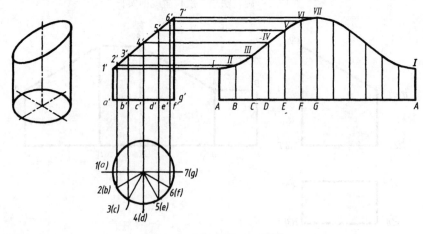

图 12.4　斜切圆柱表面展开

(1)画出底面圆周展开的直线段 AK,该线段的长度为底面圆的周长。如图 12.3 所示。

（2）将线段 AK 和俯视图圆周分成同样的等分。图 12.4 中为 12 等分,因为前后对称,图中只画出了前半的 6 等分。等分后得到 7 个等分点 a,b,c,d,f,g。过线段 AK 上的 A,B,C,D,E,F,G 分别作 AK 的垂线,得到各等分点上的素线的展开图上的位置。

（3）在这些垂线上分别截取对应素的长度,如 $A1=a'1'$,$B2=b'2'$,…

（4）将展开图上的这些点用光滑曲线连接起来,就得到前半圆柱面的展开图,后半部分对称复制。

对于其他圆柱管状的构件,如三通、弯头等,其表面的展开方法和上述相同。

12.3.2　斜切圆锥表面的展开

正圆锥面的展开图为一个扇形,其扇形的半径是这个圆锥的母线的长度 L,扇形的中心

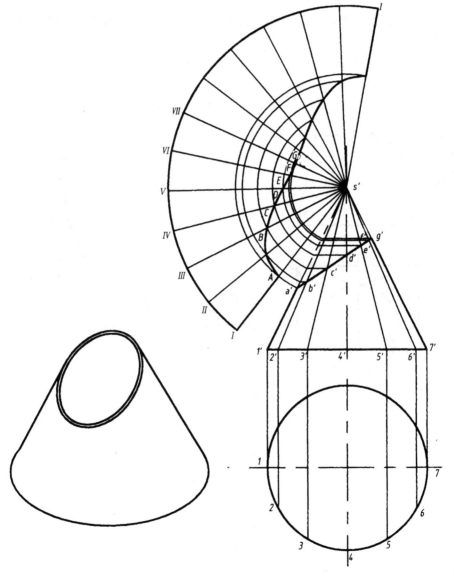

图 12.5　斜切圆锥面的展开

角是 $D\pi/L$, D 为圆锥底面圆的直径。斜切正圆锥面的展开是在正圆锥面展开的基础上展开的,如图 12.5 所示,已知斜切圆锥的主、俯视图,展开的作图步骤如下:

(1) 把俯视图圆周 12 等分,在主视图上找出相应的素线 $s'1'$, $s'2'$, …

(2) 作出圆锥面的展开图,并将扇形的圆弧分成 12 等分。

(3) 再截去斜口部分。用旋转法求出 $s'b'$, $s'c'$, $s'd'$, $s'e'$, $s'f'$ 各线段实长,并量到展开图相应的素线上得 A, B, C, …

(4) 光滑连接各点,即得斜切圆锥管展开图。

12.3.3 方圆过渡接管的展开

方圆过渡接头的表面可以划分为四个相等的等腰三角形和四个斜圆锥面。从图 12.6 中可以看出,等腰三角形的底边为特殊位置直线,水平投影为实长,而两个腰线为一般位置线,应求出其实长,斜圆锥面可以近似划分成若干个小三角形来展开,这里划分为四个。其展开作图步骤如下:

(1) 见图 12.6,将斜圆锥所占的四分之一圆周四等分,得到 a, b, c, d, e 五个点。$1a$, $1b$, $1c$, $1d$, $1e$ 分别为斜圆锥面上的四条素线。

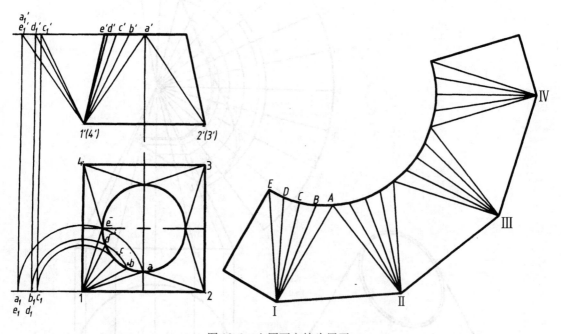

图 12.6 上圆下方接头展开

(2) 用旋转法在主视图中求出五条素线的实长,其中 $1'a_1' = 1'e_1' = 1A = 1E$, $1'b_1' = 1'd_1' = 1B = 1D$, $1'c_1' = 1C$。

(3) 将 $1AB$, $1BC$, $1CD$, $1DE$ 近似看成是四个小三角形,依次用它们各条边的实长作出(见图 12.6)。在各个小三角形中 $AB = BC = CD = DE = ab = bc = cd = de$,$12A$ 为侧面等腰三角形的实形。现在展出了一个斜圆锥面和一个等腰三角形。其余的三个斜圆锥面和等腰三角形面作图方法相同。

(4) 用一条光滑的曲线将内侧的各端点顺痤连接起来,用真线将外围各猱点连接。

12.4　球面的近似展开

由于球面是不可展表面,在实际生产中,一般用近似展开方法。其方法是把球面划分为若干个较小的部分,使每一个较小部分展开图接近于球面相应部分的表面形状。球面的展开方法有多种,这里介绍柱面法。见图 12.7,用一系列的经线将球面分成若干个(图 12.7 中为 12 个)相同的柳叶状球面片,每一片拟用圆柱面来代替。其作图步骤如下:

(1) 在图 12.7 俯视图中,过圆心 n 作半径线,将球面分为 12 个等分的柳叶片。

(2) 在正投影面上,将转向轮廓弧线 $n'o's'$ 分为 6 等分,图中只将上半部分 3 等分。并将 $n'o's'$ 半个圆弧展开为 NOS 直线段(见图 12.7)。

(3) 过 NS 的中点 O 和等分点 Ⅰ, Ⅱ 作 NS 的垂线,在过 O 点的垂线上跨中取 $AB=ab$,在过 Ⅰ 点的垂线上跨中取 $CD=cd$,在过 Ⅱ 点的垂线上跨中取 $EF=ef$。顺次连接 $ACEN$-FDB 得到柳叶形的上半部分,下部对称复制,得到一个柳叶形。

(4) 其他柳叶形和上述作图方法相同,复制即可。在图 12.7 中只画了六叶半球的展开图。

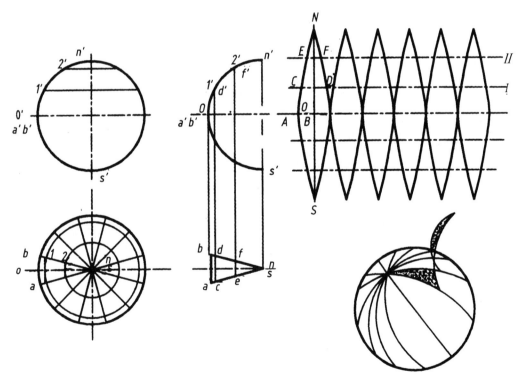

图 12.7　球面的近似展开法

思　考　题

1　什么叫立体表面的展开和展开图?

2. 哪些立体的表面是可展的?

3. 怎样作棱柱体和棱锥体管件的展开图?

4. 怎样作圆柱、圆锥和球的表面展开图?

5. 怎样作方圆过渡管的展开图?

附　　表

附表 1　普通螺纹直径与螺距系列(GB/T193—2003)　　　　mm

| 公称直径 d | | | 螺距 P | |
第一系列	第二系列	第三系列	粗牙	细牙
3			0.5	0.35
	3.5		(0.6)	0.35
4			0.7	0.5
		4.5	(0.75)	0.5
5			0.8	0.5
		5.5		0.5
6	7		1	0.75,(0.5)
8			1.25	1,0.75,(0.5)
	9		(1.25)	1,0.75,(0.5)
10			1.5	1,0.75,(0.5)
	11		(1.5)	1,0.75,(0.5)
12			1.75	1.5,1.25,1,(0.75),(0.5)
	14		2	1.5,(1.25),1,(0.75),(0.5)
		15		1.5,(1)
16			2	1.5,1,(0.75),(0.5)
		17		1.5,(1)
20	18		2.5	2,1.5,1,(0.75),(0.5)
	22		2.5	2,1.5,1,(0.75),(0.5)
24			3	2,1.5,1,(0.75)
		25		2,1.5,(1)
		26		1.5
	27		3	2,1.5,1,(0.75)
		28		2,1.5,1
30			3.5	(3),2,1.5,1,(0.75)
		32		2,1.5
	33		3.5	(3),2,1.5,(1),(0.75)
		35		(1.5)
36			4	3,2,1.5,(1)
		38		1.5
	39		4	3,2,1.5(1)
		40		(3),(2),1.5
42	45		4.5	(4),3,2,1.5,(1)
48			5	(4),3,2,1.5,(1)
		50		(3),(2),1.5
	52		5	(4),3.2,1.5,(1)
		55		(4),(3),2,1.5
56			5.5	4,3,2,1.5,(1)
		58		(4),(3),2,1.5
	60		(5.5)	4,3,2,1.5,(1)
		62		(4),(3),2,1.5
64			6	4,3,2,1.5,(1)
		65		(4),(3),2,1.5
	68		6	4,3,2,1.5,(1)
		70		(6),(4),(3),2,1.5

| 公称直径 d | | | 螺距 P | |
第一系列	第二系列	第三系列	粗牙	细牙
72				6,4,3,2,1.5,(1)
		75		6,4,3,2,1.5,(1)
	76			(4),(3),2,1.5
		78		6,4,3,2,1.5,(1)
80				2
		82		6,4,3,2,1.5,(1)
90	85			2
100	95			
110	105			
125	115			
	120			
	130	135		6,4,3,2,(1.5)
140	150	145		
		155		
160	170	165		6,4,3,(2)
180		175		
	190	185		
200		195		
		205		
	210	215		
220		225		6,4,3
		230		
	240	235		
250		245		
		255		
	260	265		6,4,(3)
		270		
		275		
280		285		
		290		
	300	295		
		310		
320		330		
	340	350		6,4
360		370		
400	380	390		
	420	410		
	440	430		
450	460	470		
	480	490		6
500	520	510		
550	540	530		
	560	570		
600	580	590		

注：① 优先选用第一系列，其次是第二系列，第三系列尽可能不用。

② 括号内尺寸尽可能不用。

③ M14×1.25 仅用于火花塞。

④ M35×1.5 仅用于滚动轴承锁紧螺母。

附表 2　螺纹密封、非螺纹密封管螺纹的基本尺寸

（GB/T7306.1—2000、GB/T7306.2—2000、GB/T7307—2001）　　　　mm

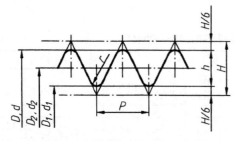

圆柱螺纹的设计牙型

圆锥螺纹的牙型参数：

$H=0.960237P,h=0.640327P,r=0.137278P$。

圆柱螺纹的牙型参数：

$H=0.960491P,h=0.640327P,r=0.137329P$。

标记示例：

G3/4　尺寸代号为 3/4、右旋、非螺纹密封的管螺纹。

Rc1/4　尺寸代号为 1/4、右旋、密封的圆锥内螺纹。

尺寸代号	每 25.4 mm 内的牙数 n	螺距 P	基本直径			尺寸代号	每 25.4 mm 内的牙数 n	螺距 P	基本直径		
			大径 D、d	中径 D_2、d_2	小径 D_1、d_1				大径 D、d	中径 D_2、d_2	小径 D_1、d_1
1/8	28	0.907	9.728	9.147	8.566	$1\frac{1}{4}$		2.309	41.910	40.431	38.952
1/4	19	1.337	13.157	12.301	11.445	$1\frac{1}{2}$		2.309	47.303	46.324	44.845
3/8		1.337	16.662	15.806	14.950	$1\frac{1}{8}$		2.309	53.746	52.267	50.788
1/2	14	1.814	20.955	19.793	18.631	2		2.309	59.614	58.135	56.656
5/8*		1.814	22.911	21.749	20.587	$2\frac{1}{4}$*	11	2.309	65.710	64.231	62.752
3/4		1.814	26.441	25.279	24.117	$2\frac{1}{2}$		2.309	75.148	73.705	72.226
7/8*		1.814	30.201	29.039	27.877	$2\frac{3}{4}$*		2.309	81.534	80.055	78.576
1	11	2.309	33.249	31.770	30.291	3		2.309	87.884	86.405	84.926
$1\frac{1}{8}$*		2.309	37.897	36.418	34.939	$3\frac{1}{2}$		2.309	100.330	98.851	97.372

注：① GB/T7307—2001 为非螺纹密封的管螺纹，一般为圆柱螺纹；GB/T7306.1—2000、GB/T7306.2—2000 为 55°密封的管螺纹，一般为锥螺纹，其螺纹的锥度为 1:16。

② 用密封的管螺纹的"基本直径"为基准平面上的基本直径。

③ 尺寸代号有"＊"者，仅有非螺纹密封的管螺纹。

附表3　梯形螺纹直径与螺距系列、基本尺寸(GB/T5796.2—2005)　　　mm

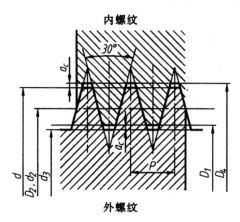

内螺纹

外螺纹

D_4、D_2、D_1 为内螺纹大径、中径和小径；

d、d_2、d_3 为外螺纹大径、中径和小径；

$d_2 = D_2$；

a_c 为牙顶间隙。

标注示例：

Tr40×7-H　公径直径 $d=40$ mm、螺距 $P=7$ mm、中径公差带为 7H、中等旋合长度的单线右旋梯形内螺纹。

Tr40×14(P7)LH-8e-L　公称直径 $d=40$ mm，导程为 14 mm，螺距 $P=7$ mm，中径公差带为 8e，长旋合长度的双线左旋梯形外螺纹。

公称直径 d 第一系列	公称直径 d 第二系列	螺距 P	中径 $D_2=d_2$	大径 D_4	小径 d_3	小径 D_1	公称直径 d 第一系列	公称直径 d 第二系列	螺距 P	中径 $D_2=d_2$	大径 D_4	小径 d_3	小径 D_1
8		1.5	7.25	8.30	6.20	6.50		26	3	24.50	26.50	22.50	23.00
	9	1.5	8.25	9.30	7.20	7.50		26	5	23.50	26.50	20.50	21.00
	9	2	8.00	9.50	6.50	7.00		26	8	22.00	27.00	17.00	18.00
10		1.5	9.25	10.30	8.20	8.50	28		3	26.50	28.50	24.50	25.00
10		2	9.00	10.50	7.50	8.00	28		5	25.50	28.50	22.50	23.00
	11	2	10.00	11.50	8.50	8.00	28		8	24.00	29.00	19.00	20.00
	11	3	9.50	11.50	7.50	9.00		30	3	28.50	30.50	26.50	27.00
12		2	11.00	12.50	9.50	10.00		30	6	27.00	31.00	23.00	24.00
12		3	10.50	12.50	8.50	9.00		30	10	25.00	31.00	19.00	20.00
	14	2	13.00	14.50	11.50	12.00	32		3	30.50	32.50	28.50	29.00
	14	3	12.50	14.50	10.50	11.00	32		6	29.00	33.00	25.00	26.00
16		2	15.00	16.50	13.50	14.00	32		10	27.00	33.00	21.00	22.00
16		4	14.00	16.50	11.50	12.00		34	3	32.50	34.50	30.50	31.00
	18	2	17.00	18.50	15.50	16.00		34	6	31.00	35.00	27.00	28.00
	18	4	16.00	18.50	13.50	14.00		34	10	29.00	35.00	23.00	24.00
20		2	19.00	20.20	17.50	18.00	36		3	34.50	36.50	32.50	33.00
20		4	18.00	20.50	15.50	16.00	36		6	33.00	37.00	29.00	30.00
	22	3	20.50	22.50	18.50	19.00	36		10	31.00	37.00	25.00	26.00
	22	5	19.50	22.50	16.50	17.00		38	3	36.50	38.50	34.50	35.00
	22	8	18.00	23.00	13.00	14.00		38	7	34.50	39.00	30.00	31.00
24		3	22.50	24.50	20.50	21.00		38	10	33.00	39.00	27.00	28.00
24		5	21.50	24.50	18.50	19.00	40		3	38.50	40.50	36.50	37.00
24		8	20.00	25.00	15.00	16.00	40		7	36.50	41.00	32.00	33.00
							40		10	35.00	41.00	29.00	30.00

附表 4 六角头螺栓(GB/T5782—2000)   mm

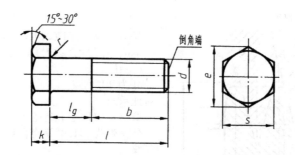

标记示例:

　　螺栓 GB/T5782　M12×80　螺纹规格 d=M12,公称长度 l=80 mm,性能等级为 8.8 级,表面氧化的 A 级六角头螺栓。

螺纹规格 d			M3	M4	M5	M6	M8	M10	M12	M16	M20	M24	M30	M36
b 参考	$l \leqslant 125$		12	14	16	18	22	26	30	38	46	54	66	
	$125 < l \leqslant 200$		18	20	22	24	28	32	36	44	52	60	72	84
	$l > 200$		31	33	35	37	41	45	49	57	65	73	85	97
c	min		0.15	0.15	0.15	0.15	0.15	0.15	0.15	0.2	0.2	0.2	0.2	0.2
	max		0.4	0.4	0.5	0.5	0.6	0.6	0.6	0.8	0.8	0.8	0.8	0.8
d_w min	产品等级	A	4.57	5.88	6.88	8.88	11.63	14.63	16.6	22.49	28.19	33.61		
		B	4.45	5.74	6.74	8.74	11.47	14.47	16.47	22	27.7	33.2	42.75	51.11
e min	产品等级	A	6.01	7.66	8.79	11.05	14.38	17.77	20.03	26.75	33.53	39.98		
		B	5.88	7.50	8.63	10.89	14.20	17.59	19.85	26.17	32.95	39.55	50.85	60.79
k 公称			2	2.8	3.5	4	5.3	6.4	7.5	10	12.5	15	18.7	22.5
s max=公称			5.5	7	8	10	13	16	18	24	30	36	46	55
l 公称(系列值)			6,8,10,12,16,20,25,30,35,40,45,50,55,60,65,70,80,90,100,110,120,130,140, 150,160,180,200,240,260,280,300,320,340,360,380,400,420,440,460,480,500											

注:① 等级 A、B 根据公差取值不同而定,A 级用于 $d \leqslant 24$ 和 $l \leqslant 10d$ 或 $l \leqslant 150$ mm(按较小值)的螺栓;B 级用于 $d > 24$ 和 $l > 10d$ 或 $l > 150$ mm(按较小值)的螺栓。
　　② 螺纹末端应倒角,当 $d \leqslant$ M4 时,可为辗制末端。
　　③ 螺纹规格 d 为 M1.6～M64。

附表 5　　双头螺柱(GB/T897—1988、GB/T898—1988、GB/T899—1988、GB/T900—1988)　　mm

双头螺柱——$b_m = d$(GB/T897—1988)　　　　　　双头螺柱——$b_m = 1.5d$(GB/T899—1988)

双头螺柱——$b_m = 1.25d$(GB/T898—1988)　　　双头螺柱——$b_m = 2d$(GB/T900—1988)

A型　　　　　　　　　　　　　　　B型

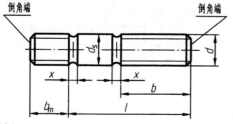 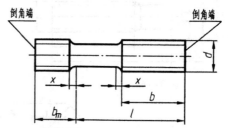

标记示例:

螺柱　GB/T897　M10×50　两端均为粗牙普通螺纹 $d=10\,\text{mm}$,公称长度 $l=50\,\text{mm}$,性能等级为 4.8 级, $b_m = d$ 的 B 型双头螺柱。

若按 A 型制造,必须加注"A",如螺柱 GB/T897　AM10×50

	螺纹规格	M5	M6	M8	M10	M12	M16	M20	M24	M30	M36	M42
b_m	GB/T897—1988	5	6	8	10	12	16	20	24	30	36	42
	GB/T898—1988	6	8	10	12	15	20	25	30	38	45	52
	GB/T899—1988	8	10	12	15	18	24	30	36	45	54	63
	GB/T900—1988	10	12	16	20	24	32	40	48	60	72	84
	d_s	5	6	8	10	12	16	20	24	30	36	42
	x	1.5P	1.5P	1.5P	1.5P	1.5P	1.5P	1.5P	1.5P	1.5P	1.5P	1.5P
	$\dfrac{l}{b}$	$\dfrac{16\sim22}{10}$ $\dfrac{25\sim50}{16}$	$\dfrac{20\sim22}{10}$ $\dfrac{25\sim30}{14}$ $\dfrac{32\sim75}{18}$	$\dfrac{20\sim22}{12}$ $\dfrac{25\sim30}{16}$ $\dfrac{32\sim90}{22}$	$\dfrac{25\sim28}{14}$ $\dfrac{30\sim38}{16}$ $\dfrac{40\sim120}{26}$ $\dfrac{130}{32}$	$\dfrac{25\sim30}{16}$ $\dfrac{32\sim40}{20}$ $\dfrac{45\sim120}{30}$ $\dfrac{130\sim180}{36}$	$\dfrac{30\sim38}{20}$ $\dfrac{40\sim55}{30}$ $\dfrac{60\sim120}{38}$ $\dfrac{130\sim200}{44}$	$\dfrac{35\sim40}{25}$ $\dfrac{45\sim65}{35}$ $\dfrac{70\sim120}{46}$ $\dfrac{130\sim200}{52}$	$\dfrac{45\sim50}{30}$ $\dfrac{55\sim75}{42}$ $\dfrac{80\sim120}{54}$ $\dfrac{130\sim200}{60}$	$\dfrac{60\sim65}{40}$ $\dfrac{70\sim90}{50}$ $\dfrac{95\sim120}{66}$ $\dfrac{130\sim200}{72}$ $\dfrac{210\sim250}{85}$	$\dfrac{65\sim75}{45}$ $\dfrac{80\sim110}{60}$ $\dfrac{120}{78}$ $\dfrac{130\sim200}{84}$ $\dfrac{210\sim300}{97}$	$\dfrac{65\sim80}{50}$ $\dfrac{85\sim110}{70}$ $\dfrac{120}{90}$ $\dfrac{130\sim200}{96}$ $\dfrac{210\sim300}{109}$
	l 系列	16,(18),20,(22),25,(28),30,(32),35,(38),40,45,50,(55),60,(65),70,(75),80,(85),90,(95),100,110,120,130,140,150,160,170,180,190,200,210,220,230,240,250,260,280,300										

注:① P 是粗牙螺纹的螺距。

　② l 系列中尽可能不采用括号内的数值。

附表 6　开槽圆柱头螺钉(GB/T65—2000)、

开槽盘头螺钉(GB/T67—2000)、开槽沉头螺钉(GB/T68—2000)　　　mm

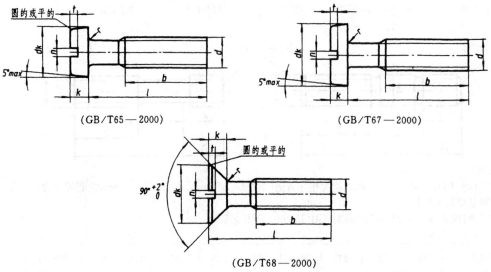

(GB/T65 — 2000)　　　　　　　　(GB/T67 — 2000)

(GB/T68 — 2000)

标记示例:

螺钉　GB/T65　M5×20　螺纹规格 d=M5,公称长度 l=20 mm,性能等级为 4.8 级,不经表面处理的开槽圆柱头螺钉。

	螺纹规格 d	M1.6	M2	M2.5	M3	M4	M5	M6	M8	M10
GB/T65 —2000	d_k 公称=max	3	3.8	4.5	5.5	7	8.5	10	13	16
	k 公称=max	1.1	1.4	1.8	2	2.6	3.3	3.9	5	6
	t min	0.45	0.6	0.7	0.85	1.1	1.3	1.6	2	2.4
	l	2~16	3~20	3~25	4~35	5~40	6~50	8~60	10~80	12~80
	全螺纹时最大长度	全　螺　纹					40	40	40	40
GB/T67 —2000	d_k 公称=max	3.2	4	5	5.6	8	9.5	12	16	20
	k 公称=max	1	1.3	1.5	1.8	2.4	3	3.6	4.8	6
	t min	0.35	0.5	0.6	0.7	1	1.2	1.4	1.9	2.4
	l	2~16	2.5~20	3~25	4~30	5~40	6~50	8~60	10~80	12~80
	全螺纹时最大长度	全　螺　纹					40	40	40	40
GB/T68 —2000	d_k 公称=max	3	3.8	4.7	5.5	8.4	9.3	11.3	15.8	18.3
	k 公称=max	1	1.2	1.5	1.65	2.7	2.7	3.3	4.65	5
	t min	0.32	0.4	0.5	0.6	1	1.1	1.2	1.8	2
	l	2.5~16	3~20	4~25	5~30	6~40	8~50	8~60	10~80	12~80
	全螺纹时最大长度	全　螺　纹					45	45	45	45
	n	0.4	0.5	0.6	0.8	1.2	1.2	1.6	2	2.5
	b	25				38				
	l(系列)	2, 2.5, 3, 4, 5, 6, 8, 10, 12, (14), 16, 20, 25, 30, 35, 40, 45, 50, (55), 60, (65), 70, (75), 80								

附表 7　开槽锥端紧定螺钉(GB/T71—1985)、

开槽平端紧定螺钉(GB/T73—1985)、开槽长圆柱端紧定螺钉(GB/T75—1985)　　mm

开槽锥端紧定螺钉
(GB/T 71—1985)

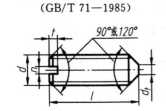

开槽平端紧定螺钉
(GB/T 73—1985)

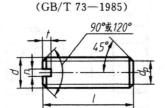

开槽长圆柱端紧定螺钉
(GB/T 75—1985)

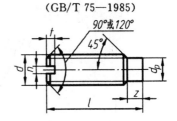

标记示例:

　　螺钉　GB/T71　M5×12　螺纹规格 d=M5,公称长度 l=12 mm,性能等级为 14H 级,表面氧化的开槽锥端紧定螺钉。

　　螺钉　GB/T73　M5×12　螺纹规格 d=M5,公称长度 l=12 mm,性能等级为 14H 级,表面氧化的开槽平端紧定螺钉。

　　螺钉　GB/T75　M5×12　螺纹规格 d=M5,公称长度 l=12 mm,性能等级为 14H 级,表面氧化的开槽长圆柱端紧定螺钉。

d	M2	M2.5	M3	M4	M5	M6	M8	M10	M12
n(公称)	0.25	0.4	0.4	0.6	0.8	1	0.2	1.6	2
t(min)	0.64	0.72	0.8	1.12	1.28	1.6	2	2.4	2.8
d_p(max)	1	1.5	2	2.5	3.5	4	5.5	7	8.5
z(max)	1.25	1.5	1.75	2.25	2.75	3.25	4.3	5.3	6.3
d_t(max)	0.2	0.25	0.3	0.4	0.5	1.5	2	2.5	3
l (GB/T71—1985)	3~10	3~12	4~16	6~20	8~25	8~30	10~40	12~50	14~60
l (GB/T73—1985)	2~10	2.5~12	3~16	4~20	5~25	6~30	8~40	10~50	12~60
l (GB/T75—1985)	3~10	4~12	5~16	6~20	8~25	8~30	10~40	12~50	14~60
l 系列	3,4,5,6,8,10,12,(14),16,20,25,30,40,45,50,(55),60								

注:① l 系列值中,尽可能不采用括号内的规格。

　　② 开端锥端紧定螺钉(GB/T71—1985),当 d≤M5 时不要求锥端有平面部分(d_t),可以倒圆。

附表8　1型六角螺母(GB/T6170—2000)、六角薄螺母(GB/T6172.1—2000)　　mm

1 型六角螺母(GB/T 6170—2000)　　　　　　　　**六角薄螺母(GB/T 6172.1—2000)**

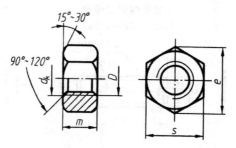

标记示例:

螺母　GB/T6170　M12　螺纹规格 D=M12,性能等级为 8 级,不经表面处理,产品等级为 A 级的 1 型六角螺母。

螺纹规格 D			M2	M2.5	M3	M4	M5	M6	M8	M10	M12	M16	M20	M24	M30
c max			0.2	0.3	0.4	0.4	0.5	0.5	0.6	0.6	0.6	0.8	0.8	0.8	0.8
d_w min			3.1	4.1	4.6	5.9	6.9	8.9	11.6	14.6	16.6	22.5	27.7	33.3	42.8
e min			4.32	5.45	6.01	7.66	8.79	11.05	14.38	17.77	20.03	26.75	32.95	39.55	50.85
s		max	4	5	5.5	7	8	10	13	16	18	24	30	36	46
		min	3.82	4.82	5.32	6.78	7.78	9.78	12.73	5.73	17.73	23.67	29.16	35	45
m	GB/T6170	max	1.6	2	2.4	3.2	4.7	5.2	6.8	8.4	10.8	14.8	18	21.5	25.6
		min	1.35	1.75	2.15	2.9	4.4	4.9	6.44	8.04	10.73	14.1	16.9	20.2	24.3
	GB/T6172.1	max	1.2	1.6	1.8	2.2	2.7	3.2	4	5	6	8	10	12	15
		min	0.95	1.35	1.55	1.95	2.45	2.9	3.7	4.7	5.7	7.42	9.10	10.9	13.9

注:A 级用于 D≤16 mm 的螺母,B 级用于 D>16 mm 的螺母。

附表 9　平垫圈—A 级(GB/T97.1—2002)、

平垫圈　倒角型—A 级(GB/T97.2—2002)、小垫圈—A 级(GB/T848—2002)　　　　mm

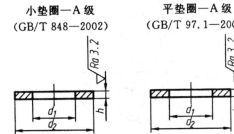

小垫圈—A 级　　　　　　平垫圈—A 级　　　　　　平垫圈　倒角型—A 级
(GB/T 848—2002)　　　(GB/T 97.1—2002)　　　(GB/T 97.2—2002)

标记示例:

　　垫圈　GB/T848　8　公称尺寸 $d=8$ mm,性能等级为 140HV 级,不经表面处理的小垫圈。
　　垫圈　GB/T97.1　8　公称尺寸 $d=8$ mm,性能等级为 140HV 级,不经表面处理的平垫圈。
　　垫圈　GB/T97.2　8　公称尺寸 $d=8$ mm,性能等级为 A140 级,倒角型、不经表面处理的平垫圈。

公称尺寸(螺纹规格 d)		3	4	5	6	8	10	12	14	16	20	24
内径 d_1	GB/T848—2002	3.2	4.3	5.3	6.4	8.4	10.5	13	15	17	21	25
	GB/T97.1—2002	3.2	4.3	5.3	6.4	8.4	10.5	13	15	17	21	25
	GB/T97.2—2002	—	—	5.3	6.4	8.4	10.5	13	15	17	21	25
外径 d_2	GB/T848—2002	6	8	9	11	15	18	20	24	28	34	39
	GB/T97.1—2002	7	9	10	12	16	20	24	28	30	37	44
	GB/T97.2—2002	—	—	10	12	16	20	24	28	30	37	44
厚度 h	GB/T848—2002	0.5	0.8	1	1.6	1.6	1.6	2	2.5	2.5	3	4
	GB/T97.1—2002	0.5	0.8	1	1.6	1.6	2	2.5	2.5	3	3	4
	GB/T97.2—2002	—	—	1	1.6	1.6	2	2.5	2.5	3	3	4

注:① 垫圈材料为钢时,垫圈的性能等级分为 140HV、200HV、300HV 三级,其中 140HV 级最常用。

　　② GB/T848 适用于规格为 1.6~36 mm 的圆柱头螺钉。

　　③ GB/T97.1、GB/T97.2 适用于规格为 5~36 mm 的标准六角头螺栓、螺钉和螺母。

附表 10　标准型弹簧垫圈(GB/T93—1987)、轻型弹簧垫圈(GB/T859—1987)　　　mm

标准型弹簧垫圈(GB/T 93—1987)

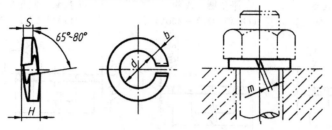

标记示例:

　　垫圈　GB/T93　16　规格为 16 mm,材料为 65 Mn,表面氧化的标准型弹簧垫圈。

规　　格 (螺纹大径)	d min	GB/T93		GB/T859		
		$S=b$ 公称	$m'\leqslant$	S 公称	b 公称	$m'\leqslant$
2	2.1	0.5	0.25			
2.5	2.6	0.65	0.33			
3	3.1	0.8	0.4	0.6	1	0.3
4	4.1	1.1	0.55	0.8	1.2	0.4
5	5.1	1.3	0.65	1.1	1.5	0.55
6	6.1	1.6	0.8	1.3	2	0.65
8	8.1	2.1	1.05	1.6	2.5	0.8
10	10.2	2.6	1.3	2	3	1
12	12.2	3.1	1.55	2.5	3.5	1.25
(14)	14.2	3.6	1.8	3	4	1.5
16	16.2	4.1	2.05	3.2	4.5	1.6
(18)	18.2	4.5	2.25	3.6	5	1.8
20	20.2	5	2.5	4	5.5	2
(22)	22.5	5.5	2.75	4.5	6	2.25
24	24.5	6	3	5	7	2.5
(27)	27.5	6.8	3.4	5.5	8	2.75
30	30.5	7.5	3.75	6	9	3
36	36.5	9	4.5			
42	42.5	10.5	5.25			
48	48.5	12	6			

注:尽可能不采用括号内的规格。

附表 11　平键和键槽的剖面尺寸(GB/T1095—2003)　　　　mm

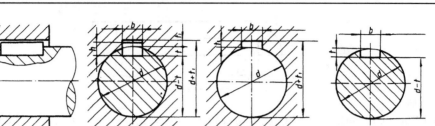

注:在工作图中,轴槽深用 t 或 $(d-t)$ 标注,轮毂槽深用 $(d+t_1)$ 标注。

轴径 d		6～8	>8 ～10	>10 ～12	>12 ～17	>17 ～22	>22 ～30	>30 ～38	>38 ～44	>44 ～50	>50 ～58	>58 ～65	>65 ～75	>75 ～85	>85 ～95	>95 ～110	>110 ～130
键的公 称尺寸	b	2	3	4	5	6	8	10	12	14	16	18	20	22	25	28	32
	h	2	3	4	5	6	7	8	8	9	10	11	12	14	14	16	18
键槽深	轴 t	1.2	1.8	2.5	3.0	3.5	4.0	5.0	5.0	5.5	6.0	7.0	7.5	9.0	9.0	10.0	11.0
	毂 t_1	1.0	1.4	1.8	2.3	2.8	3.3	3.3	3.3	3.8	4.3	4.4	4.9	5.4	5.4	6.4	7.4
半　径	r	最小 0.88～ 最大 0.16			最小 0.16～ 最大 0.25		最小 0.25～最大 0.40						最小 0.04～最大 0.60				

附表 12　普通平键的型式尺寸(GB/T1096—2003)　　　　mm

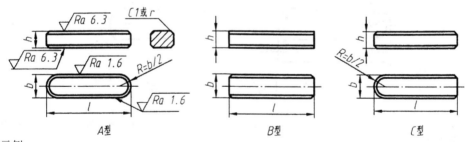

A型　　　　　　　　　　　B型　　　　　　　　　　　C型

标记示例:

　GB/T1096　键　16×10×100　圆头普通平键(A 型),$b=16$ mm,$h=10$ mm,$l=100$ mm。

　GB/T1096　键　B16×10×100　平头普通平键(B 型),$b=16$ mm,$h=10$ mm,$l=100$ mm。

　GB/T1096　键　C16×10×100　单圆头普通平键(C 型),$b=16$ mm,$h=10$ mm,$l=100$ mm。

b	2	3	4	5	6	8	10	12	14	16	18	20	22	25	28	32	36	40
h	2	3	4	5	6	8	8	9	10	11	12	14	14	16	18	20	22	
C 或 r	<0.16			<0.25		<0.40				<0.60					1.0			
长度 范围 l	6～ 20	6～ 36	8～ 45	10～ 56	14～ 70	18～ 90	22～ 110	28～ 140	36～ 160	45～ 180	50～ 200	56～ 220	63～ 250	70～ 280	80～ 320	90～ 360	100～ 400	100～ 400
l 系列	6,8,10,12,14,16,18,20,22,25,28,32,36,40,45,50,56,63,70,80,90,100,110,125,140,160,180,200, 220,250,280,320,360																	

注:标准规定键宽 $b=2$～100 mm,公称长度 $l=6$～500 mm。

附表 13 圆柱销(GB/T119.1—2000) mm

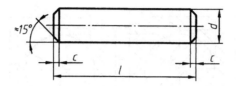

标记示例:

销 GB/T119.1 8m6×30 公称直径 $d=8$ mm,公差为 m6,长度 $l=30$ mm,材料为钢,热处理硬度为 28～38HRC,表面氧化的圆柱销。

d	2	2.5	3	4	5	6	8	10	12
$c\approx$	0.35	0.40	0.50	0.63	0.80	1.2	1.6	2.0	2.5
l	6～20	6～24	8～30	8～40	10～50	12～60	14～80	18～95	22～140
l	6,8,10,12,14,16,18,20,22,24,26,28,30,32,35,40,45,50,55,60,65,70,75,80,85,90,95,100,120,140,160,180,200								

注:圆柱销的公称直径 $d=0.6$～50 mm,公称长度 $l=2$～200 mm,公差有 m6 和 h8。

附表 14 圆锥销(GB/T117—2000) mm

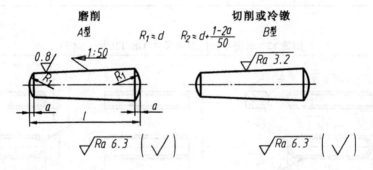

标记示例:

销 GB/T117 10×80 公称直径 $d=10$ mm,长度 $l=80$ mm,材料为 35 钢,热处理硬度为 28～38HRC,表面氧化处理的 A 型圆柱销。

d	2	2.5	3	4	5	6	8	10	12
$a\approx$	0.25	0.3	0.4	0.5	0.63	0.8	1	1.2	1.6
l	10～35	10～35	12～45	14～55	18～60	22～90	22～120	26～160	32～180
l	10,12,14,16,18,20,22,24,26,28,30,32,35,40,45,50,55,60,65,70,75,80,85,90,95,100,120,140,160,180								

注:标准规定圆锥销的公称直径 $d=0.6$～50 mm。

附表 15　开口销(GB/T91—2000)　　　　　　　　　　　mm

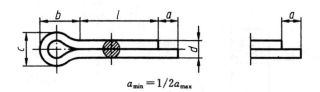

$$a_{min}=1/2a_{max}$$

标记示例：

　　销 GB/T91　5×50　公称直径 $d=5\,mm$，长度 $l=50\,mm$，材料为 Q215 或 Q235，不经表面处理的开口销。

公称规格		1	1.2	1.6	2	2.5	3.2	4	5	6.3	8	10	13
d max		0.9	1	1.4	1.8	2.3	2.9	3.7	4.6	5.9	7.5	9.5	12.4
c	max	1.8	2	2.8	3.6	4.6	5.8	7.4	9.2	11.8	15	19	24.8
	min	1.6	1.7	2.4	3.2	4	5.1	6.5	8	10.3	13.1	16.6	21.7
$b\approx$		3	3	3.5	4	5	6.4	8	10	12.6	16	20	26
a max		1.6	2.5				3.2	4				6.3	
l 公称(系列值)		4,5,6,8,10,12,14,16,18,20,22,24,26,28,30,32,36,40,45,50,55,60,65,70,75, 80,85,90,95,100,120,140,160,180,200											

注:① 公称规格为销孔的公称直径。

　② 开口销的公称规格为 0.6～20 mm。

　③ 根据供需双方协议,可采用公称规格为 3 mm、6 mm、12 mm 的开口销。

附表 16   深沟球轴承(GB/T276—2013)

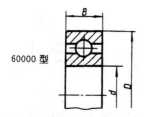

60000 型

6000 型

标 记 示 例

滚动轴承 6208 GB/T276

轴承型号	尺寸/mm			轴承型号	尺寸/mm		
	d	D	B		d	D	B
(0)系 列				(3)窄 系 列			
606	6	17	6	634	4	16	5
607	7	19	6	635	5	19	6
608	8	22	7	6300	10	35	11
809	9	24	7	6301	12	37	12
6000	10	26	8	6302	15	42	13
6001	12	28	8	6303	17	47	14
6002	15	32	9	6304	20	52	15
6003	17	35	10	6305	25	62	17
6004	20	42	12	6306	30	72	19
6005	25	47	12	6307	35	80	21
6006	30	55	13	6308	40	90	23
6007	35	62	14	6309	45	100	25
6008	40	68	15	6310	50	110	27
6009	45	75	16	6311	55	120	29
6010	50	80	16	6312	60	130	31
6011	55	90	18				
6012	60	95	18				
(2)窄 系 列				(4)窄 系 列			
623	3	10	4	6403	17	62	17
624	4	13	5	6404	20	72	19
625	5	16	5	6405	25	80	21
626	6	19	6	6406	30	90	23
627	7	22	7	6407	35	100	25
628	8	24	8	6408	40	110	27
629	9	26	8	6409	45	120	29
6200	10	30	9	6410	50	130	31
6201	12	32	10	6411	55	140	33
6202	15	35	11	6412	60	150	35
6203	17	40	12	6413	65	160	37
6204	20	47	14	6414	70	180	42
6205	25	52	15	6415	75	190	45
6206	30	62	16	6416	80	200	48
6207	35	72	17	6417	85	210	52
6208	40	70	18	6418	90	225	54
6209	45	85	19	6419	95	240	55
6210	50	90	20				
6211	55	100	21				
6212	60	110	22				

附表 17　圆锥滚子轴承(GB/T297—1994)

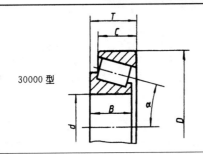

30000 型

30000 型
标 记 示 例
滚动轴承　30308　GB/T 297

轴承型号	尺寸/mm							轴承型号	尺寸/mm						
	d	D	T	B	C	$E\approx$	$a\approx$		d	D	T	B	C	$E\approx$	$a\approx$
02 尺寸系列								22 尺寸系列							
30204	20	47	15.25	14	12	37.3	11.2	32206	30	62	21.5	20	17	48.9	15.4
30205	25	52	16.25	15	13	41.1	12.6	32207	35	72	24.25	23	19	57	17.6
30206	30	62	17.25	16	14	49.9	13.8	32208	40	80	24.75	23	19	64.7	19
30207	35	72	18.25	17	15	58.8	15.3	32209	45	85	24.75	23	19	69.6	20
30208	40	80	19.75	18	16	65.7	16.9	32210	50	90	24.75	23	19	74.2	21
30209	45	85	20.75	19	16	70.4	18.6	32211	55	100	26.75	25	21	82.8	22.5
30210	50	90	21.75	20	17	75	20	32212	60	110	29.75	28	24	90.2	24.9
30211	55	100	22.75	21	18	84.1	21	32213	65	120	32.75	31	27	99.4	27.2
30212	60	110	23.75	22	19	91.8	22.4	32214	70	125	33.25	31	27	103.7	28.6
30213	65	120	24.75	23	20	101.9	24	32215	75	130	33.25	31	27	108.9	30.2
30214	70	125	26.75	24	21	105.7	25.9	32216	80	140	35.25	33	28	117.4	31.3
30215	75	130	27.75	25	22	110.4	27.4	32217	85	150	38.5	36	30	124.9	34
30216	80	140	28.75	26	22	119.1	28	32218	90	160	42.5	40	34	132.6	36.7
30217	85	150	30.5	28	24	126.6	29.9	32219	95	170	45.5	43	37	140.2	39
30218	90	160	32.5	30	26	134.9	32.4	32220	100	180	49	46	39	148.1	41.8
30219	95	170	34.5	32	27	143.3	35.1								
30220	100	180	37	34	29	151.3	36.5								
03 尺寸系列								23 尺寸系列							
30304	20	52	16.25	15	13	41.3	11	32304	20	52	22.25	21	18	39.5	13.4
30305	25	62	18.25	17	15	50.6	13	32305	25	62	25.25	24	20	48.6	15.5
30306	30	72	20.75	19	16	58.2	15	32306	30	72	28.75	27	23	55.7	18.8
3007	35	80	22.75	21	18	65.7	17	3007	35	80	32.75	31	25	62.8	20.5
30308	40	90	25.25	23	20	72.7	19.5	32308	40	90	25.25	33	27	99.2	23.4
30309	45	100	27.75	25	22	81.7	21.5	32309	45	100	38.25	36	30	78.3	25.6
30310	50	110	29.25	27	23	90.6	23	32310	50	110	42.25	40	33	86.2	28
30311	55	120	31.5	29	25	99.1	25	32311	55	120	45.5	43	35	94.3	30.6
30312	60	130	33.5	31	26	107.7	26.5	32312	60	130	48.5	46	37	102.9	32
30313	65	140	36	33	28	116.8	29	32313	65	140	51	48	39	111.7	34
30314	70	150	38	35	30	125.2	30.6	32314	70	150	54	51	42	119.7	36.5
30315	75	160	40	37	31	134	32	32315	75	160	58	55	45	127.8	39
30316	80	170	42.5	39	33	143.1	34	32316	80	170	61.5	58	48	136.5	42
30317	85	180	44.5	41	34	150.4	36	32317	85	180	63.5	60	49	144.2	43.6
30318	90	190	46.5	43	36	159	37.5	32318	90	190	67.5	64	53	151.7	46
30319	95	200	49.5	45	38	165.8	40	32319	95	200	71.5	67	55	160.3	49
30320	100	215	51.5	47	39	178.5	42	32320	100	215	77.5	73	60	171.6	53

附表 18   推力球轴承(GB/T301—1995)

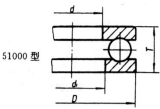

51000 型

50000 型
标 记 示 例
滚动轴承   51208   GB/T301

轴承型号	尺寸/mm				轴承型号	尺寸/mm			
	d	D_{1min}	D	T		d	d_{1min}	D	T
11(51000 型)尺寸系列					13(51000 型)尺寸系列				
51100	10	11	24	9	51304	20	22	47	18
51101	12	13	26	9	51305	25	27	52	18
51102	15	16	28	9	51306	30	32	60	21
51103	17	18	30	9	51307	35	37	68	24
51104	20	21	35	10	51308	40	42	78	26
51105	25	26	42	11	51309	45	47	85	28
51106	30	32	47	11	51310	50	52	95	31
51107	35	37	52	12	51311	55	57	105	35
51108	40	42	60	13	51312	60	62	110	35
51109	45	47	65	14	51313	65	67	115	36
51110	50	52	70	14	51314	70	72	125	40
51111	55	57	78	16	51315	75	77	135	44
51112	60	62	85	17	51316	80	82	140	44
51113	65	67	90	18	51317	85	88	150	49
51114	70	72	95	18					
51115	75	77	100	19					
51116	80	82	105	19					
51117	85	87	110	19					
51118	90	92	120	22					
51120	100	102	135	25					
12(51000 型)尺寸系列					14(51000 型)尺寸系列				
51200	10	12	26	11					
51201	12	14	28	11	51405	25	27	60	24
51202	15	17	32	12	51406	30	32	70	28
51203	17	19	35	12	51407	35	37	80	32
51204	20	22	40	14	51408	40	42	90	36
51205	25	27	47	15	51409	45	47	100	39
51206	30	32	52	16	51410	50	52	110	43
51207	35	37	62	18	51411	55	57	120	48
51208	40	42	68	19	51412	60	62	130	51
51209	45	47	73	20	51413	65	68	140	56
51210	50	52	78	22	51414	70	73	150	60
51211	55	57	90	25	51415	75	78	160	65
51212	60	62	95	26	51416	80	83	170	68
51213	65	67	100	27	51417	85	88	180	72
51214	70	72	105	27					
51215	75	77	110	27					
51216	80	82	115	28					
51217	85	88	125	31					
51218	90	93	135	35					
51210	100	103	150	38					

附表 19　标准尺寸(GB/T2822—1981)　　　　　　　　　mm

R10	1.00,1.25,1.60,2.00,2.50,3.15,4.00,5.00,6.30,8.00,10.0,12.5,16.0,20.0,25.0,31.5,40.0,50.0,63.0, 80.0,100,125,160,200,250,315,400,500,630,800,1000
R20	1.12,1.40,1.80,2.24,2.80,3.55,4.50,5.60,7.10,9.00,11.2,14.0,18.0,22.4,28.0,35.5,45.0,56.0,71.0, 90.0,112,140,180,224,280,355,450,560,710,900
R40	13.2,15.0,17.0,19.0,21.2,23.6,26.5,30.0,33.5,37.5,43.5,47.5,53.0,60.0,67.0,75.0,85.0,95.0,106, 118,132,150,170,190,212,236,265,300,335,375,425,475,530,600,670,750,850,950

注:① 本表仅摘录 1 mm～1000 mm 范围内优先数系 R 系列中的标准尺寸。

　② 使用时按优先顺序(R10、R20、R40)选取标准尺寸。

附表 20　砂轮越程槽(用于回转面及端面)(根据 GB/T6403.5—1986)

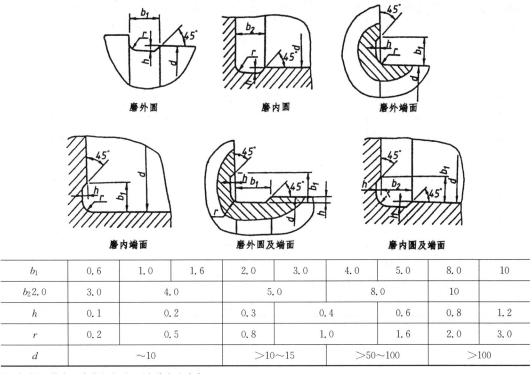

磨外圆　　　　　　磨内圆　　　　　　磨外端面

磨内端面　　　　磨外圆及端面　　　磨内圆及端面

b_1	0.6	1.0	1.6	2.0	3.0	4.0	5.0	8.0	10
b_2 2.0	3.0	4.0		5.0		8.0		10	
h	0.1	0.2		0.3	0.4		0.6	0.8	1.2
r	0.2	0.5		0.8	1.0		1.6	2.0	3.0
d	～10			>10～15		>50～100		>100	

注:① 越程槽内两直线相交处,不允许产生尖角。

　② 越程槽深度 h 与圆弧半径 r 要满足 $r \leqslant 2h$。

　③ 磨削具有数个直径的工件时,可使用同一规格的越程槽。

　④ 直径 d 值大的零件,允许选择小规格的砂轮越程槽。

附表 21 中心孔(GB/T145—85,1999 年确认有效)

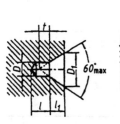 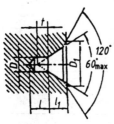 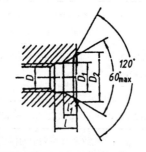 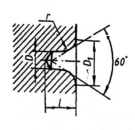

D			D_1			l_1(参考)		t(参考)		l_{min}	r		D	D_1	D_2	l	l_1(参考)
											max	min					
A型	B型	R型	A型	B型	R型	A型	B型	A型	B型	R型			C型				
(0.50)	—	—	1.06	—	—	0.48	—	0.5	—	—	—	—	M3	3.2	5.8	2.6	1.8
(0.63)	—	—	1.32	—	—	0.60	—	0.6	—	—	—	—	M4	4.3	7.4	3.2	2.1
(0.80)	—	—	1.70	—	—	0.78	—	0.7	—	—	—	—	M5	5.3	8.8	4.0	2.4
1.00			2.12	3.15	2.12	0.97	1.27	0.9		2.3	3.15	2.50	M6	6.4	10.5	5.0	2.8
(1.25)			2.65	4.00	2.65	1.21	1.60	1.1		2.8	4.00	3.15	M8	8.4	13.2	6.0	3.3
1.60			3.35	5.00	3.35	1.52	1.99	1.4		3.5	5.00	4.00	M10	10.5	16.3	7.5	3.8
2.00			4.25	6.30	4.25	1.95	2.54	1.8		4.4	6.30	5.00	M12	13.0	19.8	9.5	4.4
2.50			5.30	8.00	5.30	2.42	3.20	2.2		5.5	8.00	6.30	M16	17.0	25.3	12.0	5.2
3.15			6.70	10.00	6.70	3.07	4.03	2.8		7.0	10.00	8.00	M20	21.0	31.3	15.0	6.4
4.00			8.50	12.50	8.50	3.90	5.05	3.5		8.9	12.50	10.00	M24	25.0	38.0	18.0	8.0
(5.00)			10.60	16.00	10.60	4.85	6.41	4.4		11.2	16.00	12.50					
6.30			13.20	18.00	13.20	5.98	7.36	5.5		14.0	20.00	16.00					
(8.00)			17.00	22.40	17.00	7.79	9.36	7.0		17.9	25.00	20.00					
10.00			21.20	28.00	21.20	9.70	11.66	8.7		22.5	31.50	25.00					

注:括号内尺寸尽量不用。

中心孔表示法(根据 GB/T4459.5—1999)

要 求	符 号	标注示例	解 释
在完工的零件上要求保留中心孔		B3.15/10	要求作出 B 型中心孔 $D=3.15$,$D_1=10.0$ 在完工的零件上要求保留中心孔
在完工的零件上可以保留中心孔		A3.15/6.7	用 A 型中心孔 $D=3.15$,$D_1=6.7$ 在完工的零件上是否保留都可以
在完工的零件上不允许保留中心孔		A2/4.25	用 A 型中心孔 $D=2$,$D_1=4.25$ 在完工的零件上不允许保留中心孔

附表 22　零件倒圆与倒角(根据 GB/T6403.4—1986)

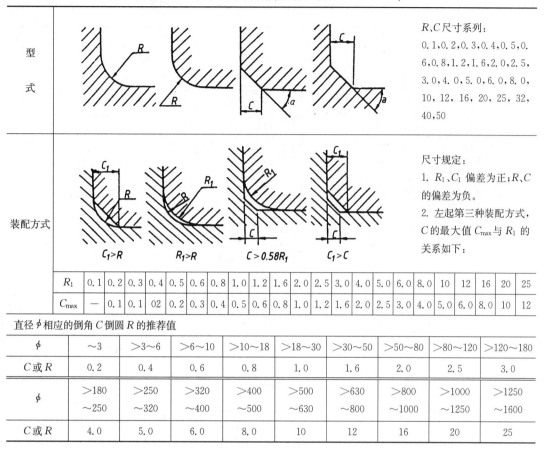

| 型式 | | R、C尺寸系列：
0.1,0.2,0.3,0.4,0.5,0.6,0.8,1.2,1.6,2.0,2.5,3.0,4.0,5.0,6.0,8.0,10,12,16,20,25,32,40,50 |

装配方式

$C_1 > R$　　$R_1 > R$　　$C > 0.58R_1$　　$C_1 > C$

尺寸规定：
1. R_1、C_1 偏差为正；R、C 的偏差为负。
2. 左起第三种装配方式，C 的最大值 C_{max} 与 R_1 的关系如下：

R_1	0.1	0.2	0.3	0.4	0.5	0.6	0.8	1.0	1.2	1.6	2.0	2.5	3.0	4.0	5.0	6.0	8.0	10	12	16	20	25
C_{max}	—	0.1	0.1	02	0.2	0.3	0.4	0.5	0.6	0.8	1.0	1.2	1.6	2.0	2.5	3.0	4.0	5.0	6.0	8.0	10	12

直径 ϕ 相应的倒角 C 倒圆 R 的推荐值

ϕ	～3	>3～6	>6～10	>10～18	>18～30	>30～50	>50～80	>80～120	>120～180
C 或 R	0.2	0.4	0.6	0.8	1.0	1.6	2.0	2.5	3.0
ϕ	>180 ～250	>250 ～320	>320 ～400	>400 ～500	>500 ～630	>630 ～800	>800 ～1000	>1000 ～1250	>1250 ～1600
C 或 R	4.0	5.0	6.0	8.0	10	12	16	20	25

附表23　常用及优先用途轴的极限偏差

公称尺寸 mm 大于	至	常用及优先公差带 a 11	b 11	b 12	c 9	c 10	c ⑪	d 8	d ⑨	d 10	d 11	e 7	e 8	e 9
—	3	-270 / -330	-140 / -200	-140 / -240	-60 / -85	-60 / -100	-60 / -120	-20 / -34	-20 / -45	-20 / -60	-20 / -80	-14 / -24	-14 / -28	-14 / -39
3	6	-270 / -345	-140 / -215	-140 / -260	-70 / -100	-70 / -118	-70 / -145	-30 / -48	-30 / -60	-30 / -78	-30 / -105	-20 / -32	-20 / -38	-20 / -50
6	10	-280 / -370	-150 / -240	-150 / -300	-80 / -116	-80 / -138	-80 / -170	-40 / -62	-40 / -76	-40 / -98	-40 / -130	-25 / -40	-25 / -47	-25 / -61
10	14	-290 / -400	-150 / -260	-150 / -330	-95 / -138	-95 / -165	-95 / -205	-50 / -77	-50 / -93	-50 / -120	-50 / -160	-32 / -50	-32 / -59	-32 / -75
14	18													
18	24	-300 / -430	-160 / -290	-160 / -370	-110 / -162	-110 / -194	-110 / -240	-65 / -98	-65 / -117	-65 / -149	-65 / -195	-40 / -61	-40 / -73	-40 / -92
24	30													
30	40	-310 / -470	-170 / -330	-170 / -420	-120 / -182	-120 / -220	-120 / -280	-80 / -119	-80 / -142	-80 / -180	-80 / -240	-50 / -75	-50 / -89	-50 / -112
40	50	-320 / -480	-180 / -340	-180 / -430	-130 / -192	-130 / -230	-130 / -290							
50	65	-340 / -530	-190 / -380	-190 / -490	-140 / -214	-140 / -260	-140 / -330	-100 / -146	-100 / -174	-100 / -220	-100 / -290	-60 / -90	-60 / -106	-60 / -134
65	80	-360 / -550	-200 / -390	-200 / -500	-150 / -224	-150 / -270	-150 / -340							
80	100	-380 / -600	-220 / -440	-220 / -570	-170 / -257	-170 / -310	-170 / -390	-120 / -174	-120 / -207	-120 / -260	-120 / -340	-72 / -107	-72 / -126	-72 / -159
100	120	-410 / -630	-240 / -460	-240 / -590	-180 / -267	-180 / -320	-180 / -400							
120	140	-460 / -710	-260 / -510	-260 / -660	-200 / -300	-200 / -360	-200 / -450	-145 / -208	-145 / -245	-145 / -305	-145 / -395	-85 / -125	-85 / -148	-85 / -185
140	160	-520 / -770	-280 / -530	-280 / -680	-210 / -310	-210 / -370	-210 / -460							
160	180	-580 / -830	-310 / -560	-310 / -710	-230 / -330	-230 / -390	-230 / -480							
180	200	-660 / -950	-340 / -630	-340 / -800	-240 / -355	-240 / -425	-240 / -530	-170 / -242	-170 / -285	-170 / -355	-170 / -460	-100 / -146	-100 / -172	-100 / -215
200	225	-740 / -1030	-380 / -670	-380 / -840	-260 / -375	-260 / -445	-260 / -550							
225	250	-820 / -1110	-420 / -710	-420 / -880	-280 / -395	-280 / -465	-280 / -570							
250	280	-920 / -1240	-480 / -800	-480 / -1000	-300 / -430	-300 / -510	-300 / -620	-190 / -271	-190 / -320	-190 / -400	-190 / -510	-110 / -162	-110 / -191	-110 / -240
280	315	-1050 / -1370	-540 / -860	-540 / -1060	-330 / -460	-330 / -540	-330 / -650							
315	355	-1200 / -1560	-600 / -960	-600 / -1170	-360 / -500	-360 / -590	-360 / -720	-210 / -299	-210 / -350	-210 / -440	-210 / -570	-125 / -182	-125 / -214	-125 / -265
355	400	-1350 / -1710	-680 / -1040	-680 / -1250	-400 / -540	-400 / -630	-400 / -760							
400	450	-1500 / -1900	-760 / -1160	-760 / -1390	-440 / -595	-440 / -690	-440 / -840	-230 / -327	-230 / -385	-230 / -480	-230 / -630	-135 / -198	-135 / -232	-135 / -290
450	500	-1650 / -2050	-840 / -1240	-840 / -1470	-480 / -635	-480 / -730	-480 / -880							

(GB/T1800.2—2009)(尺寸至 500 mm)　　　　　　　　　　　　单位:μm($\frac{1}{1000}$ mm)

（带　圈　者　为　优　先　公　差　带）

f					g			h							
5	6	⑦	8	9	5	⑥	7	5	⑥	⑦	8	⑨	10	⑪	12
−6 −10	−6 −12	−6 −16	−6 −20	−6 −31	−2 −6	−2 −8	−2 −12	0 −4	0 −6	0 −10	0 −14	0 −25	0 −40	0 −60	0 −100
−10 −15	−10 −18	−10 −22	−10 −28	−10 −40	−4 −9	−4 −12	−4 −16	0 −5	0 −8	0 −12	0 −18	0 −30	0 −48	0 −75	0 −120
−13 −19	−13 −22	−13 −28	−13 −35	−13 −49	−5 −11	−5 −14	−5 −20	0 −6	0 −9	0 −15	0 −22	0 −36	0 −58	0 −90	0 −150
−16 −24	−16 −27	−16 −34	−16 −43	−16 −59	−6 −14	−6 −17	−6 −24	−8	−11 −18	−27	0 −43	0 −70	0 −110	0 −180	
−20 −29	−20 −33	−20 −41	−20 −53	−20 −72	−7 −16	−7 −20	−7 −28	0 −9	0 −13	0 −21	0 −33	0 −52	0 −84	0 −130	0 −210
−25 −36	−25 −41	−25 −50	−25 −64	−25 −87	−9 −20	−9 −25	−9 −34	0 −11	0 −16	0 −25	0 −39	0 −62	0 −100	0 −160	0 −250
−30 −43	−30 −49	−30 −60	−30 −76	−30 −104	−10 −23	−10 −29	−10 −40	0 −13	0 −19	0 −30	0 −46	0 −74	0 −120	0 −190	0 −300
−36 −51	−36 −58	−36 −71	−36 −90	−36 −123	−12 −27	−12 −34	−12 −47	0 −15	0 −22	0 −35	0 −54	0 −87	0 −140	0 −220	0 −350
−43 −61	−43 −68	−43 −83	−43 −106	−43 −143	−14 −32	−14 −39	−14 −54	0 −18	0 −25	0 −40	0 −63	0 −100	0 −160	0 −250	0 −400
−50 −70	−50 −79	−50 −96	−50 −122	−50 −165	−15 −35	−15 −44	−15 −61	0 −20	0 −29	0 −46	0 −72	0 −115	0 −185	0 −290	0 −460
−56 −79	−56 −88	−56 −108	−56 −137	−56 −186	−17 −40	−17 −49	−17 −69	0 −23	0 −32	0 −52	0 −81	0 −130	0 −210	0 −320	0 −520
−62 −87	−62 −98	−62 −119	−62 −151	−62 −202	−18 −43	−18 −54	−18 −75	0 −25	0 −36	0 −57	0 −89	0 −140	0 −230	0 −360	0 −570
−68 −95	−68 −108	−68 −131	−68 −165	−68 −223	−20 −47	−20 −60	−20 −83	0 −27	0 −40	0 −63	0 −97	0 −155	0 −250	0 −400	0 −630

公称尺寸 mm		常用及优先公差带														
		js			k			m			n			p		
大于	至	5	6	7	5	⑥	7	5	6	7	5	⑥	7	5	⑥	7
—	3	±2	±3	±5	+4 / 0	+6 / 0	+10 / 0	+6 / +2	+8 / +2	+12 / +2	+8 / +4	+10 / +4	+14 / +4	+10 / +6	+12 / +6	+16 / +6
3	6	±2.5	±4	±6	+6 / +1	+9 / +1	+13 / +1	+9 / +4	+12 / +4	+16 / +4	+13 / +8	+16 / +8	+20 / +8	+17 / +12	+20 / +12	+24 / +12
6	10	±3	±4.5	±7	+7 / +1	+10 / +1	+16 / +1	+12 / +6	+15 / +6	+21 / +6	+16 / +10	+19 / +10	+25 / +10	+21 / +15	+24 / +15	+30 / +15
10	14	±4	±5.5	±9	+9 / +1	+12 / +1	+19 / +1	+15 / +7	+18 / +7	+25 / +7	+20 / +12	+23 / +12	+30 / +12	+26 / +18	+29 / +18	+36 / +18
14	18															
18	24	±4.5	±6.5	±10	+11 / +2	+15 / +2	+23 / +2	+17 / +8	+21 / +8	+29 / +8	+24 / +15	+28 / +15	+36 / +15	+31 / +22	+35 / +22	+43 / +22
24	30															
30	40	±5.5	±8	±12	+13 / +2	+18 / +2	+27 / +2	+20 / +9	+25 / +9	+34 / +9	+28 / +17	+33 / +17	+42 / +17	+37 / +26	+42 / +26	+51 / +26
40	50															
50	65	±6.5	±9.5	±15	+15 / +2	+21 / +2	+32 / +2	+24 / +11	+30 / +11	+41 / +11	+33 / +20	+39 / +20	+50 / +20	+45 / +32	+51 / +32	+62 / +32
65	80															
80	100	±7.5	±11	±17	+18 / +3	+25 / +3	+38 / +3	+28 / +13	+35 / +13	+48 / +13	+38 / +23	+45 / +23	+58 / +23	+52 / +37	+59 / +37	+72 / +37
100	120															
120	140	±9	±12.5	±20	+21 / +3	+28 / +3	+43 / +3	+33 / +15	+40 / +15	+55 / +15	+45 / +27	+52 / +27	+67 / +27	+61 / +43	+68 / +43	+83 / +43
140	160															
160	180															
180	200	±10	±14.5	±23	+24 / +4	+33 / +4	+50 / +4	+37 / +17	+46 / +17	+63 / +17	+51 / +31	+60 / +31	+77 / +31	+70 / +50	+79 / +50	+96 / +50
200	225															
225	250															
250	280	±11.5	±16	±26	+27 / +4	+36 / +4	+56 / +4	+43 / +20	+52 / +20	+72 / +20	+57 / +34	+66 / +34	+86 / +34	+79 / +56	+88 / +56	+108 / +56
280	315															
315	355	±12.5	±18	±28	+29 / +4	+40 / +4	+61 / +4	+46 / +21	+57 / +21	+78 / +21	+62 / +37	+73 / +37	+94 / +37	+87 / +62	+98 / +62	+119 / +62
355	400															
400	450	±13.5	±20	±31	+32 / +5	+45 / +5	+68 / +5	+50 / +23	+63 / +23	+86 / +23	+67 / +40	+80 / +40	+103 / +40	+95 / +68	+108 / +68	+131 / +68
450	500															

(续表)

（带　圈　者　为　优　先　公　差　带）

r			s			t			u		v	x	y	z
5	6	7	5	⑥	7	5	6	7	⑥	7	6	6	6	6
+14/+10	+16/+10	+20/+10	+18/+14	+20/+14	+24/+14	—	—	—	+24/+18	+28/+18	—	+26/+20	—	+32/+26
+20/+15	+23/+15	+27/+15	+24/+19	+27/+19	+31/+19	—	—	—	+31/+23	+35/+23	—	+36/+28	—	+43/+35
+25/+19	+28/+19	+34/+19	+29/+23	+32/+23	+38/+23	—	—	—	+37/+28	+43/+28	—	+43/+34	—	+51/+42
+31/+23	+34/+23	+41/+23	+36/+28	+39/+28	+46/+28	—	—	—	+44/+33	+51/+33	—	+51/+40	—	+61/+50
+31/+23	+34/+23	+41/+23	+36/+28	+39/+28	+46/+28	—	—	—	+44/+33	+51/+33	+50/+39	+56/+45	—	+71/+60
+37/+28	+41/+28	+49/+28	+44/+35	+48/+35	+56/+35	—	—	—	+54/+41	+62/+41	+60/+47	+67/+54	+76/+63	+86/+73
+37/+28	+41/+28	+49/+28	+44/+35	+48/+35	+56/+35	+50/+41	+54/+41	+62/+41	+61/+48	+69/+48	+68/+55	+77/+64	+88/+75	+101/+88
+45/+34	+50/+34	+59/+34	+54/+43	+59/+43	+68/+43	+59/+48	+64/+48	+73/+48	+76/+60	+85/+60	+84/+68	+96/+80	+110/+94	+128/+112
+45/+34	+50/+34	+59/+34	+54/+43	+59/+43	+68/+43	+65/+54	+70/+54	+79/+54	+86/+70	+95/+70	+97/+81	+113/+97	+130/+114	+152/+136
+54/+41	+60/+41	+71/+41	+66/+53	+72/+53	+83/+53	+79/+66	+85/+66	+96/+66	+106/+87	+117/+87	+121/+102	+141/+122	+163/+144	+191/+172
+56/+43	+62/+43	+73/+43	+72/+59	+78/+59	+89/+59	+88/+75	+94/+75	+105/+75	+121/+102	+132/+102	+139/+120	+165/+146	+193/+174	+229/+210
+66/+51	+73/+51	+86/+51	+86/+71	+93/+71	+106/+71	+106/+91	+113/+91	+126/+91	+146/+124	+159/+124	+168/+146	+200/+178	+236/+214	+280/+258
+69/+54	+76/+54	+89/+54	+94/+79	+101/+79	+114/+79	+119/+104	+126/+104	+139/+104	+166/+144	+179/+144	+194/+172	+232/+210	+276/+254	+332/+310
+81/+63	+88/+63	+103/+63	+110/+92	+117/+92	+132/+92	+140/+122	+147/+122	+162/+122	+195/+170	+210/+170	+227/+202	+273/+248	+325/+300	+390/+365
+83/+65	+90/+65	+105/+65	+118/+100	+125/+100	+140/+100	+152/+134	+159/+134	+174/+134	+215/+190	+230/+190	+253/+228	+305/+280	+365/+340	+440/+415
+86/+68	+93/+68	+108/+68	+126/+108	+133/+108	+148/+108	+164/+146	+171/+146	+186/+146	+235/+210	+250/+210	+277/+252	+335/+310	+405/+380	+490/+465
+97/+77	+106/+77	+123/+77	+142/+122	+151/+122	+168/+122	+186/+166	+195/+166	+212/+166	+265/+236	+282/+236	+313/+284	+379/+350	+454/+425	+549/+520
+100/+80	+109/+80	+126/+80	+150/+130	+159/+130	+176/+130	+200/+180	+209/+180	+226/+180	+287/+258	+304/+258	+339/+310	+414/+385	+499/+470	+604/+575
+104/+84	+113/+84	+130/+84	+160/+140	+169/+140	+186/+140	+216/+196	+225/+196	+242/+196	+313/+284	+330/+284	+369/+340	+454/+425	+549/+520	+669/+640
+117/+94	+126/+94	+146/+94	+181/+158	+190/+158	+210/+158	+241/+218	+250/+218	+270/+218	+347/+315	+367/+315	+417/+385	+507/+475	+612/+580	+742/+710
+121/+98	+130/+98	+150/+98	+193/+170	+202/+170	+222/+170	+263/+240	+272/+240	+292/+240	+382/+350	+402/+350	+457/+425	+557/+525	+682/+650	+822/+790
+133/+108	+144/+108	+165/+108	+215/+190	+226/+190	+247/+190	+293/+268	+304/+268	+325/+268	+426/+390	+447/+390	+511/+475	+626/+590	+766/+730	+936/+900
+139/+114	+150/+114	+171/+114	+233/+208	+244/+208	+265/+208	+319/+294	+330/+294	+351/+294	+471/+435	+492/+435	+566/+530	+696/+660	+856/+820	+1036/+1000
+153/+126	+166/+126	+189/+126	+259/+232	+272/+232	+295/+232	+357/+330	+370/+330	+393/+330	+530/+490	+553/+490	+635/+595	+780/+740	+960/+920	+1140/+1100
+159/+132	+172/+132	+195/+132	+279/+252	+292/+252	+315/+252	+387/+360	+400/+360	+423/+360	+580/+540	+603/+540	+700/+660	+860/+820	+1040/+1000	+1290/+1250

附表24　常用及优先用途孔的极限偏差

公称尺寸 mm 大于	至	A 11	B 11	C 12	⑪	D 8	⑨	10	11	E 8	9	F 6	7	⑧	9	G 6
—	3	+330 / +270	+200 / +140	+240 / +140	+120 / +60	+34 / +20	+45 / +20	+60 / +20	+80 / +20	+28 / +14	+39 / +14	+12 / +6	+16 / +6	+20 / +6	+31 / +6	+8 / +2
3	6	+345 / +270	+215 / +140	+260 / +140	+145 / +70	+48 / +30	+60 / +30	+78 / +30	+105 / +30	+38 / +20	+50 / +20	+18 / +10	+22 / +10	+28 / +10	+40 / +10	+12 / +4
6	10	+370 / +280	+240 / +150	+300 / +150	+170 / +80	+62 / +40	+76 / +40	+98 / +40	+130 / +40	+47 / +25	+61 / +25	+22 / +13	+28 / +13	+35 / +13	+49 / +13	+14 / +5
10	14	+400 / +290	+260 / +150	+330 / +150	+205 / +95	+77 / +50	+93 / +50	+120 / +50	+160 / +50	+59 / +32	+75 / +32	+27 / +16	+34 / +16	+43 / +16	+59 / +16	+17 / +6
14	18	+400 / +290	+260 / +150	+330 / +150	+205 / +95	+77 / +50	+93 / +50	+120 / +50	+160 / +50	+59 / +32	+75 / +32	+27 / +16	+34 / +16	+43 / +16	+59 / +16	+17 / +6
18	24	+430 / +300	+290 / +160	+370 / +160	+240 / +110	+98 / +65	+117 / +65	+149 / +65	+195 / +65	+73 / +40	+92 / +40	+33 / +20	+41 / +20	+53 / +20	+72 / +20	+20 / +7
24	30	+430 / +300	+290 / +160	+370 / +160	+240 / +110	+98 / +65	+117 / +65	+149 / +65	+195 / +65	+73 / +40	+92 / +40	+33 / +20	+41 / +20	+53 / +20	+72 / +20	+20 / +7
30	40	+470 / +310	+330 / +170	+420 / +170	+280 / +120	+119 / +80	+142 / +80	+180 / +80	+240 / +80	+89 / +50	+112 / +50	+41 / +25	+50 / +25	+64 / +25	+87 / +25	+25 / +9
40	50	+480 / +320	+340 / +180	+430 / +180	+290 / +130	+119 / +80	+142 / +80	+180 / +80	+240 / +80	+89 / +50	+112 / +50	+41 / +25	+50 / +25	+64 / +25	+87 / +25	+25 / +9
50	65	+530 / +340	+380 / +190	+490 / +190	+330 / +140	+146 / +100	+174 / +100	+220 / +100	+290 / +100	+106 / +60	+134 / +60	+49 / +30	+60 / +30	+76 / +30	+104 / +30	+29 / +10
65	80	+550 / +360	+390 / +200	+500 / +200	+340 / +150	+146 / +100	+174 / +100	+220 / +100	+290 / +100	+106 / +60	+134 / +60	+49 / +30	+60 / +30	+76 / +30	+104 / +30	+29 / +10
80	100	+600 / +380	+440 / +220	+570 / +220	+390 / +170	+174 / +120	+207 / +120	+260 / +120	+340 / +120	+126 / +72	+159 / +72	+58 / +36	+71 / +36	+90 / +36	+123 / +36	+34 / +12
100	120	+630 / +410	+460 / +240	+590 / +240	+400 / +180	+174 / +120	+207 / +120	+260 / +120	+340 / +120	+126 / +72	+159 / +72	+58 / +36	+71 / +36	+90 / +36	+123 / +36	+34 / +12
120	140	+710 / +460	+510 / +260	+660 / +260	+450 / +200	+208 / +145	+245 / +145	+305 / +145	+395 / +145	+148 / +85	+185 / +85	+68 / +43	+83 / +43	+106 / +43	+143 / +43	+39 / +14
140	160	+770 / +520	+530 / +280	+680 / +280	+460 / +210	+208 / +145	+245 / +145	+305 / +145	+395 / +145	+148 / +85	+185 / +85	+68 / +43	+83 / +43	+106 / +43	+143 / +43	+39 / +14
160	180	+830 / +580	+560 / +310	+710 / +310	+480 / +230	+208 / +145	+245 / +145	+305 / +145	+395 / +145	+148 / +85	+185 / +85	+68 / +43	+83 / +43	+106 / +43	+143 / +43	+39 / +14
180	200	+950 / +660	+630 / +340	+800 / +340	+530 / +240	+242 / +170	+285 / +170	+355 / +170	+460 / +170	+172 / +100	+215 / +100	+79 / +50	+96 / +50	+122 / +50	+165 / +50	+44 / +15
200	225	+1030 / +740	+670 / +380	+840 / +380	+550 / +260	+242 / +170	+285 / +170	+355 / +170	+460 / +170	+172 / +100	+215 / +100	+79 / +50	+96 / +50	+122 / +50	+165 / +50	+44 / +15
225	250	+1110 / +820	+710 / +420	+880 / +420	+570 / +280	+242 / +170	+285 / +170	+355 / +170	+460 / +170	+172 / +100	+215 / +100	+79 / +50	+96 / +50	+122 / +50	+165 / +50	+44 / +15
250	280	+1240 / +920	+800 / +480	+1000 / +480	+620 / +300	+271 / +190	+320 / +190	+400 / +190	+510 / +190	+191 / +110	+240 / +110	+88 / +56	+108 / +56	+137 / +56	+186 / +56	+49 / +17
280	315	+1370 / +1050	+860 / +540	+1060 / +540	+650 / +330	+271 / +190	+320 / +190	+400 / +190	+510 / +190	+191 / +110	+240 / +110	+88 / +56	+108 / +56	+137 / +56	+186 / +56	+49 / +17
315	355	+1560 / +1200	+960 / +600	+1170 / +600	+720 / +360	+299 / +210	+350 / +210	+440 / +210	+570 / +210	+214 / +125	+265 / +125	+98 / +62	+119 / +62	+151 / +62	+202 / +62	+54 / +18
355	400	+1710 / +1350	+1040 / +680	+1250 / +680	+760 / +400	+299 / +210	+350 / +210	+440 / +210	+570 / +210	+214 / +125	+265 / +125	+98 / +62	+119 / +62	+151 / +62	+202 / +62	+54 / +18
400	450	+1900 / +1500	+1160 / +760	+1390 / +760	+840 / +440	+327 / +230	+385 / +230	+480 / +230	+630 / +230	+232 / +135	+290 / +135	+108 / +68	+131 / +68	+165 / +68	+223 / +68	+60 / +20
450	500	+2050 / +1650	+1240 / +840	+1470 / +840	+880 / +480	+327 / +230	+385 / +230	+480 / +230	+630 / +230	+232 / +135	+290 / +135	+108 / +68	+131 / +68	+165 / +68	+223 / +68	+60 / +20

(GB/T1800.2—2009)(尺寸至 500 mm)　　　　　　　　　　　单位:μm$\left(\dfrac{1}{1000}\text{ mm}\right)$

（带　圈　者　为　优　先　公　差　带）

	H								JS			K			M		
⑦	6	⑦	⑧	⑨	10	⑪	12	6	7	8	6	⑦	8	6	7	8
+12 +2	+6 0	+10 0	+14 0	+25 0	+40 0	+60 0	+100 0	±3	±5	±7	0 −6	0 −10	0 −14	−2 −8	−2 −12	−2 −16
+16 +4	+8 0	+12 0	+18 0	+30 0	+48 0	+75 0	+120 0	±4	±6	±9	+2 −6	+3 −9	+5 −13	−1 −9	0 −12	+2 −16
+20 +5	+9 0	+15 0	+22 0	+36 0	+58 0	+90 0	+150 0	±4.5	±7	±11	+2 −7	+5 −10	+6 −16	−3 −12	0 −15	+1 −21
+24 +6	+11 0	+18 0	+27 0	+43 0	+70 0	+110 0	+180 0	±5.5	±9	±13	+2 −9	+6 −12	+8 −19	−4 −15	0 −18	+2 −25
+28 +7	+13 0	+21 0	+33 0	+52 0	+84 0	+130 0	+210 0	±6.5	±10	±16	+2 −11	+6 −15	+10 −23	−4 −17	0 −21	+4 −29
+34 +9	+16 0	+25 0	+39 0	+62 0	+100 0	+160 0	+250 0	±8	±12	±19	+3 −13	+7 −18	+12 −27	−4 −20	0 −25	+5 −34
+40 +10	+19 0	+30 0	+46 0	+74 0	+120 0	+190 0	+300 0	±9.5	±15	±23	+4 −15	+9 −21	+14 −32	−5 −24	0 −30	+5 −41
+47 +12	+22 0	+35 0	+54 0	+87 0	+140 0	+220 0	+350 0	±11	±17	±27	+4 −18	+10 −25	+16 −38	−6 −28	0 −35	+6 −48
+54 +14	+25 0	+40 0	+63 0	+100 0	+160 0	+250 0	+400 0	±12.5	±20	±31	+4 −21	+12 −28	+20 −43	−8 −33	0 −40	+8 −55
+61 +15	+29 0	+46 0	+72 0	+115 0	+185 0	+290 0	+460 0	±14.5	±23	±36	+5 −24	+13 −33	+22 −50	−8 −37	0 −46	+9 −63
+69 +17	+32 0	+52 0	+81 0	+130 0	+210 0	+320 0	+520 0	±16	±26	±40	+5 −27	+16 −36	+25 −56	−9 −41	0 −52	+9 −72
+75 +18	+36 0	+57 0	+89 0	+140 0	+230 0	+360 0	+570 0	±18	±28	±44	+7 −29	+17 −40	+28 −61	−10 −46	0 −57	+11 −78
+83 +20	+40 0	+63 0	+97 0	+155 0	+250 0	+400 0	+630 0	±20	±31	±48	+8 −32	+18 −45	+29 −68	−10 −50	0 −63	+11 −86

（续表）

公称尺寸 (mm) 大于	至	N 6	N ⑦	N 8	P 6	P ⑦	R 6	R 7	S 6	S ⑦	T 6	T 7	U ⑦
—	3	−4 / −10	−4 / −14	−4 / −18	−6 / −12	−6 / −16	−10 / −16	−10 / −20	−14 / −20	−14 / −24	—	—	−18 / −28
3	6	−5 / −13	−4 / −16	−2 / −20	−9 / −17	−8 / −20	−12 / −20	−11 / −23	−16 / −24	−15 / −27	—	—	−19 / −31
6	10	−7 / −16	−4 / −19	−3 / −25	−12 / −21	−9 / −24	−16 / −25	−13 / −28	−20 / −29	−17 / −32	—	—	−22 / −37
10	14	−9 / −20	−5 / −23	−3 / −30	−15 / −26	−11 / −29	−20 / −31	−16 / −34	−25 / −36	−21 / −39	—	—	−26 / −44
14	18												−26 / −44
18	24	−11 / −24	−7 / −28	−3 / −36	−18 / −31	−14 / −35	−24 / −37	−20 / −41	−31 / −44	−27 / −48	—	—	−33 / −54
24	30										−37 / −50	−33 / −54	−40 / −61
30	40	−12 / −28	−8 / −33	−3 / −42	−21 / −37	−17 / −42	−29 / −45	−25 / −50	−38 / −54	−34 / −59	−43 / −59	−39 / −64	−51 / −76
40	50										−49 / −65	−45 / −70	−61 / −86
50	65	−14 / −33	−9 / −39	−4 / −50	−26 / −45	−21 / −51	−35 / −54	−30 / −60	−47 / −66	−42 / −72	−60 / −79	−55 / −85	−76 / −106
65	80						−37 / −56	−32 / −62	−53 / −72	−48 / −78	−69 / −88	−64 / −94	−91 / −121
80	100	−16 / −38	−10 / −45	−4 / −58	−30 / −52	−24 / −59	−44 / −66	−38 / −73	−64 / −86	−58 / −93	−84 / −106	−78 / −113	−111 / −146
100	120						−47 / −69	−41 / −76	−72 / −94	−66 / −101	−97 / −119	−91 / −126	−131 / −166
120	140	−20 / −45	−12 / −52	−4 / −67	−36 / −61	−28 / −68	−56 / −81	−48 / −88	−85 / −110	−77 / −117	−115 / −140	−107 / −147	−155 / −195
140	160						−58 / −83	−50 / −90	−93 / −118	−85 / −125	−127 / −152	−119 / −159	−175 / −215
160	180						−61 / −86	−53 / −93	−101 / −126	−93 / −133	−139 / −164	−131 / −171	−195 / −235
180	200	−22 / −51	−14 / −60	−5 / −77	−41 / −70	−33 / −79	−68 / −97	−60 / −106	−113 / −142	−105 / −151	−157 / −186	−149 / −195	−219 / −265
200	225						−71 / −100	−63 / −109	−121 / −150	−113 / −159	−171 / −200	−163 / −209	−241 / −287
225	250						−75 / −104	−67 / −113	−131 / −160	−123 / −169	−187 / −216	−179 / −225	−267 / −313
250	280	−25 / −57	−14 / −66	−5 / −86	−47 / −79	−36	−85 / −117	−74 / −126	−149 / −181	−138 / −190	−209 / −241	−198 / −250	−295 / −347
280	315						−89 / −121	−78 / −130	−161 / −193	−150 / −202	−231 / −263	−220 / −272	−330 / −382
315	355	−26 / −62	−16 / −73	−5 / −94	−51 / −87	−41 / −98	−97 / −133	−87 / −144	−179 / −215	−169 / −226	−257 / −293	−247 / −304	−369 / −426
355	400						−103 / −139	−93 / −150	−197 / −233	−187 / −244	−283 / −319	−273 / −330	−414 / −471
400	450	−27 / −67	−17 / −80	−6 / −103	−55 / −95	−45 / −108	−113 / −153	−103 / −166	−219 / −259	−209 / −272	−317 / −357	−307 / 370	−467 / −530
450	500						−119 / −159	−109 / −172	−239 / −279	−229 / 292	−347 / −387	−337 / −400	−517 / −580

常用及优先公差带（带圈者为优先公差带）

附表 25　标准公差值(GB/T1800. 1—2009)

公称尺寸 mm		标　准　公　差　等　级																	
		IT1	IT2	IT3	IT4	IT5	IT6	IT7	IT8	IT9	IT10	IT11	IT12	IT13	IT14	IT15	IT16	IT17	IT18
大于	至	μm											mm						
—	3	0.8	1.2	2	3	4	6	10	14	25	40	60	0.1	0.14	0.25	0.4	0.6	1	1.4
3	6	1	1.5	2.5	4	5	8	12	18	30	48	75	0.12	0.18	0.3	0.48	0.75	1.2	1.8
6	10	1	1.5	2.5	4	6	9	15	22	36	58	90	0.15	0.22	0.36	0.58	0.9	1.5	2.2
10	18	1.2	2	3	5	8	11	18	27	43	70	110	0.18	0.27	0.43	0.7	1.1	1.8	2.7
18	30	1.5	2.5	4	6	9	13	21	33	52	84	130	0.21	0.33	0.52	0.84	1.3	2.1	3.3
30	50	1.5	2.5	4	7	11	16	25	39	62	100	160	0.25	0.39	0.62	1	1.6	2.5	3.9
50	80	2	3	5	8	13	19	30	46	74	120	190	0.3	0.46	0.74	1.2	1.9	3	4.6
80	120	2.5	4	6	10	15	22	35	54	87	140	220	0.35	0.54	0.87	1.4	2.2	3.5	5.4
120	180	3.5	5	8	12	18	25	40	63	100	160	250	0.4	0.63	1	1.6	2.5	4	6.3
180	250	4.5	7	10	14	20	29	46	72	115	185	290	0.46	0.72	1.15	1.85	2.9	4.6	7.2
250	315	6	8	12	16	23	32	52	81	130	210	320	0.52	0.81	1.3	2.1	3.2	5.2	8.1
315	400	7	9	13	18	25	36	57	89	140	230	360	0.57	0.89	1.4	2.3	3.6	5.7	8.9
400	500	8	10	15	20	27	40	63	97	155	250	400	0.63	0.97	1.55	2.5	4	6.3	9.7
500	630	9	11	16	22	32	44	70	110	175	280	440	0.7	1.1	1.75	2.8	4.4	7	11
630	800	10	13	18	25	36	50	80	125	200	320	500	0.8	1.25	2	3.2	5	8	12.5
800	1000	11	15	21	28	40	56	90	140	230	360	560	0.9	1.4	2.3	3.6	5.6	9	14
1000	1250	13	28	24	33	47	66	105	165	260	420	660	1.05	1.65	2.6	4.2	6.6	10.5	16.5
1250	1600	15	21	29	39	55	78	125	195	310	500	780	1.25	1.95	3.1	5	7.8	12.5	19.5
1600	2000	18	25	35	46	65	92	150	230	370	600	920	1.5	2.3	3.7	6	9.1	15	23
2000	2500	22	30	41	55	78	110	175	280	440	700	1100	1.75	2.8	4.4	7	11	17.5	28
2500	3150	25	36	50	68	96	135	210	330	540	860	1350	2.1	3.3	5.4	8.6	13.5	21	33

注：① 公称尺寸大于 500mm 的 IT15 的标准公差数值为试行的。

　　② 公称尺寸小于或等于 1mm 时,无 IT14 至 IT18。

附表 26　常用钢材牌号及用途

名称	牌号	应用举例
碳素结构钢 (GB/T700—1988)	Q215 1235	塑性较高,强度较低,焊接性好,常用作各种板材及型钢,制作工程结构或面器中受力不大的零件,如螺钉、螺母、垫圈、吊钩、拉杆等;也可渗碳,制作不重要的渗碳零件
	Q275	强度较高,可制作承受中等应力的普通零件,如紧固件、吊钩、拉杆等;也可经热处理后制造不重要的轴
优质碳素结构钢 (GB/T699—1988)	15 20	塑性、韧性、焊接性和冷冲性很好,但强度较低。用于制造受力不大、韧性要求较高的零件,紧固件、渗碳零件及不要求热处理的低负荷零件,如螺栓、螺钉、拉条、法兰盘等
	35	有较好的塑性和适当的强度,用于制造曲轴、转轴、轴销、杠杆、连杆、横梁、链轮、垫圈、螺钉、螺母等。这种钢多在正火和调质状态下使用,一般不作焊接用
	40 45	用于要求强度较高、韧性要求中等的零件,通常进行调质或正火处理。用于制造齿轮、齿条、链轮、轴、曲轴等;经高频表面淬火后可替代渗碳钢制作齿轮、轴、活塞销等零件
	55	经热处理后有较高的表面硬度和强度,有较好韧性,一般经正火或淬火、回火后使用。用于制造齿轮、连杆、轮圈及轧圈及轧辊等。焊接性及冷变形性均低
	65	一般经淬火中温回火,具有较高弹性,适用于制作小尺寸弹簧
	15Mn	性能与 15 钢相似,但其淬透性、强度和塑性均稍高于 15 钢。用于制作中心总分的力学性能要求较大高且需渗碳的零件。这种钢焊接性好
	65Mn	性能与 65 钢相似,适于制造弹簧、弹簧垫圈、弹簧环和片,以及冷拔钢丝(≤7 mm)和发条
合金结构钢 (GB/T3077—1988)	20Cr	用于渗碳零件,制作受力不太大、不需要强度很高的耐磨零件,如机床齿轮、齿轮轴、蜗杆、凸轮、活塞销等
	40Cr	调质后强度比碳钢高,常用作中等截面、要求力学性能比谰钢高的重要调质零件,如齿轮、轴、曲轴、连杆螺栓等
	20CrMnTi	强度、韧度均高,是铬镍钢的代用材料。经热处理后,用于承受高速、中等或重负荷以及冲击、磨损等重要零件,如渗碳齿轮、凸轮等
	38CrMoAl	是渗氮专用钢种,经热处理后用于要求高耐磨性、高疲劳强度和相当高的强度且热处理变形小的零件,如镗杆、主轴、齿轮、蜗杆、套筒、套环等
	35SiMn	除了要求低温(−20℃以下)及冲击韧度很高的情况外,可全面替代 40Cr 作调质钢;亦可部分代替 40CrNi,制作中小型轴类、齿轮等零件
	50CrVA	用于 $\phi30\sim\phi50$ 重要受大应力的各种弹簧,也可用作大截面的温度低于 400℃ 的气阀弹簧、喷油嘴弹簧等
铸件 (GB/T5676—1985)	ZG200—400	用于各种形状的零件,如机座、变速箱壳等
	ZG239—450	用于铸造平坦的零件,如机座、机盖、箱体等
	ZG270—500	用于各种形状的零件,如飞轮、机架、水压机工作缸、横梁等

附表 27　常用铸铁牌号及用途

名　称	牌　号	应 用 举 例	说　明
灰铸铁 (GB/T4939—1988)	HT100	低载荷和不重要的零件,如盖、外罩、手轮、支架、重锤等	牌号中的"HT"是"灰铁"两字汉语拼音的第一个字母,其后的数字表示最低抗拉强度(MPa),但这一力学性能与铸件壁厚有关
	HT150	承受中等应力的零件,如支柱、底座、齿轮箱、工作台、刀架、端盖、阀体、管路附件及一般无工作条件要求的零件	
	HT200 HT250	承受较大应力和较重要零件,如气缸体、齿轮、机座、飞轮、床身、缸套、活塞、刹车轮、联轴器、齿轮箱、轴承座、油缸等	
	HT300 HT350 HT400	承受高弯曲应力及抗拉应力的重要零件,如齿轮、凸轮、车床卡盘、剪床和压力机的机身、床身、高压油缸、滑阀壳体等	
球墨铸铁 (GB/T1348—1988)	QT400—15 QT450—10 QT500—7 QT600—3 QT700—2	球墨铸铁可替代部分碳钢、合金钢,用来制造一些受力复杂,强度、韧度和耐磨性要求高的零件。前两种牌号的球墨铸铁,具有较高的韧性与塑性,常用来制造受压阀门、机器底座、汽车后桥壳等;后两种牌号的球墨铸铁,具有较高的强度与耐磨性,常用来制造拖拉机中柴油栅中的曲轴、连杆、凸轮轴,各种齿轮,机床的主轴、蜗杆、蜗轮、轧钢机的轧辊、大齿轮,大型水压机的工作缸、缸套、活塞等	牌号中"QT"是"球铁"两字汉语拼音的第一个字母,后面两组数字分别表示其最低抗拉强度(MPa)和最小伸长($\delta \times 100$)

附表 28　常用有色多属牌号及用途

名　称			牌　号	应 用 举 例
加工黄铜 (GB/T5232 —1985)	普通黄铜		H62	销钉、铆钉、螺钉、螺母、垫圈、弹簧等
			H68	复杂的冷冲压件、散热器外壳、弹壳、导管、波纹管、轴套等
			H90	又金属片、供水和排水管、证章、艺术品等
	铍青铜		QBe2	用于重要的弹簧及弹性元件,耐磨零件以及在高速、高压和高温下工作的轴承等
	铅黄铜		HPb59—1	适用于仪器仪表等工业部门用的切削加工零件,如销、螺钉、螺母、轴套等
加工青铜 (GB/T5232 —1985)	锡青铜	加工锡青铜	QSn4—3	弹性元件、管配件、化工机模中的耐磨零件及抗磁零件
			QSn6.5—0.1	弹簧、接触片、振动片、精密仪器中的耐磨零件
		铸造锡青铜	ZCuSn10Pb1	重要的减磨零件,如轴承、轴套、蜗轮、摩擦轮、机床丝杠螺母等
			ZCuSn5Pb5Zn5	中速、中载荷的轴承、轴套、蜗轮等耐磨零件
铸造铝合金 (GB/T1173—1986)			ZAISi7Mg (ZL101)	形状复杂的砂型、金属型和压力铸造零件,如飞机、仪器的零件,抽水机壳体,工作温度不超过185℃的汽化器等
			ZAISi12 (ZL102)	形状复杂的砂型、金属型和压力铸造零件,如仪表、抽水机壳体,工作温度在200℃以下要求气密性、承受低负荷的零件
			ZAISi5Cu2Mg (ZL105)	砂型、金属型和压力铸造的形状复杂、在225℃以下工作的零件,如风冷发动机的气缸头,机匣、没泵壳体等
			ZAISi2Cu2Mg1 (ZL108)	砂型、金属型铸造的、要求高温强度及低膨胀系数的高速内燃机活塞及其他耐热零件

附表 29　常用热处理和表面处理的方法、应用及代号

钢的常用热处理方法及应用	退火（焖火）	退火是将钢件（或钢坯）加热到临界温度以上（30～50）℃，保温一段时间，然后再缓慢地冷却下来（一般用炉冷）	用来消除铸、锻、焊零件的内应力，降低硬度，以易于切削加工，细化金属晶粒，改善组织，增加韧度
	正火（正常化）	正火是将钢件加热到临界温度以上，保温一段时间，然后用空气冷却，冷却速度比退火快	用不来处理低碳和中碳结构钢材及渗碳零件，使其组织细化，增加强度及韧度，减少内应力，改善切削性能
	淬火	淬火是将钢件加热到临界点以上温度，保温一段时间，然后放入水、盐水或油中（个别材料在空气中）急剧冷却，使其得到高硬度	用来提高钢的硬度和强度极限。但淬火时会引起内应力使钢变脆，所以淬火后必须回火
	回火	回火是将淬硬的钢件加热到临界以下的温度，保温一段时间，然后在空气中或水中冷却下来	用来消除淬火后的脆性和内应力，提高钢的塑性和冲击韧度
	调质	淬火后高温回火	用来使钢获得高的韧度和足够的强度，很多重要零件是经过调质处理的
	表面淬火	使零件表层有高的硬度和耐磨性，而心部保持原有的强度和韧度	常用来处理轮齿的表面
	时效	将钢加热≤（120～130）℃，长时间保温后，随炉或取出在空气中冷却	用来消除或减小淬火后的微观应力，防止变形和开裂，稳定工件形状及尺寸以及消除机模加工的残余应力
钢的化学热处理方法用及应用	渗碳	使表面增碳；渗碳层深度（0.4～6）mm 或＞6 mm，硬度为（56～65）HRC	增加钢件的耐磨性能、表面硬度、抗拉强度及疲劳极限 适用于低碳、中碳（＜0.40%C）结构钢的中小型零件和大型的重负荷、受冲击、耐磨的零件
	液体碳氮共渗	使表面增加碳与氮；护散层深度较浅，为（0.02～3.0）mm；硬度高，在共渗层为（0.02～0.04）mm时具有（66～70）HRC	增加结构钢、工具钢制件的耐磨性能、表面硬度和疲劳极限，提高刀具的切削性能和使用寿命 适用于要求硬度高、耐磨的中、小型及薄片的零件和刀具等
	渗氮	表面增氮，氮化层为（0.025～0.8）mm，而渗氮时间需（40～50）h，硬度很高（1200HV），耐磨、抗蚀性能高	增加钢件的耐磨性能、表面硬度、疲劳极限和抗蚀能力 适用于结构钢和铸铁件，如气缸套、气门座、机床主轴、丝杠等耐磨零件，以及在潮湿碱水和燃烧气体介质的环境中工作的零件，如水泵轴、排气阀等零件

	热处理方法	代号	标注举例	热处理方法	代号	标注举例
热处理方法代号	退火	Th 5111	—	火焰淬火	H	H54—火焰加热淬火回火(52～58)HRC
	正火	Z 5121	—	液体碳氮共渗	Q	Q59—液体碳氮共渗淬火回火（56～62)HRC
	调质	T 5151	T235—调质至(220～250)HBS			
	淬火	C 5131	C48—淬火回火(40～50)HRC			
	油冷淬火	Y 5131/e	Y35—油冷淬火回火(30～40)HRC	渗氮	D 5336	D0.3—900—渗氮深度至 0.3 mm,硬度大于850HV
	应频感应加热淬火	G 5132	G52—高频感应加热淬火回火（50～55)HRC	渗碳淬火	S—C	S0.5—C59—渗碳层深度 0.5 mm,淬火后回火（56～62)HRC
	调质高频感应加热淬火回火	T—G 5141	T—G54—调质后高频感应加热淬火回火(52～58)HRC	渗碳高频感应加热淬火	S—G	S0.8—G59—渗碳层深度 0.8 mm,高频感应加热淬火回火(56～62)HRC

* 数字代号均按　GB/T12603—1990 规定。

参 考 文 献

［1］何铭新,钱可强.机械制图［M］.第 7 版.北京:高等教育出版社,2016.

［2］何建英,阮春红,等.画法几何及机械制图［M］.第 7 版.北京:高等教育出版社,2016.

［3］李澄,吴天生,闻百桥,编.机械制图［M］.第 5 版.北京:高等教育出版社,2003.

［4］国家质量技术监督局发布.中华人民共和国国家标准　技术制图［S］.北京:中国标准出版社,2008.

［5］国家质量技术监督局.中华人民共和国国家标准　机械制图［S］.北京:中国标准出版社,2008.

［6］国家质量技术监督检验检疫总局.中华人民共和国国家标准　机械制图 图样画法 图线［S］.北京:中国标准出版社,2003.

［7］国家质量技术监督检验检疫总局.中华人民共和国国家标准　机械制图 图样画法 视图［S］.北京:中国标准出版社,2003.

［8］国家质量技术监督检验检疫总局.中华人民共和国国家标准　机械制图 图样画法 剖视图和断面图［S］.北京:中国标准出版社,2003.

［9］胡建生.机械制图［M］.北京:机械工业出版社,2018.

［10］王兰美,殷昌贵.画法几何及机械制图［M］.北京:机械工业出版社,2017.

［11］刘小年,刘振魁.机械制图［M］.北京:高等教育出版社,2002.

［12］刘宇红,张建军.工程图学基础［M］.第 3 版.北京:机械工业出版社,2018.

［13］中华人民共和国国家质量监督检验检疫总局,中国国家标准化管理委员会.机械制图 剖面区域的表示法(GB/T 4457.5—2013)［S］.北京:中国标准出版社,2014.